科學技術叢書

*P*olymer *C*hemistry

聚合體學

杜逸虹 著

三民書局

序

　　聚合體是重要而獨特的材料。生物聚合體是人體和食物的重要成分。最早被使用的工程材料之一——木材——幾乎全部是聚合體。本書所討論的合成聚合體已在人類日常生活中佔有極重要的地位。聚合體的主要用途包括塑膠、纖維、橡膠、塗料及黏着劑。今日聚合體工業界製造成千成萬的聚合體產品，並僱用一半以上的化學學者和化學工程學學者。

　　聚合體是由無數重複性構造單位以共價鍵連結而成的巨大分子。因此，日本及我國化學界常以「高分子」稱呼聚合體。然而，嚴格來講，高分子未必是聚合體，雖然大多數高分子屬於聚合體。凡是分子量為 1,000 或更大的分子都可稱為高分子，但並非所有高分子都由重複性的構造單位所構成。此外，聚合體一詞除意指聚合體分子之外尚可能意指聚合體物料。高分子一詞則專指分子量很大的分子。我們可以說：「某公司生產聚合體。」卻不能說：「某公司生產高分子。」因此，以「高分子」一詞代替「聚合體」一詞不但不恰當，而且不方便。這就是本書以「聚合體學」為名的主要原因。

　　我寫本書的主要目的是要為我國大專或五專化工系、化學系及材料科學系學生提供一本基礎聚合體學教科書。當然我也考慮到服務於工業界或研究機構，有意獲得一般聚合體學概念的科技人員。因此，本書題材的取捨、深淺程度的選擇以及章節的安排均經過一番苦心。我在國立台灣大學的教學經驗和在美國固特異輪胎橡膠公司的聚合體研究經驗對本書的編輯確有很大的幫助。

本書的編輯注重一般聚合體學基本觀念的闡釋，特別強調聚合體的分子構造與其物理性質的關係及各類聚合體的合成方法。最後特加一章討論聚合體的加工與應用。相信工程人員和技術人員會對這章特別感到興趣。因爲這是一本基本教科書，全書的討論力求淺近易讀，但仍保持一貫性與整體性。讀者將發現本書各章附加的例題與習題可幫助了解，並加深印象，千萬不可勿視。

我在編輯本書的過程中曾遭遇到兩大困難。聚合體是奇特而複雜的物料，當然它們所顯示的「行爲」迴異於一般低分子量物質。早期研究聚合體的學者因對聚合體了解不深，他們所用的術語常不恰當或不一致。這些術語一直被沿用，等到缺點被發現時，它們已被廣泛使用，一時無法更正，或者根本就找不到更恰當的新術語。今日，每一著者對同一聚合體學名詞或術語所下的定義常常不盡相同。一般來講，每一著者對某一名詞所下的定義適用於大多數場合，但在少數場合可能不當。因此，我在編輯本書時盡量參考許多有關書籍及文獻，加上自己的判斷與分析，採用最嚴謹、最恰當的說法。另一困難是大多數聚合體學名詞缺乏統一的中文譯詞，或者根本還沒有中文譯詞。因爲我國早期的聚合體工業，包括塑業、纖維及油漆等工業，多借助於日本技術。日譯聚合體學名詞通行於我國學術界和工業界。部份日譯名詞尚稱恰當，但許多日譯名詞不合我國語文的意義，直接引用易生誤解。因此本書所用聚合體學譯詞多半是經過再三推敲才成定案。但我個人的能力與經驗均屬有限，當然無法完全做到盡善盡美。爲避免可能發生的誤解起見，我特別在書末附加英漢名詞對照以作爲依據。同時希望各方專家暨諸位讀者隨時指教，以便改進。

最後我想借這個機會感謝固特異公司聚酯研究發展部同仁張泰明博士、Dr. D. C. Callander 和 Dr. J. D. Duddey. 他們的建議和討論對本書的編輯有很大的幫助。又固特異研究圖書館提供許多寶貴的

資料，也在此一併致謝。

　　　　　　杜逸虹　謹識

　　　　　於 Akron, Ohio, U.S.A.

聚合體學 目錄

序

第一章 聚合體的基本定義與觀念

第二章 聚合體溶液

第三章　聚合體的分子量分布與分子量測定

第四章　聚合體鏈的剛柔性與聚合體的轉變現象

第五章　聚合體立體異構現象與聚合體結晶

第六章　聚合體的機械性質與流變學

第七章　逐步聚合反應

第八章　自由根鏈鎖聚合反應

第九章　非自由根鏈鎖聚合反應

第十章　共聚合反應

第十一章　聚合體製造法

第十二章　聚合體技藝

第一章　聚合體的基本定義與觀念

　　聚合體(*polymer*)是由許多重複性、小而簡單的化學單位 (*chemical unit*) 以共價鍵結合而成的高分子量物質。具有實用價值的聚合體的分子量介於 10^3 與 10^6 之間。聚合體可能是自然產生的，也可能是藉化學方法合成的。此等聚合體包括日常生活中極其平常，而且不可缺少的許多物質，舉凡衣、食、住、行無不涉及聚合體。織布所用的絕大部份纖維（例如棉、毛、絲、耐龍及聚酯絲等）是聚合體；大部份養份如蛋白質與澱粉等也是聚合體。由聚合體所形成的塑膠 (*plastic*) 可用來製造建築材料、家具以及許多種日用品。製造輪胎所用的橡膠是聚合體，而且最近已有許多種強力塑膠被用於製造車身與船體。雖然人類對聚合體的了解是近數十年來的事，目前聚合體科學與聚合體工業已有高度的發展。

　　自從有人類以來，自然產生的聚合體已被廣泛應用。天然樹脂 (*resin*) 與橡膠已被使用數千年。約在一世紀以前化學家開始認識天然聚合體的獨特性質。他們創造「膠體」 (*colloid*) 一詞以示聚合體之不同於一般以結晶形式存在的簡單物質。膠體的觀念後來被推廣而導至「膠體狀態」的觀念。當時化學家認為高分子化合物如橡膠、纖維素、蛋白質及樹脂等是小分子藉締合力或其他未知的力結合而成的膠態聚集物 (*colloidal aggregate*)。

　　1871 年首次有人認為此等自然發生的物質是聚合體物質[1]。但此一觀念由於當時無法分離純高分子物質並決定其分子式而不被接受。其後數十年間高分子物質的研究遭遇種種困難，因而導致許多混淆不清的爭論。

史多丁格 (*Staudinger*)〔2〕於 1920 年倡議聚苯乙烯 (*polystyrene*) 與聚甲醛 (*polyoxymethylene*) 的長鏈式 (*long chain formulas*)：

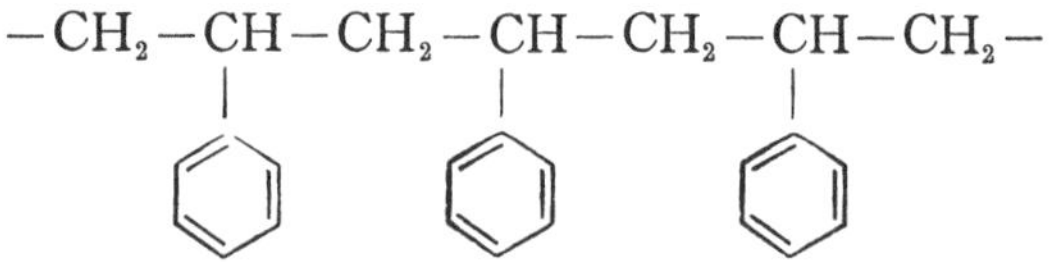

$$-CH_2-CH-CH_2-CH-CH_2-CH-CH_2-$$

聚 苯 乙 烯

$$-CH_2-O-CH_2-O-CH_2-O-$$

聚 甲 醛

他認為聚合體係由小原子團或較小的分子斷片 藉共價鍵 (*covalent bonds*) 結合而成的高分子量化合物。 聚合體的觀念於是建立。 由於此一新創見他於 1953 年獲得諾貝爾獎金。然而, 甚至在他對聚合體性質的廣泛研究與多方證明之後, 他的觀念仍未被普遍接受。其後十年間麥耳 (*Meyer*) 與馬克 (*Mark*) 以 X 射線研究聚合體的構造, 更進一步為聚合體學說提供有力的支持。

卡洛瑟斯 (*Carothers*) 於 1929 年〔3〕開始做一連串的聚合體研究。他藉已知的有機反應製取聚合體分子, 並說明聚合體分子量對其物理性質的影響。他的研究成果有效地消除聚合體新理論的最後阻力, 並打開合成聚合體之門。自此至今四十餘年間聚合體化學與聚合體工業已有神速的發展。

第二次世界大戰期間, 美國化學工業被迫發展並改良合成聚合體。德國首先生產合成橡膠, 美國也不得不跟進。戰爭的刺激對聚合體化學工業的進步貢獻不小。

戰後由於消費品需求的大量增加, 聚合體化學與聚合反應的大規模而有系統的研究於是開始。聚合體學界不斷有新發現。今日仍有若干新的基本聚合反應被發現; 然而大多數應用於生產聚合體的反應早

已爲人所知。

聚合體的主要應用可分爲五大方面: (1) 塑膠 (*plastic*)、(2) 橡膠 (*rubber*) 或彈體 (*elastomer*)、(3) 纖維 (*fiber*)、(4) 塗料 (*paint*) 及 (5) 黏着劑 (*adhesives*)。聚合體的構造與其性質決定其應用。我們將在本書討論聚合體的構造與性質、聚合反應動力學及聚合體的應用與加工。

1-1 聚合體的構造單位與重複單位 (*Structural Unit and Repeating Unit of Polymers*)

描述聚合體物質時習慣上須提及其**構造單位** (*structural units*)。此等構造單位爲具有二價或更多價的原子團或分子斷片 (*molecular fragment*)。重複於整個聚合體鏈的原子團或分子斷片稱爲**重複單位** (*repeating units*)。重複單位由一個或更多個構造單位組成。構造單位在聚合體分子中以共價鍵互相連結。同理,重複單位亦復如此。例如聚乙烯 (*polyethylene*) 的構造單位與重複單位均爲$-CH_2CH_2-$;聚己烯己二酸醯胺〔*poly* (*hexamethylene adipamide*)〕〔即耐龍 66 (*nylon* 66)〕的構造單位爲$-NH(CH_2)_6NH-$與$-CO(CH_2)_4CO-$,重複單位爲$-NH(CH_2)_6NHCO(CH_2)_4CO-$。

$$-CH_2-CH_2-CH_2-CH_2-$$
聚 乙 烯

$$-NH(CH_2)_6NHCO(CH_2)_4CO-NH(CH_2)_6NHCO(CH_2)_4CO-$$
聚己烯己二酸醯胺

若以 *A* 代表一線型聚合體 (*linear polymer*) 的重複單位,則此聚合體的分子式爲

$$X-A-A-A-\cdots\cdots-Y \text{ 或 } X-(A)_n-Y$$

X 與 Y 爲位於聚合體鏈兩端的**端基** (*end groups*), 僅具有一價, 兩者可能相同, 亦可能不同; n 爲一聚合體鏈中的重複單位數目, 稱爲**聚合度 DP** (*degree of polymerization*)。例如聚合反應 (1-1) 與 (1-2) 的生成物聚合體的端基分別爲 H— 和 Cl—與 H— 和 —OH。

$$nCH_2=CH_2+HCl \longrightarrow H-(CH_2-CH_2)_n-Cl \qquad (1-1)$$

$$nHOCH_2CH_2OH+nHOOC(CH_2)_4COOH$$

$$\longrightarrow H \left\{ O-\overset{\overset{O}{\|}}{C}-(CH_2)_4-\overset{\overset{O}{\|}}{C}-O-CH_2-CH_2 \right\}_n OH$$
$$+(2n-1)H_2O \qquad (1-2)$$

一般所謂聚合體係指高分子量聚合體或簡稱**高聚合體** (*high polymer*)。聚合度 DP 小的聚合體特稱爲**低聚合體** (*oligomer*)。至於聚合度應小到何種程度才能稱爲低聚合體則無嚴格的限制。因爲一般具有實用價值的聚合體的聚合度相當大 (例如大於 50), 又因爲聚合體的端基常視所使用的引發劑 (*initiator*) 及反應情況而異, 爲簡便計, 寫聚合體分子式時常忽略端基:

$$—A—A—A—\cdots\cdots A— \quad 或 \quad —(A)_n—$$

取聚合體的分子量等於其重複單位的式量乘聚合度, 所得結果誤差甚小。

形成聚合體構造單位的物質稱爲**單體** (*monomer*)。單體亦卽製造聚合體的開始物質。例如聚乙烯的單體爲乙烯, 聚己二酸乙烯酯 〔*poly (ethylene adipate)*〕的單體爲乙二醇 (*ethylene glycol*) $HOCH_2CH_2OH$ 與己二酸 (*adipic acid*) $HOOC(CH_2)_4COOH$。**單體單位** (*monomer unit*) 一詞也常被使用, 單體單位可能意指單體, 也可能意指單體反應後在聚合體鏈中的剩餘物 (亦卽構造單位)。若干

聚合體的重複單位、構造單位及單體列於表 1-1。

表 1-1　若干聚合體的重複單位、構造單位及單體

重複單位	構造單位	單　體

聚乙烯 (*Polyethylene*)

$$-CH_2-CH_2-\qquad\qquad -CH_2-CH_2-\qquad\qquad CH_2=CH_2$$

聚異戊二烯 (*Polyisoprene*)

$$-CH_2-\underset{\underset{CH_3}{|}}{C}=CH-CH_2-\qquad -CH_2-\underset{\underset{CH_3}{|}}{C}=CH-CH_2-\qquad CH_2=\underset{\underset{CH_3}{|}}{C}-CH=CH_2$$

聚己烯己二酸醯胺〔*Poly* (*hexamethylene adipamide*)〕

$$-NH(CH_2)_6NH-\underset{\underset{O}{\|}}{C}\times(CH_2)_4\underset{\underset{O}{\|}}{C}-\qquad -NH(CH_2)_6NH-$$
$$與$$
$$-\underset{\underset{O}{\|}}{C}\times(CH_2)_4\underset{\underset{O}{\|}}{C}-$$

$$H_2N(CH_2)_6NH_2\ 與$$
$$HOOC(CH_2)_4COOH$$

聚對-酞酸乙烯酯〔*Poly* (*ethylene terephthalate*)〕

$$-\underset{\underset{O}{\|}}{OC}\times\!\!\bigcirc\!\!-\underset{\underset{O}{\|}}{CO}-CH_2CH_2-\qquad -\underset{\underset{O}{\|}}{OC}\!\!\bigcirc\!\!\underset{\underset{O}{\|}}{CO}-\qquad HOOC\!\!\bigcirc\!\!COOH$$
$$與\qquad\qquad\qquad\qquad與$$
$$-CH_2CH_2-\qquad\qquad HOCH_2CH_2OH$$

1-2　聚合體分子的構造形式 (*Structural Types of Polymers Molecules*)

聚合體依其分子構造形式可分為線型聚合體、分支聚合體及交連聚合體三種。茲分述於次。

(1) 線型聚合體 (*Linear polymers*)

若構造單位互相連結成單線形式，如圖 1-1(a) 所示，則聚合體分子爲線型的，而此聚合體稱爲線型聚合體。應注意線型聚合體分子鏈不一定爲直線型，其鏈亦可彎曲。表 1-1 所列各聚合體均爲線型聚合體。線型聚合體的所有構造單位均具有二價，當然其兩鏈端單位 (*chain end units*) 僅具有一價。

(2) **分支聚合體** (*Branched polymers*)

若聚合體分子主鏈附有側鏈 (*side chain*) (或支鏈)，如圖 1-1(b) 所示，則此聚合體分子爲分支的或非線型的 (*nolinear*)，而此聚合體稱爲分支或非線型聚合體。發生支鏈的構造單位須具有三價，其他構造單位具有二價。

(3) **交連聚合體** (*Crosslinked polymers*)

若聚合體構造單位互相連結成網狀的形式，則其分子具有**網狀構造** (*network structure*)，而此聚合體稱爲交連聚合體。交連聚合體分子中至少須含有一種三價或更多價的構造單位。圖 1-1(c) 所示交連聚合體的構造爲平面網狀者，但它亦可能爲立體者，故交連聚合體有時亦稱爲**立體聚合體** (*space polymers*)。

分支聚合體的性質介於線型與交連聚合體之間。分支程度小時較接近線型聚合體，但當分支情形變爲複雜時則較接近交連聚合體。

線型聚合體通常可溶解於某種溶劑中，交連聚合體的最後產品除少數例外，並不溶解於溶劑中。線型聚合體在充分高的溫度下可軟化並熔解成高黏度的液體，故可經一多孔模壓出 (*extrude*) 或模製 (*mold*) 成各種用具。此類聚合體稱爲**熱塑性聚合體** (*thermoplastic polymer*)。交連聚合體加熱並不軟化或熔解。若繼續加熱，此種聚合體可能焦化或汽化。因此常在模中合成交連聚合體，或在聚合體交連程度不大而尚可流動或熔解時將其置於模中，繼續加熱使之繼續交連而硬化，**此種聚合體稱爲熱硬化聚合體** (*thermosetting polymer*)。

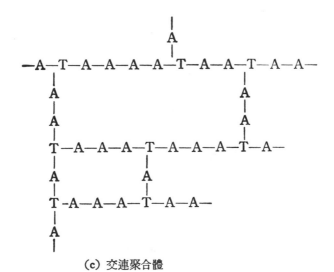

圖 1-1 線型、分支及交連聚合體的表示圖

1-3 官能數與聚合反應 (*Functionality and Polymerization*)

如前所述，合成聚合體的方法是令一大數目的單體單位 (*mono-*

mer units) 藉共價鍵連結而成巨大的分子 (*macromolecules*)。欲使此一聚合程序發生，此等單體單位須能以共價鍵「鈎住」至少兩個其他單位。在此我們可適當地對官能數下一定義。**官能數** (*functionality*) 為分子形成共價鍵的能力，或在某種情況下一分子平常所擁有可供反應的位置數目。應注意一單體單位須具有至少二官能數。若能滿足此一條件，則導致分子成長並產生高分子化合物的程序 (*process*) 可能發生。產生高聚合體所涉及的化學或物理程序可能極其複雜。我們將這些程序通稱為聚合反應。卡洛瑟斯 (*Carothers*) 首先強調上述聚合反應發生的條件。

出現於反應物分子的**官能基** (*functional groups*) 的數目和種類與反應生成物的形式之間有一簡單的基本關係。常見的單體官能基有氫氧基或羥基 (*hydroxyl*) —OH、羧基 (*carboxyl*) —COOH 及氨基 (*amino*) —NH$_2$ 等。含二官能基或更多官能基的分子分別稱為**双官能**或**多官能**分子 (*bi-or polyfunctional molecules*)。雙官能分子的簡單實例為羥羧酸 (*hydroxycarboxylic acid*) HO—R—COOH、氨基酸 (*amino acid*) H$_2$N—R—COOH、二醇 (*dialcohol*) HO—R—OH、二胺 (*diamine*) H$_2$N—R—NH$_2$ 及二羧酸 (*dicarboxylic acid*) HOOC—R—COOH，此處 R 為烴雙基 (*alkyl biradical*)。另一類雙官能或多官能分子為含有不飽和鍵的分子。二重鍵 (*double bond*) 一打開即產生**雙基** (*biradical*)，其他單體與此雙基的二活性末端碰撞，鏈型分子即開始成長。因此含有一双重鍵的分子如乙烯，其官能數為 2。同理，含有一三重鍵的分子如乙炔，其官能數可達 4。又環狀分子的環打開以後亦可產生二官能。環氧乙烷 (*ethylene oxide*) H$_2$C—CH$_2$ 的聚合反應即應用此一原理。
　　　　　　　＼　／
　　　　　　　　O

為展示聚合反應條件的原理起見，茲考慮一羥羧酸 HORCO$_2$H

的反應。羥羧酸的官能數為 2 ，若與一醇 (*alcohol*) R'OH（官能數為 1 ）反應，其生成物 HO—R—CO_2—R' 的官能數降為 1，此處 R' 為烷基 (*alkyl group*)。若此一生成物再與一羧酸 R″COOH（官能數為 1 ）反應，其生成物 R″—O_2C—R—CO_2—R' 的官能數變為 0，此處 R″ 為另一烷基。如此，反應即停止而無法獲得高聚合體。若反應物為純羥羧酸 HO—R→COOH，則在適當的條件下可令二分子反應。

$$2HORCOOH \longrightarrow HORCO—ORCOOH + H_2O \quad (1\text{-}3)$$

所產生的**二體** (*dimer*) 為一**酯** (*ester*)，其分子量約為原來單體的兩倍。其分子的一端仍為羥基而另一端仍為羧基，且官能數仍為 2 。此二體可與一單體反應而生**三體** (*trimer*)，再與一單體反應而生**四體** (*tetramer*) 等等。如此分子鏈可逐步成長而終於形成高聚合體。此一聚合反應可以下式表示之：

$$nHORCOOH \longrightarrow H\{ORCO\}_n OH + (n-1)H_2O \quad (1\text{-}4)$$

所生聚合體屬於一種**聚酯** (*plyester*)。

單體系 (*monomer system*) 可分為三種：二官能系、二-二官能系及多官能系。茲分述於次：

(1) 二官能系 (*bifunctional system*)。單體只有一種，為含有二官能基的二官能單體，如 HORCOOH 或 H_2NRCOOH 等。其反應方式如 (1-4) 式所示。

(2) 二-二官能系 (*bi-bifunctional system*)。單體有兩種，各種單體為含有二相同官能基的二官能單體，如 HOOCRCOOH 與 HOR'OH 或 HOOCRCOOH 與 H_2NR'NH_2。其反應如下所示：

$$nHOR'OH + nHO_2CRCO_2H \longrightarrow H\{O—R'—O—\overset{O}{\overset{\|}{C}}—R—\overset{O}{\overset{\|}{C}}\}_n OH$$
$$+ (2n-1)H_2O \quad (1\text{-}5)$$

$n\mathrm{H_2NR'NH_2} + n\mathrm{HO_2CRCO_2H} \longrightarrow$

$$\mathrm{H\ \{NH-R'-NH-\overset{\displaystyle O}{\overset{\|}{C}}-R-\overset{\displaystyle O}{\overset{\|}{C}}\}_n OH + (2n-1)H_2O}$$

$$(1\text{-}6)$$

（3）**多官能系**（*polyfunctional system*）。反應物中至少有一種單體其官能數不小於 3，而其他反應物為二官能或二-二官能單體。例如丙三醇（甘油）（*glycerin*）為三官能單體，丁烯二酸酐（*maleic anhydride*）為二官能單體。此二種單體構成一多官能系，其反應為

$$\begin{matrix}\mathrm{CH_2-CH-CH_2} \\ | \quad\ | \quad\ | \\ \mathrm{OH}\ \ \ \mathrm{OH}\ \ \ \mathrm{OH}\end{matrix} \quad + \quad \begin{matrix}\mathrm{CH-CO} \\ \| \qquad\ \ \diagdown \\ \qquad\qquad \mathrm{O} \longrightarrow \\ \| \qquad\ \ \diagup \\ \mathrm{CH-CO}\end{matrix}$$

丙三醇　　丁烯二酸酐

$$(1\text{-}7)$$

反應生成物可能爲一分支聚合體，亦可能爲交連聚合體。二乙烯基苯 (*divinylbenzene*) 可能爲四官能單體，苯乙烯（司泰連）(*styrene*) 爲二官能單體，此二種單體亦構成一多官能系。其反應爲

$$
\begin{array}{c}
\mathrm{CH{=}CH_2} \quad \mathrm{CH{=}CH_2} \\
\text{二乙烯基苯　苯乙烯}
\end{array}
\quad \cdots (1\text{-}8)
$$

此反應可能產生交連聚合體。應注意多官能系中各反應物不必同當量，因此無法求出準確的反應式，而反應式無須加以平衡 (*balanced*)。

　　至此，我們可以說理論上二官能系與二-二官能系產生線型聚合體，多官能系可產生分支或交連聚合體。多官能單位得自多官能單體。實際上完全線型聚合體無法獲得，因爲只要有極微量的多官能雜質出現即可導致分支聚合體。一般言之，若意欲由二官能系或二-二官能系製造線型聚合體，則可將所得聚合體視爲線型聚合體，儘管此聚合體可能有輕微的分支。

1-4　聚合體與聚合反應機構的分類 (*Classification of Polymers and Polymerization Mechanisms*)

　　傳統上將聚合體分爲**縮合聚合體** (*condensation polymers*) 與**加成聚合體** (*addition polymers*) 二大類。這是卡洛瑟斯 (*Carothers*) 基於聚合反應的化學計量關係 (*stoichiometry*) 而作的分類。

　　若聚合體構造單位的分子式所含原子數少於形成此聚合體的單體

所含的原子數，則此聚合體稱爲**縮合聚合體**。由單體形成縮合聚合體時放出某種較小的分子如水、醇或鹵化氫 (*hydroger chlorides*) 等。**縮合聚合反應**即放出一低分子量副產物 (*by-product*) 的聚合反應，又稱爲**聚縮合** (*polycondensation*)。例如，

$$nHOROH + Cl-\overset{O}{\underset{\|}{C}}-R'-\overset{O}{\underset{\|}{C}}-Cl \rightarrow \{O-R-O-\overset{O}{\underset{\|}{C}}-R'-\overset{O}{\underset{\|}{C}}\} + 2nHCl$$

$$(1-9)$$

〔注意：(1-5) 式與 (1-9) 式兩種寫法都可接受。〕大多數縮合聚合體的分子鏈上具有其所特有的結 (*links*)，例如聚酯有酯結 (*ester*

links) $-\overset{O}{\underset{\|}{C}}-O-$，聚醯胺有醯胺結 (*amide links*) $-\overset{H}{\underset{|}{N}}-\overset{O}{\underset{\|}{C}}-$。這是一般縮合聚合體的構造特色。當然也有例外。

若聚合體構造單位的分子式與構成此聚合體的單體相同，則此聚合體稱爲**加成聚合體**。加成聚合體的分子量等於此聚合體鏈中所有單體單位的分子量總和。不放出副產物的聚合反應稱爲**加成聚合反應**，又稱爲**聚加成** (*polyaddition*)。例如，

$$nCH_2=CH \longrightarrow \{CH_2 CH\}_n$$

$$(1-10)$$

苯乙烯 (*styrene*)　　　聚苯乙烯 (*polystyrene*)

加成與縮合聚合反應導致不同的鏈構造。聚合體分子的**主幹** (*backbone*) 爲純萃碳鏈者稱爲**均鏈聚合體** (*homochain polymer*)。典型的加成聚合體通常爲均鏈聚合體。聚合體分子的主幹由碳及其他原子構成者稱爲**雜鏈聚合體** (*heterochain polymer*)。縮合聚合體通常由單位間的官能基連成，多屬於雜鏈聚合體。

對大多數常遭遇到的聚合反應來講，以上分類尙稱適當，但在許

多場合此種分類無多大價值, 甚至易生誤解。其最大缺點爲許多具有某一特殊分子構造的聚合體可由加成與縮合兩種聚合反應合成, 例如：

$$n\mathrm{CH_2=CH_2} \xrightarrow[\text{鏈鎖聚合反應}]{\text{加成聚合反應}} \{\mathrm{CH_2-CH_2}\}_n \xleftarrow[\text{逐步聚合反應}]{\text{縮合聚合反應}}$$

典型的加成聚合體
（聚乙烯）

$$\frac{n}{5}\mathrm{Br(CH_2)_{10}Br} + \frac{2n}{5}\mathrm{Na}$$

$$n(\mathrm{CH_2})_5 \begin{array}{c} \mathrm{CO} \\ | \\ \mathrm{NH} \end{array} \xrightarrow[\text{鏈鎖聚合反應}]{\text{加成聚合反應}} \{\mathrm{NH\,(CH_2)_5CO}\}_n \xleftarrow[\text{逐步聚合反應}]{\text{縮合聚合反應}}$$

典型的縮合聚合體
（耐龍 6）

$$n\mathrm{H_2N(CH_2)_5COOH}$$

如此同一聚合體可能屬於加成聚合體, 亦可能屬於縮合聚合體。此外由不同路線製成而分子構造相同的聚合體具有不同的物理性質。這是由不同的反應機構 (reaction mechanism) （附於箭號下方）所引起的。顯然基於反應化學計量關係的分類（加成與縮合聚合體）不適用於此兩場合。然而若基於聚合反應的機構加以分類則無此缺點。本書採用後一分類。

聚合反應依其機構可分爲逐步聚合反應與鏈鎖聚合反應。其所對應的聚合體分別稱爲逐步反應聚合體 (step-reaction polymer) 與鏈鎖反應聚合體 (chain-reaction polymer)。此種分類並不計較是否有小分子的放出, 也不重視聚合體鏈的構造。茲略述此二聚合反應機構於次。

(1) 逐步聚合反應 (stepwise polymerization)

傳統的縮合聚合反應屬於逐步聚合反應。其反應情形完全類似低分子量分子的縮合反應。在聚合體形成的過程中二官能或多官能分子以其反應性官能基互相縮合而形成分子量較高的二官能或多官能分子。聚合體分子逐步反應而繼續成長, 直到反應達成平衡爲止。控制

溫度或控制反應物與生成物的量可轉移平衡的方向。

在逐步聚合反應中, 成長中的聚合體分子官能基的反應性約與單體的官能基的反應性相等。因此, 單體與聚合體鏈反應和單體與另一單體反應的容易程度相同。下列三種反應可同時發生:

$$monomer \; + \; monomer \longrightarrow dimer$$
單體　　　　　單體　　　　　二體

$$n\text{-}mer \; + \; m\text{-}mer \longrightarrow (n+m)-mer$$
n 體　　　　　m 體　　　　　$(n+m)$ 體

$$n\text{-}mer \; + \; monomer \longrightarrow (n+1)-mer$$
n 體　　　　　單體　　　　　$(n+1)$ 體

因此單體消失的速率很快, 在平均聚合度 $\overline{DP}=10$ 時剩餘的單體小於 1%。因聚合體藉一系列獨立的步驟成長, 其成長速度較慢。欲得高聚合體須迫使反應完全。

(2) 鏈鎖聚合反應 (*Chain polymerization*)

鏈鎖聚合反應包括引發 (*initiation*)、傳播 (*propagation*) 及終止 (*termination*) 三階段。首先若干單體被引發劑 (*initiators*) 活化 (*activate*) 而開始聚合反應。引發劑可能為光子 (*photon*)、自由根 (*free radical*)、陽離子 (*cationic*) 或陰離子 (*anion*) 等。此等引發劑必須加入反應系中始能引發反應。單體一經活化卽以極快的速率與其他單體反應而生成聚合體鏈, 在傳播過程中聚合體鏈仍具有活性, 可繼續與單體快速反應, 每次反應聚合體鏈增加一重複單位。引發與傳播二階段可以下式表示之:

$$\underbrace{M+I^* \xrightarrow{\text{活化}} IM^* \xrightarrow{+M} IM-M^*}_{\text{引發階段}} \underbrace{\xrightarrow{+M} IM_2M^* \rightarrow \cdots \longrightarrow I-(M)_n-M^*}_{\text{傳播階段}}$$

其中 M 為單體, I^* 為引發劑, $I-(M)_n-M^*$ 為活性聚合體鏈。因傳播速率極快, 高聚合體可在短時間內形成。增加反應時間只增加聚合

體的產率 (*yield*)，但對聚合體分子量的影響不大。活性聚合體鏈互相間或與活化單體之間互相反應產生不活性的聚合體，此為反應終止的方式之一。其反應可以下二式表示之：

$$I—(M)_n—M^*+I—(M)_m—M^*\longrightarrow I—(M)_{n+m+2}—I$$
$$I—(M)_n—M^*+IM^*\longrightarrow I—(M)_{n+1}—I$$

因此反應混合物中僅含高聚合體、單體及少數的活性聚合體鏈。活性聚合體鏈的活性末端埋藏於鄰近的聚合體鏈間的空隙。其他反應終止的方式為活性末端 (*active end*) 的轉移，例如成長中的活性聚合體鏈將其活性的末端轉移至溶劑、反應器壁或雜質等而失去其反應性。若要獲得高聚合體，傳播速率須遠大於終止速率。讀者應了解鏈鎖反應聚合體通常含有引發劑單位 I。因一般聚合度甚高，I 對聚合體分子量的貢獻可忽略不計。**傳統的加成聚合體屬於鏈鎖反應聚合體。**

在此我們可將逐步聚合反應與鏈鎖聚合反應機構的不同特點摘述於表 1-2。

表 1-2 逐步聚合反應與鏈鎖聚合反應機構的不同特點

逐步聚合反應	鏈鎖聚合反應
1. 任二出現的分子可互相反應。	1. 惟一的成長反應每次使活性的聚合體鏈增加一重複單位。
2. 絕大部份單體在反應初期已消失。	2. 單體濃度在整個反應過程中逐漸降低。
3. 聚合體分子量在整個反應過程中逐漸增加。	3. 高聚合體於瞬間形成；此後聚合體分子量在整個反應過程中變化不大。
4. 需要長反應時間以獲得高分子量。	4. 長反應時間導致高產率，但對聚合體分子量的影響不大。
5. 在任一階段，各種分子物種依一可計算的分布情形出現。	5. 反應混合物中僅含高聚合體、單體及約 10^{-8} 份的活性鏈。

雖然傳統的分類有其缺點，但其使用已相當廣泛，在不引起混淆

的場合縮合與加成二詞仍可繼續使用。但基於反應機構準確區別聚合反應時則應使用逐步與鏈鎖聚合反應二詞。

1-5 共聚合體與共聚合反應 *(Copolymers and Copolymerization)*

僅含有一種重複單位的聚合體稱為**單聚合體** *(homopolymers)*，如聚乙烯與聚對-猷酸乙烯酯等。另有一類聚合體分子含有二種或更多重複單位，且此等重複單位可獨自構成一單聚合體。此類聚合體稱為**共聚合體** *(copolymers)*。形成共聚合體的單體特稱為**共單體** *(comonomers)*。 由二種或更多種共單體形成一共聚合體的程序稱為**共聚合反應** *(coponomerization)*。 同理， 對應於單聚合體的聚合程序稱為**單聚合反應** *(homopomerization)*。苯乙烯 $CH_2=CH-$⬡ 與丁二烯 *(butadiene)* $CH_2=CH-CH=CH_2$ 可獨自進行單聚合反應， 此二種單體可共聚合成共聚合體。此二種單體單位不規則地分布於聚合體鏈。當丁二烯與苯乙烯的重量比等於75比25（3比1）時， 所獲得的共聚合體為今日輪胎橡膠的重要來源。此種合成橡膠於第二次大戰期間被開發以補天然橡膠的不足。

雖然有共聚合體、共聚合反應及共單體的特別名詞，但若不特別說明，則聚合體、聚合反應及單體分別包括各類聚合體、聚合反應及單體。

改變兩種或更多種共單體的相對量可產生一系列共聚合體。此等共聚合體的物理、化學及機械性質均有相當的差別。如此由相對上較少數的共單體可製造出數目龐大的共聚合體， 猶如由少數的金屬可製造許多種性質不同的合金。

共聚合的反應機構可能是鏈鎖反應機構, 也可能是逐步反應機構。兩種共單體的共聚合反應可能產生的共聚合體可分爲下列四類:

(1) **無規則共聚合體** (*Random copolymers*)。單位A與B以不規則的次序沿聚合體鏈排列。

　—A—B—B—A—A—A—A—B—A—A—B—B—B—A—B—

(2) **交互式共聚合體** (*Alternating copolymers*)。兩種重複單位以交互的次序沿聚合體鏈排列。此種共聚合體爲最有規則者。要不是

　　　　　　　—A—B—A—B—A—B—A—B—

A與B可獨自構成一單聚合體, 可將 AB 視爲一重複單位, 而將此聚合體視爲一單聚合體。

(3) **段式共聚合體** (*Block copolymers*)。各單位分段排列, 每段只含一種單位, 各段的長度無嚴格的限制。

　—A—A—A……A—A—B—B—B……B—B—A—A…A—

(4) **接枝式共聚合體** (*Graft copolymers*)。一種單位構成主鏈, 其他單位排成較短的支鏈而接至主鏈, 各支鏈的長度不定。分支發生

```
-A—A—A—A—A—A—A—A—A—A—A—A—A—A—A-A-A-
         |            |            |
         B            B            B
         |            |            |
         B            B            B
         ⋮            ⋮            ⋮
         B            B            B
         |            |            |
         B            B            B
```

所在的單位因特殊反應 (例如活化位置的轉移) 而具有三價。

各類共聚合體具有特殊性質。今日化學家已能設計並「定製」許多種共聚合體以應特殊需要。

1-6 聚合體的分解 (*Decomposition of Polymers*)

聚合體可形成，亦可分解。聚合體的分解係由熱、紫外線、氧、臭氧或水份等所引起。物質在惰性氣體籠罩下受熱分解的現象稱爲熱分解 (*thermal decomposition*)。最常見的聚合體在 250°C 與 300°C 之間行熱分解。上述諸物質或紫外線等的出現更加劇熱分解。聚合體的分解機構可分爲兩種──逐步反應與鏈鎖反應。

(1) **逐步反應分解** (*step-reaction decomposition*) 爲一無規則、逐步進行的程序。原來的聚合體鏈不規則地沿其主幹 (*backbone*) 斷裂，結果產生大小不一的生成物混合物。此種分解常稱爲聚合體的劣化 (*degradation of polymers*)。

(2) **鏈鎖反應分解** (*chain-reaction decomposition*) 猶如解開拉鍊一般地將單體單位自原來的聚合體鏈逐個剝落。其主要生成物爲原來的單體。此種分解程序爲聚合程序之逆，特稱爲**解聚合** (*depolymerization*)。惟平常提及聚合體的劣化 (*degradation*) 時可能意指以上兩種反應機構。

聚合體的分解大大地縮短聚合體材料的有用壽命，因此在絕大多數聚合體的應用中須極力避免。聚合體的分解常發生於加工時。許多種聚合體因不能耐某種加工溫度，其應用大受限制。防止分解的方法包括加入**穩定劑** (*stabilizer*) 及改變加工情況等。

1-7 無機聚合體 (*Inorganic Polymers*)

能形成長鏈分子的物質不限於有機物質。許多無機物質亦具有類似聚合體的構造。例如無定形硫 (*amorphous sulfur*) 與氯化磷氰

(*phosphonitrilic chloride*) 均爲聚合體，其構造單位分別爲

$$-\text{S}- \quad 與 \quad -\overset{\displaystyle \text{Cl}}{\underset{\displaystyle \text{Cl}}{\text{P}}}=\text{N}-$$

此等物質稱爲**無機聚合體**。

　　另有一類含有金屬的有機聚合體稱爲**有機金屬聚合體** (*organo-matalic polymers*)。矽的有機金屬聚合體

$$\left[\begin{array}{c} \text{R} \\ | \\ -\text{Si}-\text{O}- \\ | \\ \text{R} \end{array}\right]_n$$

爲惟一重要的有機金屬聚合體，式中 R 爲烷基 (*alkyl group*)。

　　本書討論的主要對象爲有機合成聚合體，上述矽的有機金屬聚合體因其在工業上具有重要性亦將加以討論。

1-8 樹脂 (*Resin*)

　　在結束本章之前似乎有必要對**樹脂**一詞下一定義。許多著者使用樹脂一詞而不對其下一定義。其原因之一是樹脂一詞已有廣泛的使用，使用者假設讀者或聽者了解其所指。另一原因是到目前爲止樹脂一詞**實**無嚴格的定義。原來樹脂係指某些植物或昆蟲所分泌出的固體或半固體。此等固體或半固體具有玻璃光澤、無定形、且受熱軟化。有些天然樹脂被用作塗料。後來此一名詞被應用於具有類似性質的聚合體**物**料，但目前其應用已被推廣以包括與天然樹脂的相似性不大的物料。**我**們可對樹脂下一「雖不中亦不遠矣」的定義。「樹脂爲固體、半固**體**或稠液，是自然產生或合成的有機高分子量物料（未必爲一聚合

體)。此等物料並不顯示敏銳的熔點，且其構造常爲 （並非總是） 無
定形者。」

文獻

1. H. Hlasiwetz and J. Habermann, *Ann. Chem. Pharm.*, 159, 304 (1871).

2. H. Staudinger, *Ber.*, 53, 1073 (1920).

3. W. H. Carothers, *J. Am. Chem. Soc.* 51, 2548—2559 (1929).

補充讀物

1. B. Golding, *Polymers and Resins*, Chapter 1. D. Van Nostrand Co., Princeton, New Jersey, 1959.

2. P. J. Flory, *Principles of Polymer Chemistry*, Chapter 1 and 2. Cornell University Press, Ithaca, N.Y., 1953.

3. F. W. Billmeyer, Jr., *Textbook of Polymer Science*, 2nd ed., Chapter 1. John Wiley And Sons, Inc., New York, N. Y., 1970.

4. A. V. Tobolsky and H.F. Mark, *Polymer Science and Materials*, Chapter 1. John Wiley & Sons, Inc., New York, 1972.

5. A.D. Jenkins, *Polymer Science*, Chapter 1, Vol 1. North-Holland Publishing Co., Amsterdam, London, 1972.

6. R.L.Lenz, *Organic Chemistry of Synthetic High Polymers*, Chapter 1. Interscience Publishers, New York, 1965.

習 題

1-1 試以化學反應式表示下列各單體的聚合反應。

    a. $CH_2=CH-F$

    b. $CH_2CH_2CH_2O$

    c. $H_2N-(CH_2)_5-NH_2+ClCO-(CH_2)_5-COCl$

    d. $HO-(CH_2)_5-CO_2H$

e. $H_2C=CH-CH=CH_2$

1-2 試指出習題 1-1 中各聚合體的構造單位與重複單位。

1-3 習題 1-1 中 c 與 d 項中的聚合體能否由其他種單體製成？

1-4 習題 1-1 中各反應屬於何種聚合反應？加成或縮合聚合反應？逐步或鏈鎖聚合反應？

1-5 你能否以一簡單的實驗方法決定一未知單體 X 的聚合反應是屬於逐步或鏈鎖聚合反應？

1-6 設有一不飽和聚酯 (*unsaturated polyester*) 的重複單位式為

$$-R-O-\overset{O}{\overset{\|}{C}}-CH=CH-\overset{O}{\overset{\|}{C}}-O-$$

說明苯乙烯 $CH_2=CH-\langle\!\!\bigcirc\!\!\rangle$ 單體可用來交連此一不飽和聚酯。

1-7 下列各單體系會產生單聚合體或共聚合體？

(a) $H_2N-(CH_2)_6-NH_2+HOOC-(CH_2)_4-COOH$

(b) $H_2N-(CH_2)_6-NH_2+HOOC-(CH_2)_4-COOH$
　　$+HOOC-(CH_2)_8-COOH$

(c) $H_2N-(CH_2)_5-COOH+H_2N-(CH_2)_9-COOH$

第二章　聚合體溶液

聚合體溶液熱力學爲物理化學之一重要課題。已有許多討論聚合體溶液的專書出版。本章並不試圖詳細加以討論。我們將只考慮聚合體溶液的若干基本觀念。

2-1 溶解程序 (*Solution Process*)

聚合體的溶解爲一慢程序 (*slow process*)，可分爲二階段。首先溶劑 (*solvent*) 分子緩慢滲透進入聚合體使其膨脹成凝膠 (*gel*)。若干被交連的聚合體、高度結晶的聚合體或有強氫鍵結 (*hydrogen bonding*) 的聚合體也許最多只能進行到此一階段。但若聚合體分子與溶劑分子間的吸引力大於聚合體分子與聚合體分子間的吸引力，則溶解的第二階段可發生。此時被膨脹的聚合體逐漸解體而形成眞正的溶液。只有第二階段可藉攪拌加速之。卽使如此，分子量極高的聚合體物料的溶解仍然很慢，有時需時數日，甚至數週。

2-2 聚合體溶解性的一般定則 (*General Rules for Polymer Solubility*)

觀察多數聚合體的溶解可獲得下列四定則。

(1) **相似的溶解相似的** (*Like dissolves like*)；換言之，極性溶劑(*polar solvent*) 有溶解極性聚合體的趨勢，非極性溶劑有溶解非

極性聚合體的趨勢。溶劑與聚合體的化學相似性 (*chemical similarity*) 促成溶液。例如，聚乙烯醇 (*polyvinyl alcohol*) 與水；聚苯乙烯 (*polystyrene*) 與甲苯 (*toluene*)。

聚乙烯醇　　　　　水　　　　聚苯乙烯　　　　甲苯

　　(2) 就一定溫度下的一指定溶劑而言，聚合體的分子量愈高，**其溶解度愈低。**

　　(3) (a) 交連 (*crosslinking*) **使聚合體不溶解。**(b) 一般而言，**結晶使聚合體不易溶解，**但也有可能找到溶解力充分強的溶劑以克服聚合體的結晶鍵結力而溶解聚合體。將聚合體加熱至其結晶熔點 (*crystalline melting point*) 附近的溫度以消除結晶後可使聚合體溶解於某適當的溶劑。例如線型聚乙烯的結晶熔點約爲 $135°C$，未發現有任何溶劑可在室溫下熔解線型聚乙烯，但當溫度高於 $100°C$ 時，它的晶體構造已不甚穩定而可溶解於許多溶劑。

　　(4) 聚合體分子鏈上短支鏈的出現使主鏈間的距離增加，使溶劑分子易於滲入，因而增加聚合體的溶解速率 (*rate*)。但若聚合體分子具有長支鏈，則因這些長支鏈互相糾纏，使分子不易分開，因此降低聚合體的溶解速率。

　　應注意 (1), (2) 及 (3) 項爲平衡現象 (*equilibrium phenomena*)，可應用熱力學的原理加以討論。(4) 項爲速率現象 (*rate phenomenon*)，受聚合體與溶劑的擴散速率 (*diffusion rate*) 的影響。

〔例 2-1〕 ω-氨基酸所生成的聚合體稱爲耐龍 m，m 爲氨基酸分子的

碳數目。其通式爲

$$\begin{matrix} H & O \\ | & || \\ \{N-C\{CH_2\}_{m-1}\}_n \end{matrix}$$

此等聚合體爲結晶者，在常溫下不溶於水或己烷〔hexane, $H_3C\{CH_2\}_4$ CH_3〕。但若將此等聚合體浸於此兩種液體中，聚合體將吸收液體直到平衡達成爲止。問 m 的大小對水的吸收及對己烷的吸收有何影響，並說明其理。

〔答〕水爲一高度極性液體；己烷爲一非極性液體。耐龍的極性決定

於分子鏈上耐龍連接基 (nylon linkage) $\begin{matrix} H & O \\ | & || \\ \{N-C\} \end{matrix}$ （極性部份）所佔

的相對比例。隨 m 的增加，極性部份所佔的比例漸減，亦卽鏈的極性降低，聚合體分子更類似烴類。因此己烷的吸收量隨 m 的增加而增加，而水的吸收量隨 m 的增加而減少。

2-3　聚合體溶解的熱力學基礎 (The Thermodynamic Basis of Polymer Solubility)

茲考慮純聚合體與純溶劑（狀態 1）在一定溫度及一定壓力下混合而形成溶液（狀態 2）的程序。在此溶解程序中，吉布斯自由能（Gibbs free energy）的變化 ΔG 爲

$$\Delta G = \Delta H - T\Delta S \tag{2-1}$$

其中 ΔH 與 ΔS 分別爲溶解程序的焓 (enthalpy) 變化與熵 (entropy) 變化。T 爲絕對溫度。惟有 ΔG 爲負值，此溶解程序在熱力學上才有可能 (thermodynamically feasible)。絕對溫度必爲正值。因液體中的分子狀態比在固體中無規則，ΔS 必爲正值。因此 (2-1) 式中的（

−T∆S) 項有利於溶解。焓變化 ∆H 可能爲正, 亦可能爲負。正 ∆H 指示溶劑及聚合體分子較喜歡與其同類同處 (亦卽純物質處於較低的能狀態), 而負 ∆H 指示溶劑分子較喜歡與聚合體分子在一起 (亦卽溶液處於較低的能狀態)。若後者爲眞, 則可保證溶液的形成。若溶劑分子與聚合體分子之間發生某種吸引力 (例如氫鍵結), 則可得負 ∆H。若 ∆H 爲正值, 聚合體是否溶解胥視 ∆H 與 T∆S 的相對大小而定。若 ∆H<T∆S, 聚合體可溶解; 反之, 若 ∆H>T∆S, 聚合體不溶解。

形成聚合體溶液時發生的熵變化相當小——小於同質量或同體積的兩低分子量液體混合時所發生的熵變化。我們可藉圖 2-1 所示平面

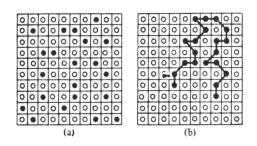

圖 2-1　溶液的格子模型。(a) 低分子量溶質, (b) 聚合體溶質。圓圈代表溶劑分子, 黑點代表溶質。

格子模型加以解釋。在低分子量物質的混合物中, 溶質分子可毫無規則地分布於所有格子中, 其惟一限制爲兩個分子不能同佔一格子。如此可得一大數目的分子安排情形——換言之, 可產生高亂度 (ran-domness) 或高熵。然而在聚合體溶液中, 因聚合體鏈很長, 一分子鏈佔用許多格子 (每節佔一格子), 而且分子鏈的安排受到較大的限制——每一鏈節 (chain segment) 所佔的格子必與次一節所佔的格子相鄰。如此, 溶劑與聚合體分子的不同排列數目大大地減小。因此熵的變化較小。又就相同的鏈節數目 (或相同的聚合體質量或體積) 而論, 鏈

的數目愈多（換言之，平均分子量愈低），溶解時所發生的熵變化愈大。因此，聚合體的溶解度隨分子量的增加而降低。一般言之，高聚合體的 $T\Delta S$ 甚小，若 ΔH 為正值，則 ΔH 值必須比 $T\Delta S$ 更小（近乎零），此高聚合體才能溶解。

2-4　溶解性參數 (*Solubility Parameters*) [1, 2]

如何估計 ΔH？如何預言何種溶劑能溶解或侵蝕某種聚合體？關於此二問題本節提供下述方法。

就一般正常溶液（溶質與溶劑分子無極性且不發生氫鍵，或溶質與溶劑分子之間不發生互作用）而言，溶液形成時所發生的內能變化 (*internal energy change*) ΔE 為

$$\Delta H \simeq \Delta E = v_1 v_2 (\delta_1 - \delta_2)^2 [\text{cal/cc 溶液}] \qquad (2\text{-}2)$$

其中 v 為體積分率 (*volume fraction*)；δ 稱為溶解性參數 (*solubility parameter*)；下標 1 與 2 分別指示溶劑與溶質（聚合體）。溶解性參數的定義如下：

$$\delta = (\text{CED})^{1/2} \qquad (2\text{-}3)$$

CED 為內聚能密度 (*cohesive energy density*)。分離單位液體體積內的所有分子所需的能稱為內聚能密度。此一數量指示維繫分子於液態的分子際吸引力的強度。就普通小分子而論，CED 等於莫耳汽化能 (*molar energy of vaporization*) 除莫耳體積 (*molar volume*) V。

$$\text{CED} = \frac{\Delta E_v}{V} = \frac{\Delta H_v - RT}{V} \qquad (2\text{-}4)$$

此處 ΔE_v 為莫耳汽能，ΔH_v 為莫耳汽化熱，R 為氣體常數，T 為絕對溫度 ($^\circ K$)。因此普通液體的 CED 值頗易測得。如 (2-3) 式所

示，內聚能密度的平方根稱為溶解性參數。若干簡單液體的溶解性參數 δ 示於表 2-1。

發生於恆容恆壓下的程序所伴生的內能變化與焓變化相等。此一關係適用於大多數情況下聚合體的溶解。若知溶劑與聚合體的溶解性參數，則可藉 (2-2) 式估計溶解焓。

應注意，δ_1 與 δ_2 永遠為正值，且無論 δ_1 與 δ_2 的大小，ΔH 總是正值；換言之，(2-2) 式僅適用於 ΔH 為正值的場合，若溶劑與溶質分子發生某種互作用而導致負 ΔH，則 (2-2) 式已不適用。觀察 (2-2) 式可發現當溶劑與聚合體的溶解性參數愈接近，ΔH 愈小，而聚合體愈易溶解。

表 2-1　若干液體的溶解性參數

液　　　　　　　　體	溶解性參數 δ
正己烷 (n-Hexane)	7.24
乙醚 (Diethyl ether)	7.4
四氯化碳 (Carbon tetrachloride)	8.58
甲苯 (Toluene)	8.9
苯 (Benzene)	9.15
氯仿 (Chloroform)	9.24
丙酮 (Acetone)	9.71
乙醇 (Ethanol)	12.7
甲醇 (Methanol)	14.5
水 (Water)	23.4

低分子量物質的溶解性參數的測量不成問題。但一般聚合體在其達到沸點之前已分解，故無法直接測量其 ΔE_v。測量聚合體的 ΔE_v 或 δ 可使用間接法。當聚合體的 δ 值與溶劑的 δ 值相等時，聚合體最易溶解。若輕微交連聚合體，則聚合體不能溶解，但會膨脹。當聚合體與溶劑的 δ 值相等時，聚合體膨脹的程度最大。將聚合體試樣分別置於

一系列 δ 值已知的溶劑中，測量聚合體試樣的膨脹度（即膨脹倍數）（等於聚合體試樣在凝膠中所佔的體積分率的倒數）。以聚合體的膨脹度爲縱座標而以溶劑的 δ 爲橫座標畫出實驗數據的圖線，如圖 2-2 所示。所得圖線的極大 (maximum) 所對應的 δ 值卽爲該聚合體的溶解性參數。

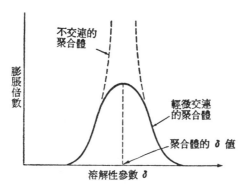

圖 2-2　以膨脹法測量聚合體的溶解性參數。

若聚合體的構造已知, 可使用莫耳吸引力常數 (molar attraction constant) 表決定聚合體的 δ 值。若干基 (group) 的莫耳常數值列於表 2-2。聚合體的 δ 值可由下式算出:

$$\delta = \frac{\rho \sum E}{M} \tag{2-5}$$

其中 E 爲表 2-2 中所列各基（或構造特點）的莫耳吸引力常數, ρ 爲聚合體的密度, M爲聚合體重複單位的式量, $\sum E$ 爲重複單位中各基及構造特點的莫耳吸引力常數的總和。

若干聚合體的 δ 值列於表 2-3。表中並附有各聚合體的玻璃轉變溫度以供第四章討論之用。混合物的溶解性參數可由下式求得

$$\delta \,(混合物) = \frac{X_1 V_1 \delta_1 + X_2 V_2 \delta_2}{X_1 V_1 + X_2 V_2} \tag{2-6}$$

其中X爲莫耳分率 (mole fraction)

表 2-2 莫耳吸引力常數 E, $(cal\ cm^3)^{1/2}/mole$

基 (group)	E	基 (group)	E
—CH₃	148	NH₂	226.5
—CH₂—	131.5	—NH—	180
>CH—	86	—N—	61
>C<	32	C≡N	354.5
CH₂=	126.5	NCO	358.5
—CH=	121.5	—S—	209.5
>C=	84.5	Cl₂	342.5
—CH=，芳香族	117	Cl，一級	205
—C=，芳香族	98	Cl，二級	208
—O—，醚，縮醛 (acetal)	115		
—O—，乙氧化物	176	Cl，芳香族	161
—COO—	326.5	F	41
>C=O	263	共軛 (conjugation)	23
—CHO	293	正式 (cis)	−7
(CO)₂O	567	反式 (trans)	−13.5
—OH→	226	6 員環	−23.5
OH，芳香族	171	鄰位 (ortho)	9.5
—H，酸二體	−50.5	間位 (meta)	6.5
		對位 (para)	40

2-5 聚合體稀溶液的性質 (Properties of Dilute Solution of Polymers)

　　假設聚合體溶液甚稀，則無須顧慮聚合體分子鏈的互相糾纏。在一良好的溶劑 (其溶解性參數接近聚合體溶性解參數者) 中，聚合體鏈上各節與溶劑的分子際吸引力強，聚合體分子鏈展開。在一不良的溶劑中，諸聚合體鏈節間的吸引力大於鏈節與溶劑間的吸引力；換言

之，鏈節較喜與鏈節爲鄰。因此分子鏈緊緊地捲成球形。又增加溫度可使聚合體鏈展開；降低溫度可使聚合體鏈縮起（見圖 2-3）。

表 2-3 若干代表性聚合體的溶解度參數與玻璃轉變點

聚　　合　　體	溶解性 參數 δ	玻璃轉變 溫度T_g, $°C$
聚二甲基矽醚 (*Polydimethylsiloxane*)	7.3	−123
聚異丁烯 (*Polyisobutylene*)	7.8	−70
聚乙烯 (*Polyethylene*)	7.9	−25
聚異戊二烯 (*Polyisoprene*)	8.1	−72
聚苯乙烯 (*Polystyrene*)	8.56	100
聚甲基丙烯酸甲酯〔*Poly* (*methyl methacrylate*)〕	9.1	105
聚氯乙烯〔*Poly* (*vinyl chloride*)〕	9.5	82
聚對-酞酸乙烯酯〔*Poly* (*ethylene terephthalate*)〕	10.7	69
耐龍 66 (*Nylon* 66)	13.6	50
聚丙烯腈 (*Polyacrylonitrile*)	15.4	104,130

　　聚合體的溶解性參數與其分子際吸引力有密切的關係。我們將在第四章再度提及。

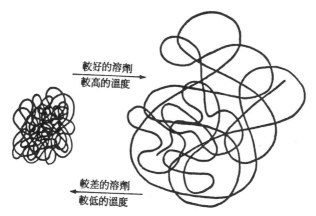

較好的溶劑
較高的溫度

較差的溶劑
較低的溫度

圖 2-3　溶劑的好壞與溫度對溶液中聚合體分子的效應。

設有一聚合體溶解於一優良溶劑中——例如聚苯乙烯（$\delta=8.56$）

溶解於四氯化碳 ($\delta=8.58$) 中。今將一非溶劑 (*nonsolvent*) 加入此一溶劑中——例如加入甲醇 ($\delta=14.5$)。(雖然四氯化碳與甲醇的溶解性參數差大,由於低分子物質混合所伴生的 ΔS 甚大,兩者可以任何比例互相溶混。)當加入的非溶劑超過某一定量時,混合溶劑的溶解力變爲太差,諸聚合體鏈節間的吸引力大於聚合體鏈節與溶劑分子間的吸引力,而聚合體開始沉澱。在某一特殊點,$\Delta G=0$, 而 $\Delta H=T\Delta S$。當然此點決定於溫度、聚合體分子量(主要由於其對 ΔS 的影響)及聚合體—溶劑系(主要由於其對 ΔH 的影響)。調節溫度或聚合體—溶劑系可部份分離(依分子量的大小)聚合體。例如次第降低溫度或降低溶劑的溶解力(加入非溶劑)可使聚合體依分子量的大小次序先後沉澱。在無窮大分子量的極限下(可能的最小 ΔS), $\Delta H=T\Delta S$ (或 $\Delta G=0$) 的狀況稱爲 θ 狀況 (θ *condition*) 或**弗洛理狀況** (*Flory condition*)。 在此情況下, 聚合體分子與聚合體分子間的作用力和聚合體分子與溶劑分子間的作用力相等。溶劑既不使聚合體分子展開,也不使聚合體分子收縮。換言之, 在 θ 狀況下聚合體溶液爲一理想溶液 (*ideal solution*)。我們將在第三章再度提及 θ 狀況。獲得某一特殊聚合體的 θ 狀況的方法可能有二: (1) 使用某一溶劑而調節溫度以達成 θ 狀況,θ 狀況的溫度稱爲 θ 溫度 (θ *temperature*) 或**弗洛理溫度** (*Flory temperature*); (2) 保持一定溫度而尋找能產生 θ 狀況的溶劑。具有 θ 溫度(須介於溶劑凝固點與臨界點之間)的溶劑稱爲 θ 溶劑 (θ *sotvent*)。

加入少量的聚合體可大量增加溶劑的黏度。對同一聚合體及同一濃度而言,聚合體與「優良」溶劑所形成的溶液其黏度較大,聚合體與「不良」溶劑所形成的溶液或懸濁液其黏度較低。我們可大畧地應用**愛因斯坦關係式** (*Einstein relation*) 加以解釋。愛因斯坦於 1920 年證明就剛性、無互作用的球體的懸濁液 (*suspension*) 而論,

$$\frac{\eta}{\eta_0} = 1 + 2.5v \tag{2-7}$$

其中 η_0 與 η 分別爲溶劑與懸濁液的黏度，v 爲球體所佔的體積分率。假設溶液中的聚合體分子爲剛性球體（實際上不是），而且優良溶劑與不良溶劑的黏度大致相同，若以不良溶劑代替優良溶劑，則聚合體分子緊緊縮成一團，因而降低 v 及溶液（或懸濁液）的濃度。因此調節溶劑力 (*solvent power*)（例如加入非溶劑或除去一部份溶劑）可控制溶液的黏度。此一事實在塗料工業 (*surface-coating industry*) 上有極大的應用。例如漆（一種聚合體溶液，內加染料，因溶劑蒸發而變乾）的配料可使用混合溶劑以獲得適於噴漆或塗漆的最佳黏度。混合溶劑中，較不良的溶劑爲揮發性較大者。在使用之後，較不良的溶劑先揮發，留下一層黏度高、不易下墜、不易流動的薄膜。

〔例 2-2〕 問溶劑力（優良溶劑與不良溶劑）對溶液聚合攪拌反應槽的設計有何影響？

〔答〕 只要聚合體溶解，使用較不良的溶劑導致較低的黏度，因此攪拌情形較佳，或可使用馬力較低的攪拌器馬達。

　　其次考慮溫度對聚合體與「較不良」溶劑所形成溶液的黏度的影響。猶如一般簡單液體，溶劑黏度隨溫度的升高而降低。然而升高溫度可增加聚合體分子各鏈節的熱能 (*thermal energy*)，使分子張大而在溶液中佔有較大的 v。因此溫度對 η_0 與 v 的效應有互相抵消的趨勢。由此可知聚合體溶液黏度隨溫度增加的程度遠小於純溶劑。實際上機油 (*motor oils*) 中用以產生多種黏度 (*multiviscosity*)（例如 $10W$ $-30W$）的添加物無非是聚合體。其主要成分（基油）在操作溫度下爲一較不良的溶劑。當引擎溫度上升時，聚合體分子鏈展開，因而導致較純油爲高的黏度。此種機油能在某一操作溫度範圍內保持變化不

大的黏度。

聚合體分子量亦可影響溶液的黏度。此一事實在聚合體分子量的測量上具有極大的重要性。藉溶液黏度決定聚合體分子量的方法以及稀聚合體溶液黏度的計算法將於第三章加以討論。

2-6 聚合體-聚合體-共同溶劑系 (*Polymer-Polymer-Common Sovent System*)

前已提及，一聚合體溶解於一溶劑所產生的熵增加量甚小。將同一理論應於一聚合體之溶解於另一聚合體可見溶解熵變化 ΔS 更小。基於此一理由，聚合體與聚合體互溶的情形極少見。加入**一共同溶劑**〔(*common solvent*) 即能溶解此二聚合體的溶劑〕可減輕兩聚合體不相容〔(*incompatible*) 即不互溶〕的情形。然而，即使加入一共同溶劑，二聚合體能共同存在的均勻相 (*homogeneous phase*) 的濃度最大也不過若干%。圖 2-4 示一典型的聚合體 A-聚合體 B- 共同溶劑三成分相圖。均勻相以外的區域爲兩相區域。圖中虛線爲連結線 (*tie*

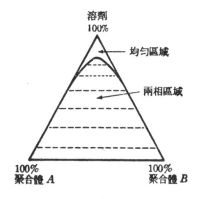

圖 2-4 聚合體A-聚合體B-共同溶劑三成分相圖

line），這些線連結互相平衡的兩相的組成。各相中幾乎只含溶劑與一聚合體（另一聚合體的含量甚小，相圖中的曲線大部份幾乎與三角形的二邊重疊）。

偶爾也有相容的 (*compatible*) 的兩聚合體。它們之所以能互溶，通常是由於極性基 (*polar groups*) 的互相吸引（爲一放熱程序）。因此相容的兩聚合體的互相溶解爲一放熱程序，這與一般吸熱的溶解程序恰好相反。

2-7　聚合體的濃溶液──塑劑的應用 (*Concentrated Solutions of Polymer──Application of Plasticizers*)

到此爲止，我們所討論的僅限於較稀的聚合體溶液。本節所要討論的是濃溶液，亦卽聚合體爲溶液的主要成分。塑膠工業常使用**塑劑** (*plastizer*) 以增加塑膠的流動性，藉以改進塑膠的加工性 (*processibility*)。純粹的無定形聚合體由互相糾纏的聚合體鏈所構成。聚合體變形或流動的難易程度視聚合體鏈解除糾纏 (*untangle*) 而互相滑行的能力而定。增加此一能力的方法有二。其中之一爲增加溫度，如前所示。另一方法是在聚合體中加入稱爲塑劑的低分子量液體。塑劑分子與聚合體分子之間產生次要鍵 (*secondary bonds*)，把聚合體分子分開，降低聚合體分子之間的次要鍵結力，並供給聚合體分子更多運動的空間，因而產生一種較軟而且較易變形的物料。

就溶劑觀點而論，「不良」的塑劑比「優良」的塑劑更有效。加入同量的塑劑，不良的塑劑導致較低的黏度（較小的 v 及較小的糾纏程度）。但由於不良的塑劑分子與聚合體分子間的次要鍵結力較弱，經過一段時期後滲出的趨勢較大，易使塑膠變爲僵硬。早期塑膠製浴室簾布常有此一問題。因此塑劑的選擇須同時考慮塑劑效率與永久性。

又就實用觀點而論，塑劑應具低揮發性。所以一般塑劑具有較一般溶劑高的分子量，但其分子量仍然遠比聚合體小。

2-8 氣體在聚合體物料內的滲透 (*Permeation of Vapours and Gases across Polymer Materials*)

聚合體的透氣性與聚合體的溶解性有關，我們也在此略予討論。包裝用或保護用的聚合體薄膜 (*film*) 常須具有抵抗蒸汽或氣體滲透的能力才能隔絕空氣（其成分氧、二氧化碳及水份等可能侵蝕被保護物）。氣體在聚合體中的滲透 (*permeation*) 可分為兩步驟，即溶解 (*solution*) 與擴散 (*diffusion*)。氣體先溶解於聚合體的外層，然後擴散而進入聚合體的內部。一氣體溶解於一聚合體的程度與速率視兩者的化學構造相似性而定。例如水蒸汽在賽璐玢 (*cellophane*)（即再生纖維素，常用作膠紙。其重複單位含三羥基，水在其中的溶解度可達10%）中的滲透速率為其在聚乙烯（其性疏水）中的滲透速率的 100 倍以上。被溶解的分子在聚合體內擴散的程序可視為活化擴散程序 (*activated diffusion process*)。此等分子自聚合體內的一個空洞跳到另一空洞。這些空洞由大節的聚合體鏈的轉動而產生（見 4-4 節的討論）。空洞的數目隨溫度的升高而增加。聚合體分子須被熱能活化才能產生必要的空洞。溫度愈高，活化擴散速率愈大。

此外，當溫度低至接近玻璃轉變點 T_g（見 4-1 節）時，滲透速率甚低。在低於 T_g 的溫度，一大節聚合體鏈的轉動已不可能，因此上述活化擴散程序不能進行。然而在玻璃似的聚合體內可能有相通的空間，可容許小分子如氫等在聚合體內擴散。氣體分子不能擴散經過聚合體的結晶區域。但在上述例中，水能在低於 T_g 的溫度滲透過賽璐玢。這是因為液體被吸收至聚合體表面之後可能成為有效的塑劑，

使聚合體的 T_g 降至室溫以下（見 4-7 節），如此活化擴散可發生。

文獻

1. Beerbower, A., L.A. Kaye and D.A. Pattison. "Picking The Right Elastomer to Fit your Fluids." *Chem. Eng.*, 74, No.26, p.118, 1967

2. Hansen, C.M. The three-dimensional solubility parameter. *J. Paint Technol.*, 39, No. 505, p. 104, 1967.

補充讀物

1. Billmeyer Jr., F.W. Chapt.2, *Text Book of Polymer Science*, 2nd Ed. John Wiley & Sons, Inc., New York, 1971.

2. Rosen, S. L. Chapt. 8, *Fundamental Principles of Polymeric Materials for Practicing Enginers*. Barnes & Noble, Inc. New York, 1971

習 題

2-1 因乙烯醇（*vinyl alcohol*）單體不穩定，聚乙烯醇的製造法是將聚醋酸乙烯酯〔*poly(vinyl acetate)*〕水解。

聚醋酸乙烯酯 　　　聚乙烯醇 　　　醋酸

控制反應程度可使 0% 至 100% 原來的醋酸基水解。純聚醋酸乙烯酯不溶於水。但隨着水解程度的增加，所生聚合體的水溶性增加。試說明其理。

2-2 一聚合體在 $25°C$ 下的膨脹實驗數據示於下表中：

	ΔH_v $cal/mole$	V $cm^3/mole$	聚合體在凝膠中 所佔的體積分率
2, 2, 4-三甲基戊烷	8,396	166.0	0.9925
正己烷	7,540	131.0	0.9737
CCl_4	7,770	97.1	0.5862
$CHCl_3$	7,510	80.7	0.1510
二氧陸圜 (*dioxane*)	8,715	85.7	0.2710
CH_2Cl_2	7,004	64.5	0.1563
$CHBr_3$	10,385	87.9	0.1781
乙腈 (*acetonitrile*)	7,976	52.9	0.4219

(1) 試計算表列各溶劑的內聚能密度 CED 及溶解性參數 δ。

(2) 試以 δ 對膨脹倍數作圖，並由所得圖線決定聚合體的 δ 及 CED。

(3) 求等體積聚合體與乙腈的混合熱 ΔH。

2-3　假若機油中的基油為其添加物聚合體的優良溶劑，問此機油可否為多級機油？試說明其理。

2-4　在濕氣高的夏天，棒球常變為重而軟，能否基於棒球的性質加以解釋？棒球的主要部份為緊密交織的毛紗。毛為一種聚胺 (*polyamide*)。

〔提示：胺結—NH—易與水形成氫鍵〕

2-5　甲苯 (*toluene*) 與對－二甲苯 (*xylene*) 具有大約相同的 CED。何以對－二甲苯較適宜作為聚乙烯的溶劑。

〔提示：比較沸點〕

第三章　聚合體的分子量分布與分子量測定

　　當我們提及某種聚合體時，我們並不意指一種純物質。事實上除少數自然發生的聚合體之外，任一聚合體試樣 (*sample*) 可視爲一同系物 (*homolog*) 的混合物。例如一聚乙烯試樣可視爲一群烷系烴的混合物。因此許多著者極力避免「聚合體物質」(*polymeric substance*) 一詞，而使用「聚合體物料」(*polymeric material*) 一詞。絕大多數聚合體物料中含有分子量大小不一的分子，此種聚合體稱爲**散布性聚合體** (*polydisperse polymer*)。只有極少數的聚合體物料只含單一分子量物種 (*species*)，此種聚合體稱爲**非散布性聚合體** (*monodisperse polymer*)。因此，所謂某聚合體的分子量實指其平均分子量而言。

　　在聚合體化學發展的初期，分子量的測定用來證明高分子物質的存在，因聚合體的性質主要決定於其（平均）分子量及其**分子量分布** (*molecular-weight distribution*)，今日分子量的測定在聚合體科學中佔一重要地位。本章討論各種平均分子量、分子量分布以及它們的測定法。

3-1　分子量分布與平均分子量 (*Molecular-Weight Distribution and Average Molecular Weight*)

　　單一聚合體分子的大小可以其分子量或聚合度 DP (*degree of polymerization*) 表示之。**一聚合體分子的聚合度等於該分子所含重複單位的數目。**此分子的分子量等於其重複單位的式量乘其聚合度。

　　在合成的過程中，諸聚合體分子經歷一連串的無規則事件，它們並不全部長成一樣的大小。因此一群聚合體分子有其分子量分布

(*molecular - weight distribution*)。假定一聚合體的重複單位的式量等於 M_0,則此聚合體之一試樣所含分子的分子量可能有 M_0, $2M_0$, $3M_0$, $\cdots iM_0$, $\cdots IM_0$,其中 i 為聚合度, I 為最大聚合度。理論上我們有可能將此一試樣分成 I 部份,而且每一部份為單一分子量物質。以各部份在該試樣中所佔的**重量分率** (*weight fraction*) w_i 對分子量 $M_i (=i \times M_0)$ 作圖所得曲線為聚合體分子量分布曲線, 如圖 3-1 所示。

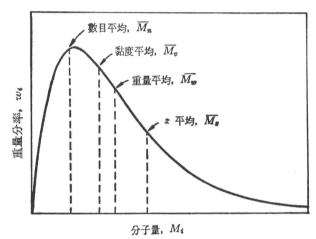

圖 3-1 聚合體的分子量分布曲線

實際上要將一聚合體試樣分成這麼多部份可能辦不到。通常將聚

表 3-1 一聚苯乙烯的分子量分布數據

離 份 重 量	分子量範圍
0.2	25- 35,000
1.7	35- 45,000
3.6	45- 55,000
8.4	55- 65,000
20.0	65- 75,000
23.8	75- 85,000
20.2	85- 95,000
10.4	95-105,000
6.0	105-115,000
3.3	115-125,000
1.7	125-135,000
0.5	135-145,000
0.2	145-155,000

合體試樣依分子量大小分成數部份至十數部份（視需要而定）。如此，每一部份對應於某一分子量範圍，特稱爲**離份**（*fraction*）。以離份 i 的重量分率 w_i 對分子量 M 作圖可得分子量分布曲線。茲舉一例。今有100克聚苯乙烯試樣藉部份分離法（見本章後部）分成13離份，各離份的重量和它所代表的分子量範圍列於表3-1。以各離份的重量分率（等於離份重量除試樣總重量）對分子量 M 作圖可得一階狀分布曲線，如圖3-2 所示。再由此一階狀分布曲線可繪得一連續的分布曲線。分子量分

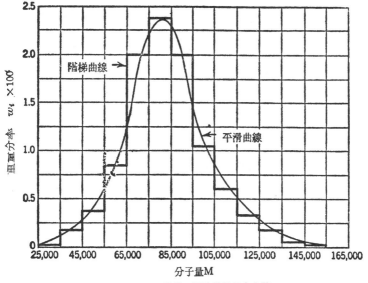

圖 3-2 一聚苯乙烯試樣的分布曲線

布的表示法尚有多種（見補充讀物 1），本章不擬作更進一步的討論。

　　因所有分子的分子量並不全部相等，故有必要以平均值表示一聚合體試樣的特殊分子量或聚合度。**平均聚合度** $\overline{DP}$ 等於聚合體試樣中

$$\overline{DP}=\frac{N_r}{N} \tag{3-1}$$

的所有重複單位數 N_r 除分子總數 N，此爲一數目平均，因此又稱**數目平均聚合度**（*number-average degree of polymerization*）。

分子量平均有四種: **數目平均** (*number average*)、**重量平均** (*weight average*)、**z 平均** (*z average*) **及黏度平均**(*viscosity average*)。其定義方程式如下:

$$數目平均 = \overline{M}_n = \frac{\sum N_i M_i}{\sum N_i} = \frac{1}{\sum (w_i/M_i)} \tag{3-2}$$

$$重量平均 = \overline{M}_w = \frac{\sum W_i M_i}{\sum W_i} = \frac{\sum N_i M_i^2}{\sum N_i M_i} = \sum w_i M_i \tag{3-3}$$

$$z\ 平均 = \overline{M}_z = \frac{\sum N_i M_i^3}{\sum N_i M_i^2} = \frac{\sum W_i M_i^2}{\sum W_i M_i} \tag{3-4}$$

$$黏度平均 = \overline{M}_v = \left(\frac{\sum N_i M_i^{1+a}}{\sum N_i M_i} \right)^{1/a} = (\sum w_i M_i^a)^{1/a} \tag{3-5}$$

此處 $a = $ 介於 0.6 與 0.8 之間的常數

$\quad M_i = $ 分子物種 i 的分子量

$\quad N_i = $ 分子量為 M_i 的分子數目

$\quad W_i = $ 分子物種 i 的重量

$\quad w_i = $ 分子物種 i 的重量分率

重量分率 (*weight fraction*) 可依下式求得:

$$w_i = \frac{N_i M_i}{\sum N_i M_i} = \frac{W_i}{W}$$

式中 W 為所論及聚合試樣的總重量。

(3-2), (3-3) 及 (3-4) 三式又可以一通式表示之:

$$\overline{M} = \frac{\sum N_i M_i^a}{\sum N_i M_i^{a-1}} \tag{3-6}$$

其中 α 可等於 1, 2, 或 3。當 $\alpha = 1$ 時, $\overline{M} = \overline{M}_n$; 當 $\alpha = 2$ 時, $\overline{M} = \overline{M}_w$; 當 $\alpha = 3$ 時, $\overline{M} = \overline{M}_z$。

只要聚合體試樣含大小不同的分子 (散布性試樣), 可由 (3-2), (3-3), (3-4) 及 (3-5) 四式證明

$$M_n < M_v < M_w < M_z$$

此四種平均分子量的相對位置示於圖 3-1。若聚合體試樣中各分子的大小相等（非散布性試樣），則 $\overline{M}_n = \overline{M}_v = \overline{M}_w = \overline{M}_z$。比值 $\overline{M}_w/\overline{M}_n$ 常用以指示分子量分布的寬度，稱爲分子量分布指數（*polydispersity index*）。在許多線型聚合體系中，$\overline{M}_w/\overline{M}_n$ 約爲 2。在高度分支的聚合體系中，$\overline{M}_w/\overline{M}_n$ 可能高達20至50。

常用測定聚合體分子量的方法爲端基分析（*end group analysis*），測量依數性質（*colligative properties*），光散射分析（*light scattering analysis*），超離心法（*ultrcentrifugation*）及測定稀溶液的黏度。由依數性質的測定和端基分析所獲得的分子量爲數目平均分子量；重量平均分子量可藉光散射及超離心等方法測得；由溶液黏度的測量所獲得的分子量爲黏度平均；z 平均分子量可藉超離心技術加以測定。除黏度法之外上述各種分子量測法均屬於絕對法，可直接測得分子量。黏度法則屬於間接法，必須利用分子量與溶液黏度間的經驗關係求得分子量。除若干種端基分析外，所有分子量測定均需將聚合體溶於某種溶劑中。

3-2 端基分析 (*End Group Analysis*)

藉端基分析決定聚合體的平均分子量須知每聚合體分子的某種末端官能基數（或平均官能基數）。例如藉下列二反應所得的聚酯（*polyester*）與聚醯胺（*polyamide*）每分子各含一羧基（*carboxyl group*）—COOH：

$$n\text{HO}-\text{R}-\text{COOH} \longrightarrow \text{HO}-\text{R}-\overset{\overset{\text{O}}{\|}}{\text{C}}\left(\text{O}-\text{R}-\overset{\overset{\text{O}}{\|}}{\text{C}}\right)_{n-2}\text{O}-\text{R}-\text{COOH}$$

$$+(n-1)\text{H}_2\text{O}$$

$$nH_2N-R-COOH \longrightarrow H_2NR\overset{O}{\underset{\|}{C}} \quad NHR\overset{O}{\underset{\|}{C}} \overset{}{\underset{n-2}{\#}} \quad NHRCOOH$$

$$+(n-1)H_2O$$

在縮合聚合體的場合可藉化學方法分析其官能基。決定聚酯與聚醯胺中羧基的方法是將此等聚合體試樣溶於醇或酚溶劑，而以鹼直接滴定之。聚醯胺中的氨基 (*amino group*) —NH₂ 則以酸滴定之。決定羥基 (*hydroxyl group*) —OH 的方法是令其與一可滴定的試藥 (*reagent*) 反應，亦可藉紅外光譜法 (*infrared spectroscopy*) 測定之。

由於加成聚合體端基的類型與來源各不相同，其分析方法依各試樣而異，並無一般化的手續。若知聚合反應的動力學，則可分析含有可測定的官能基、原素或放射性原子的引發劑斷片 (*initiator fragments*)。由引發劑斷片的數目可決定平均分子量，線型聚乙烯及其他聚 α 烯 (*poly-α-olefins*) 的不飽和端基亦可加以分析，例如乙烯基 (*vinyl group*) —CH＝CH₂ 可藉紅外光譜法分析之。

端基分析法實際上計算聚合體試樣所含分子數，因此由此法所獲得的平均分子量為數目平均分子量。聚合體鏈愈長，此法的準確度愈低。實際上當分子量大於25,000時，此法已不可靠。端基分析的詳細討論見文獻〔1〕。

3-3 依數性質的測定 (*Colligative Properties Measurement*)

當溶液的濃度趨近於無窮小時，溶液的行為 (*behavior*) 接近於理想者，而且溶液的若干性質如蒸汽壓下降 (*vapor-pressure lowering*)、**沸點上升** (*boiling-point elevation*)、**凝固點下降** (*freezing-*

point depression) 及**滲透壓** (*osmotic pressure*) 等決定於溶液所含溶質的粒子（或分子）數, 此等性質稱爲溶液的**依數性質** (*colligative properties*)。

依定義, 依數性質Q可以下式表示之:

$$Q = \frac{K}{V} \sum N_i \tag{3-7}$$

其中K爲一常數, V 爲溶液的體積（以 cm^3 計）, N_i 爲分子量等於 M_i 的分子數目。若溶液濃度爲 c(以 g/cm^3 計), 則

$$c = \frac{1}{N_a V} \sum N_i M_i \tag{3-8}$$

其中 N_a 爲阿佛加得羅數 (*Avogadro number*)。(3-7) 式除 (3-8) 式得

$$\frac{Q}{c} = K N_a \frac{\sum N_i}{\sum N_i M_i} = K N_a / \bar{M}_n \tag{3-9}$$

換言之, 依數性質與數目平均分子量成反比。因此由依數性質所獲得的分子量爲數目平均分子量 $\bar{M}_n$。

(3-9) 式只有在 c 趨近於零的情況下才有效。但此式可加以推廣以應用於非理想溶液,

$$\frac{Q}{c} = A + Bc + Cc^2 \cdots\cdots \tag{3-10}$$

其中常數 A, B, C 等稱爲維里係數 (*virial coefficients*)。

可應用於聚合體溶液的依數性質方程式如下（見補充讀物２）:

蒸汽壓下降 ΔP $$\lim_{c \to 0} \frac{\Delta P}{c} = \frac{M_s P_s}{\rho} \frac{1}{\bar{M}_n} \tag{3-11}$$

沸點上升 ΔT_b $$\lim_{c \to 0} \frac{\Delta T_b}{c} = \frac{R T_b^2}{\rho \Delta H_v} \frac{1}{\bar{M}_n} \tag{3-12}$$

凝固點下降 ΔT_f $$\lim_{c \to 0} \frac{\Delta T_f}{c} = \frac{R T_f^2}{\rho \Delta H_f} \frac{1}{\bar{M}_n} \tag{3-13}$$

滲透壓 π $\qquad\lim_{c \to 0}\dfrac{\pi}{c}=\dfrac{RT}{\overline{M}_n}$ (3-14)

此處 M_s 與 P_s 分別爲純溶劑的分子量與蒸汽壓; ρ 爲溶劑的密度; T_b 與 T_f 分別爲溶劑的沸點與凝固點 (°K); ΔH_v 與 ΔH_f 分別每克溶劑的汽化熱與熔解熱; c 爲溶質的濃度, 以克每立方厘米計; R 爲氣體常數; T 爲絕對溫度。表 3-2 列一聚合體溶液的四種依數性質值。由此表可見滲透壓的效應遠較其他依數性質的效應爲大, 因此滲

表 3-2　一聚合體溶液的依數性質值

$$\overline{M}_n=20,000, \quad c=0.01\text{g/cm}^3$$

依數性質	値
蒸汽壓下降, ΔP	$4 \times 10^{-3}\text{mmH}_g$
沸點上升, ΔT_b	1.3×10^{-3}°C
凝固點下降, ΔT_f	2.5×10^{-3}°C
滲透壓, π	15cm 溶劑

透壓的測定較爲可靠, 而最廣泛地被應用於聚合體分子量的決定。由於近代儀器學的進步, 1×10^{-3}°C 的溫度差已可相當準確地測出, 然而沸點上升與凝固點下降仍然甚少被應用於聚合體分子量的測定, 除滲透壓之外, 蒸汽壓下降亦被應用於聚合體分子量的測定。茲簡述兩種測量聚合體數目平均分子量的方法於次。

(1) 汽相滲透壓計法 (*Method of vapor-phase osmometry*)

汽相滲透壓計可間接用來測量蒸汽壓下降。汽相滲透壓計與普通滲透壓計不可混淆。爲示別於汽相滲透計起見, 普通滲透壓計又稱爲半透膜滲透壓計 (*membrane osmometer*)。近年來汽相滲透壓計已被普遍用於測量分子量較小的聚合體試樣的 $\overline{M}_n$。 圖 3-3 示一汽相滲透壓計。其主要部份爲一恆溫室, 室內有一溶劑杯。恆溫室內爲溶劑蒸汽所飽和。室內並裝有二熱阻珠 (*thermistors*) (其電阻隨溫度而改變)

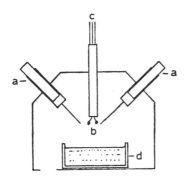

圖 3-3　汽相滲透壓計。
(a) 注射器，(b) 熱阻珠，
(c) 接至電橋的引線，
(d) 溶劑杯

及若干注射器。注射器用來將液滴置於熱阻珠上。此二熱阻珠接至一惠斯頓電橋 (*Wheatstone bridge*)，兩珠的溫差可測得。操作時，將一滴純溶劑置於一珠上。另一珠上最初亦有一滴純溶劑，然後次第以濃度不同的溶液取代之。聚合體溶液的蒸汽壓小於同溫下的純溶劑。因此氣相中的溶劑蒸汽凝結於一珠上的溶液，其所放出的潛熱使該珠溫度上升。此一程序繼續進行直至平衡達成為止。若溶液濃度甚小，帶有純溶劑的熱阻珠與帶有溶液滴的熱阻珠之間的溫度差與溶劑的蒸汽壓下降成正比。應用克拉普龍方程式 (*Clapeyron equation*) 可證明

$$\frac{\Delta T}{c} = \frac{RT^2}{\rho \Delta H_v} \cdot \frac{1}{\overline{M}_n} \tag{3-15}$$

應用 (3-11) 與 (3-15) 兩式的關係可由兩珠的平衡溫差 ΔT 求得蒸汽壓下壓 ΔP。實用上並不直接計算比例常數 $RT^2/(\rho \Delta H_v)$ 的值。求此值的方法是在另一實驗中使用一分子量已知的物質而加以決定。此法可應用於分子量小於 20,000 的聚合體的分子量測定。若謹慎使用，此法的應用極限可能高至 $\overline{M}_n = 50,000$。

(2) 半透膜滲透壓計法 (*Method of membrane osmometer*)

圖 3-4 示一簡單滲透壓計。理想的半透膜只容許溶劑分子透過，而不容許溶質分子通過。溶劑分子不斷滲過半透膜以稀釋溶液並使溶液的液面增高，直至溶劑稀釋溶液的趨勢被溶液上所增加的壓力平衡

爲止。滲透壓 π 常以溶液與溶劑的液面高度差 h(cm) 表示之。兩者

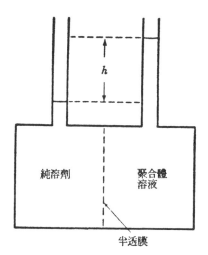

純溶劑　　　聚合體
　　　　　溶液

半透膜

圖 3-4　簡單半透膜滲透壓計

之間的關係爲

$$\pi = \rho g h$$

其中 g 爲重力加速度，等於 $981cm/sec^2$。若溶劑密度以 g/cm^3 計，
h 以 cm 計，則 π 的單位爲達因每平方厘米 ($dynes/cm^2$)。此種簡單
滲透壓計最大的缺點是溶劑與溶質之間的平衡需時甚長。因此目前已
改用高速自動滲透壓計。

　　(3-14) 式所示滲透壓與 $\bar{M}_n$ 之間的關係僅適用於理想溶液 (θ 狀
況下的溶液) 或無窮稀溶液。(3-16) 式爲一半經驗式，適用於聚合體

$$\frac{\pi}{c} = \frac{RT}{\bar{M}_n} + Bc + Cc^2 + \cdots\cdots \qquad (3\text{-}16)$$

稀溶液。維里係數 B 與 C 之值視聚合體與溶劑的種類而定。若濃度足
夠稀，可忽略 (3-16) 式中的 c^2 項及其後各項。如此可得

$$\frac{\pi}{c} = \frac{RT}{M} + Bc \qquad (3\text{-}17)$$

若測得一系列不同濃度的聚合體溶液的滲透壓，可以 π/c 對 c 作圖。所得圖線在極小的濃度範圍內爲一直線，將此直線外推至 c＝0 可得截距 $RT/\bar{M}_n$。由截距之值可算出 $\bar{M}_n$。此直線的斜率等於第二維里係數B。

〔**例 3-1**〕　將一聚苯乙烯試樣溶於甲苯而製得下列五不同濃度的溶液並測得各溶液在 25°C 的滲透壓。求此聚合體試樣的數目平均分子量。甲苯在 25°C 的密度（ρ）爲 $0.8618g/cm^3$

$c(g/cm^3)\times 10^3$　　2.56　3.80　5.38　7.80　8.68

$\pi(cm$　甲苯$)$　　0.325　0.545　0.893　1.578　1.856

〔**解**〕　首先須以 $dynes/cm^2$ 表示滲透壓。例如

當 $c＝2.56\times 10^{-3}g/cm^3$ 時

$$\pi＝\rho gh＝0.8618g/cm^3\times 981cm/sec^2\times 0.325cm$$

$$＝0.275\times 10^3 g-cm/sec^2-cm^2＝0.275\times 10^3 dynes/cm^2$$

$$\frac{\pi}{c}＝\frac{0.275\times 10^3 g/sec^2-cm}{2.56\times 10^{-3}g/cm^3}＝1.07\times 10^5 cm^2/sec^2$$

如此可求得各濃度下的 π/c 值

$c(g/cm^3)\times 10^3$　　　　2.56　3.80　5.38　7.80　8.68

$\pi/c(cm^2/sec^2)\times 10^{-5}$　　1.07　1.21　1.40　1.71　1.81

由此組數據可繪得 c/π 對 c 圖線。此圖線的截距爲

$$(\pi/c)_{c=0}＝0.77\times 10^5 cm^2/sec^2＝\frac{RT}{\bar{M}_n}$$

已知：$T＝273+25＝298°K$；

$$R＝8.314\times 10^7 erg/°K-mole$$

$$＝8.314\times 10^7 dyne-cm/°K-mole$$

故得$\bar{M}_n＝\dfrac{8.314\times 10^7(g-cm^2/sec^2-°K-mole)\times 298(°K)}{0.77\times 10^5(cm^2/sec^2)}$

$$＝3.22\times 10^5(g/mole)$$

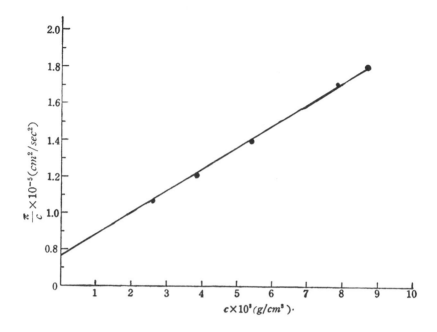

答: 該聚苯乙烯的數目平均分子量爲 3.22×10^5。

理想的半透膜只容許溶劑分子穿過。但理想的半透膜不易製造。分子量較低的聚合體分子亦可能穿過實用的半透膜。又若分子量過高,其滲透壓過低而不易準確測得, 因此可能導致過份的誤差。一般認爲在 $\bar{M}_n = 50,000$ 至 $500,000$ 的範圍內, 半透膜滲透壓計法頗爲可靠。分子量低於 $50,000$ 的聚合體可藉汽相滲透壓計法測其平均分子量。有關數目平均分子量測定法的詳細討論見文獻〔2〕。

3-4 光散射分析 (*Light - Scattering Analysis*)

光散射分析法爲決定聚合體重量平均分子量的最可靠方法。的拜

(*Debye*)〔3〕於1944年證明聚合體溶液的**渾濁度** (*turbidity*) 與聚合體的分子量有關，並將光散射分析應用於聚合體分子量的測定。

當光經過液體或氣體時，液體或氣體粒子的熱運動 (*thermal motion*) 使液體或氣體的密度變動，因而導致光的散射。在稀聚合體溶液的場合，幾乎所有散射係由聚合體的濃度變動所引起。

令一單色偏振光 (只振動於一平面的單一波長光) 經過一不吸收光的聚合體溶液，則光被散射。散射光的強度決定於聚合體分子的大小與形狀及溶液濃度。光的原來強度 (*intensity*) I_0 與散射光的強度 I 之間有如下關係：

$$I = I_0 e^{-\tau l} \tag{3-18}$$

其中 l 爲光在溶液中旅行的長度，τ 稱爲溶液的渾濁度 (*turbidity*)。

若分子的尺寸相當大，則自分子各部散射的光將是不同相(*out of phase*) 而能互相干涉。如此，散射光的強度隨觀測角 θ 而異。聚合體溶液渾濁度與聚合體分子量之間有如下關係：

$$\frac{Hc}{\tau} = \frac{1}{\overline{M}_w P(\theta)} + \frac{2B}{RT} c + \cdots\cdots \tag{3-19}$$

此處 B ＝常數，與 (3-16) 式中之 B 同

$$H = \frac{32\pi^3}{2\lambda^4 N_a} \cdot n^2 \left(\frac{dn}{dc}\right)^2$$

n ＝溶液的折射率

N_a ＝阿佛加得羅數 (*Avogadro's number*)

λ ＝入射光在眞空中的波長 (*wave length*)

$\dfrac{dn}{dc}$ ＝折射率隨濃度的變化率

式中的 $P(\theta)$ 稱爲粒子散射因數 (*particle-scattering factor*)，爲觀測角 θ 的函數。$P(\theta)$ 的大小視聚合體分子的形狀而定。一般而論，聚合體分子的形狀可以無規則盤捲的線圈、圓柱、圓盤或圓球近似之。

各種形狀導致不同的 P(θ)。但在許多聚合體一溶劑系中無法知悉 P(θ) 值。幸虧當 $\theta=0$ 時, P(θ)=1。Hc/τ 在 $\theta=0$ 的值無法直接測得。P(θ) 總是為 $\sin^2\theta/2$ 的函數, 以 Hc/τ 對 $\sin^2\theta/2$ 作圖可得 Hc/τ 在 $\theta=0$ 的外推值。同時在 c=0 的 Hc/τ 值亦須由外推法求得。以 Hc/τ 對 ($\sin^2\theta/2+kc$) 作圖可獲得 Hc/τ 在 $\theta=0$ 及 c=0 的外推值, k 為任一常數。此種圖線稱為齊姆圖線 (*Zimm plot*), 如圖 3-5 所示。Hc/τ 在 $\theta=0$ 及 c=0 的值等於重量平均分子量的倒

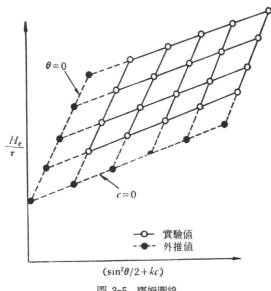

圖 3-5　齊姆圖線

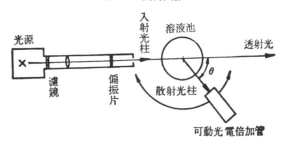

圖 3-6　光散射分析儀

數。圖 3-6 示一光散射分析儀。

假若溶質分子大小一致（分子量$=M$），則在 $\theta=c=0$，

$$\tau=HcM \qquad (\theta=c=0) \qquad (3\text{-}20)$$

若溶質為分子量散布性聚合體，則較重的分子對光散射的貢獻大於較輕的分子。在零濃度及零觀測角的總揮濁度為

$$\tau=\sum\tau_i=H\sum c_iM_i=Hc\bar{M}_w \qquad (3\text{-}21)$$

此處 $c=\sum c_{i o}$。上式證明藉光散射分析所獲得的聚合體分子量為重量平均分子量 $\bar{M}_w$。

光散射分析法可應用於分子量介於 10,000 與 10,000,000 之間的聚合體。除決定重量分子量之外，光散射分析亦能提供有關溶液中聚合分子形狀的資料。

3-5　超離心法 (*Ultracentrifugation Method*)

超離心法又稱為**沉析法** (*sedimentation method*)，為決定分子量的古典方法。它不但可以用來測定好幾種平均分子量，而且在理論上可以用來決定整個分子量分布曲線。但因超離心儀器複雜而昂貴，最近已逐漸失去其原有的重要地位。

用於測定分子量的超離心法可分為兩種：沉降速度法與沉降平衡法。茲分述於次。

(1) 沉降速度法 (*Sedimentation velocity method*)

本法測量聚合體分子在溶液中沉降的速度。一粒子在液體介質中藉重力運動的速度決定於重力與介質阻力的平衡。若質量為 m 的粒子在密度為 ρ 的介質（溶液）中降落，則重力為

$$mg-\bar{v}\rho mg=(1-\bar{v}\rho)mg$$

其中 g 為重力加速度；$\bar{v}$ 為粒子的比容 (*specific volume*)，等於單

位重量粒子的體積。如此 $\bar{v}\rho mg$ 等於浮力。若 dx/dt 為沉降速度，f 為阻力係數 (*friction coefficient*)，則阻力為 $f(dx/dt)$。由此可見速度愈大阻力愈大。當降落速度達到某一程度時，重力等於阻力。

$$f\left(\frac{dx}{dt}\right)=(1-\bar{v}\rho)mg \qquad (3\text{-}22)$$

此時淨加速度等於零。此後速度保持不變。此一速度稱為**最終速度** (*terminal velocity*)。(3-22) 式稱為蘇維德堡方程式 (*Svedberg equation*)。

聚合體分子在溶液中藉重力而沉降的速度甚慢，因此使用離心力以加速之。為獲得高離心力起見使用高速離心機。此為「超離心」一詞的由來。本法所使用的離心加速度可能高達 250,000g。將內裝溶液的玻璃管置於超離心機上，並令其以高速轉動。此時溶質粒子藉離心力向外（向管的底部）移動，結果管內液體分為兩層，上層為純溶劑，下層為濃度較高的溶液。觀察溶劑與溶液間的境界移動可測得溶質粒子移動的速度。在離心力場中加速度為 $\omega^2 x$。此處 ω 為角速度，x 為粒子與旋轉中心間的距離。以 $\omega^2 x$ 取代 (3-22) 式中的 g 得

$$f\left(\frac{dx}{dt}\right)=(1-\bar{v}\rho)m\omega^2 x \qquad (3\text{-}23)$$

此處 dx/dt 為溶劑與溶液的境界的移動速度。在此實驗中最終速度需數小時才能達到。令

$$s=\frac{dx/dt}{\omega^2 x} \qquad (3\text{-}24)$$

s 特稱為**沉降常數** (*sedimentation constant*)。若粒子為圓球形，可藉史多克斯方程式 (*Stokes equation*) 計算 f，

$$f=6\pi\eta r$$

其中 η 為介質的黏度，r 為圓球的半徑。若粒子不為圓球形，則不能使用上式。愛因斯坦 (*Einstein*) 導出適用於稀溶液的方程式，

$$D_0 = \frac{RT}{N_a f} \tag{3-25}$$

式中 D_0 爲零濃度下的擴散係數 (*diffusion coefficient*)。N_a 爲阿佛
加得羅數。以低濃度下的擴散係數 D 對濃度 c 作圖，將圖線外推至
$c=0$ 即得 D_0。由 (3-23)，(3-24) 及 (3-25) 三式得

$$M = N_a m = \frac{RT s_0}{D_0(1-\bar{v}\rho)} \tag{2-26}$$

其中 s_0 爲外推至 $c=0$ 所得的 s 值。s_0 與 D_0 的值必須分別測定。
此式爲蘇維德堡於1929年所導出。此式應用於散布性聚合體溶液時準
確度較低。應用 s_0 及 D_0 的各種不同平均值有可能由 (2-26) 式決
定聚合體的數目、重量及 Z 平均分子量。

(2) 沉降平衡法 (*Sedimentation equilibrium method*)

本法所使用的離心力較小。因離心力 $\omega^2 xm$ 與粒子質量成正比，
因此聚合體分子依其大小分布於離心場各部。愈往外濃度愈大且大分
子愈多。溶液管爲透明者，聚合體在管中的濃度分布可藉溶液的折射
率變化或吸光度的變化而測得。

若轉動速度不太大，則聚合體分子一方面因離心力而往外移動，
另一方面由於濃度差的存在而往內擴散 (*diffuse*)。(沉降速度法所使
用的轉動速度甚大，擴散效應可忽略。) 當此二方向相反的移動速度
相等時卽達到沉降平衡。此時純溶劑與溶液間的境界不再移動。通常
達到沉澱平衡所需時間約爲數日。

若 c 爲距離轉動中心 x 處的濃度，溶液管的截面積爲 a，則在 dt
的時間內藉離心力越過位於 x 的截面的聚合體質量爲 $c(\partial x/\partial t)\,adt$，
$(\partial x/\partial t)$ 爲沉降速度。同時間內依反方向擴散而經過同一截面的聚合
體質量爲 $D\,(\partial c/\partial x)adt$，$D$爲聚合體分子的擴散係數 (*diffusion coe-
fficient*)。當平衡達成時，

$$c\frac{dx}{dt}=D\frac{dc}{dx} \tag{3-27}$$

將（3-23）與（3-25）兩式帶入（3-27）式得

$$M(1-\bar{v}\rho)\omega^2cx=RT\left(\frac{dc}{dx}\right) \tag{3-28}$$

在 x_1 與 x_2 兩點之間積分上式得

$$M=\frac{2RT ln(c_2/c_1)}{\omega^2(1-\bar{v}\rho)(x_2^2-x_1^2)} \tag{3-29}$$

式中 c_1 與 c_2 分別爲距離等於 x_1 與 x_2 處的濃度。

在推導上式時假設各粒子大小相等。假若溶質爲聚合體（分子大小不一），以 c_i 表示分子量爲 M_i 的離份濃度，則（3-28）式可改爲

$$M_i(1-\bar{v}\rho)\omega^2c_ixdx=RTdc_i$$

以離份 i 的初濃度 c_{i0} 取代上式左端的 c_i，經積分得

$$c_{i0}M_i(x_2^2-x_1^2)=\frac{2RT(c_{i2}-c_{i1})}{\omega^2(1-\bar{v}\rho)} \tag{3-30}$$

式中 c_{i1} 與 c_{i2} 分別爲離份 i 在 x_2 與 x_1 的濃度。所有離份的總濃度爲 $c=\sum c_i$。由（3-30）式可得

$$\sum c_{i0}M_i=\frac{2RT\sum(c_{i2}-c_{i1})}{\omega^2(1-\bar{v}\rho)(x_2^2-x_1^2)}=\frac{2RT(c_2-c_1)}{\omega^2(1-\bar{v}\rho)(x_2^2-x_1^2)} \tag{3-31}$$

上式兩端各除以 c_0 得

$$\frac{\sum c_{i0}M_i}{\sum c_{i0}}=\bar{M}_w=\frac{2RT}{\omega^2(1-\bar{v}\rho)(x_2^2-x_1^2)}\frac{c_2-c_1}{c_0} \tag{3-32}$$

上式表示藉沉降平衡法而求得的分子量爲重量平均分子量。假設（3-29）式中的 $c_2\approx c_1$，且 $c_1=c_0$，則 $ln(c_2/c_1)=(c_2-c_1)/c_0$，而（3-29）式變爲（3-32）式。因此（3-29）式亦可應用於散布性聚合體溶液。在此場合，（3-29）式左端的 M 以 $\bar{M}_w$ 取代之。

若測量溶液與溶劑間的折射率差 $\tilde{n}$ 的變化，可獲得 Z 平均分子量 $\bar{M}_z$。由（3-28）式可得

$$\frac{1}{x_2}\sum\left(\frac{dc_i}{dx}\right)_2-\frac{1}{x_1}\sum\left(\frac{dc_i}{dx}\right)_1=\frac{1}{x_2}\left(\frac{dc}{dx}\right)_2-\frac{1}{x_1}\left(\frac{dc}{dx}\right)_1=\frac{(1-\bar{v}\rho)\omega^2}{RT}\sum M_i(c_{i2}-c_{i1})$$

式中下標 1 與 2 分別表示對應於 x_1 與 x_2 的數量。以 (3-30) 式的關係代替上式中的 $(c_{i2}-c_{i1})$ 得

$$\frac{1}{x_2}\left(\frac{dc}{dx}\right)_2-\frac{1}{x_1}\left(\frac{dc}{dx}\right)_1=\frac{1}{2}\left[\frac{(1-\bar{v}\rho)\omega^2}{RT}\right]^2\sum c_{i0}M_i^2(x_2^2-x_1^2) \qquad (3\text{-}33)$$

又由 (3-30) 式得

$$\sum c_{i2}-\sum c_{i1}=c_2-c_1=\frac{(1-\bar{v}\rho)\omega^2}{2RT}(x_2^2-x_1^2).\sum c_{i0}M_i \qquad (3\text{-}34)$$

(3-33) 式除 (3-34) 式得

$$\frac{\dfrac{1}{x_2}\left(\dfrac{dc}{dx}\right)_2-\dfrac{1}{x_1}\left(\dfrac{dc}{dx}\right)_1}{c_2-c_1}=\frac{(1-\bar{v}\rho)\omega^2}{RT}\frac{\sum c_{i0}M_i^2}{\sum c_{i0}M_i}=\frac{(1-\bar{v}\rho)\omega^2}{RT}\bar{M}_z \qquad (3\text{-}34)$$

n 隨 x 的變化率 dn/dx 不難測得，又因 n 與 c 成比例，(3-34) 式可改寫爲

$$\bar{M}_z=\frac{RT}{(1-\bar{v}\rho)\omega^2}\frac{\dfrac{1}{x_2}\left(\dfrac{dn}{dx}\right)_2-\dfrac{1}{x_1}\left(\dfrac{dn}{dx}\right)_1}{n_2-n_1} \qquad (3\text{-}35)$$

3-6　溶液黏度的測量 (*Measurement of Solution Viscosity*)

將聚合體溶解於一溶劑所得溶液的黏度 (*viscosity*) 較純溶劑爲大，其所以如此是因爲聚合體分子遠較溶劑分子爲大。此種黏度的增加視聚合體分子的大小及溶解的聚合體量而定。因此由聚合體溶液的黏度可決定聚合體的分子量。在討論聚合體分子量與聚合體溶液黏度之間的關係之前最好先了解溶液黏度的測量法。

一般聚合體溶液多屬於非牛頓型流體 (*non-Newtonian fluids*)；換言之，其黏度隨切變速率 (*shear rate*) 而異。然而若溶液甚稀，且

切變速率甚小，則其行為接近牛頓型流體 (*Newtonian fluids*)。如此，實用上伯舒由定律 (*Poiseuille law*) 適用於許多稀聚合體溶液：

$$\eta = \frac{P\pi r^4 t}{8Vl} \tag{3-36}$$

上式中 η 為溶液黏度；V 為在時間 t 之內流過半徑等於 r，長度等於 l 的毛細管的流體體積。此一定律常被應用於液體黏度的測定。在若干種黏度計的應用中，r, V, l 為常數，P 為流體靜壓 (*hydrostatic pressure*)。若純溶劑與溶液的密度分別為 ρ_0 與 ρ，同體積溶劑與溶液流過同一毛細管的時間分別為 t_0 與 t，則應用 (3-36) 式得此二流體的黏度比為

$$\frac{\eta}{\eta_0} = \frac{Pt}{P_0 t_0}$$

式中 η_0 為溶劑的黏度。流體靜壓 P 與 P_0 分別與密度 ρ 與 ρ_0 成正比，若濃度甚稀，可假設 $\rho = \rho_0$，如此上式可改寫為

$$\frac{\eta}{\eta_0} = \frac{\rho t}{\rho_0 t_0} \simeq \frac{t}{t_0} \tag{3-37}$$

通常溶劑的黏度 η_0 為一已知數，決定 t_0 與 t 之後即可算出聚合體溶液的黏度 η。

常用來測量聚合體溶液（及其他液體）黏度的兩種毛細管黏度計為歐斯特瓦爾德－馮士克 (*Ostwald-Fenske*) 黏度計與尤伯洛德 (*Ubbelohde*) 黏度計，如圖 3-7 所示。使用歐斯特瓦爾德－馮士克黏度計時先將溶液自左管加入使其充滿左下方的球泡，將溶液吸至右管的球泡內，至液面達到中刻度或上刻度為止。然後令溶液下降並記錄液面經過兩刻度的時間。在尤伯洛德黏度計中，溶液離開毛細管之後沿管壁流入一球泡，因此有效的壓力頭 (*pressure head*) 不受計內液體體積的影響。如此可繼續加入溶劑以稀釋溶液並依次測定一系列不同濃度的溶液的黏度。因黏度隨溫度而異，測量黏度時須將黏度計浸

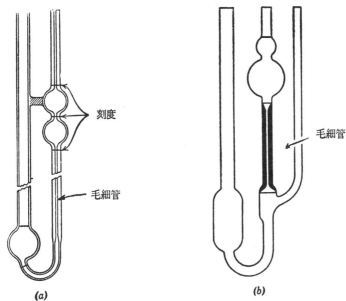

(a) *(b)*

圖 3-7　常用來測量聚合體溶液黏度的兩種毛細管黏度計:
(a) 歐斯特瓦爾德-馮士克黏度計; (b) 尤伯洛德
黏度計

入一恆溫槽中以保持一定的溶液溫度。

溶液黏度 η 與溶劑黏度 η_0 的比值稱爲**相對黏度** (*relative viscosity*)，以 η_r 表示之，

$$\eta_r = \eta/\eta_0 \simeq t/t_0 \tag{3-38}$$

$(\eta_r - 1)$ 稱爲**比黏度** (*specific viscosity*)，以 η_{sp} 表示之，

$$\eta_{sp} = \eta_r - 1 = (\eta - \eta_0)/\eta_0 \simeq (t - t_0)/t_0 \tag{3-39}$$

溶液的濃度 c 常以克溶質每公合 (*deciliter* 或簡寫爲 *dl*) 溶液 g/dl 或 $g/100ml$ 計，η_{sp}/c 與 $(ln\ \eta_r)/c$ 分別稱爲**對比黏度** (*reduced viscosity*) η_{red} 與固有黏度 (*inherent viscosity*) η_{inh}。

$$\eta_{red} = \eta_{sp}/c; \quad \eta_{inh} = (ln\ \eta_r)/c \tag{3-40}$$

將對比黏度或固有黏度外推至 $c=0$ 所得之值通稱爲**本性黏度** (*intri-*

nsic viscosity)，以〔η〕表示之。

$$[\eta] = \lim_{c \to 0}(\eta_{sp}/c) = \lim_{c \to 0}[(ln\ \eta_r)/c] \tag{3-41}$$

實際上相對黏度 η_r，比黏度 η_{sp}，對比黏度 η_{red}，固有黏度 η_{inh} 及本性黏度〔η〕並非眞正的黏度，而且它們並無黏度的單位。因此，國際純粹及應用化學聯合會推荐一套較恰當的命名法。惟這些推荐的名稱尙未被廣泛採用。表3-3列出各種數量的定義及其單位。自此以後本書將以推荐的名稱**極限黏度數**稱呼〔η〕。

表 3-3 溶液黏度的命名

數　　量	單位	俗名	推荐的名稱
η	*cp*	溶液黏度	溶液黏度
η_0	*cp*	溶劑黏度	溶劑黏度
$\eta_r = \eta/\eta_0$	——	相對黏度 (*relative viscosity*)	黏度比 (*viscosity ratio*)
$\eta_{sp} = \eta_r - 1 = (\eta - \eta_0)/\eta_0$	——	比黏度 (*specific viscosity*)	——
$\eta_{red} = \eta_{sp}/c$	*dl/g*	對比黏度 (*reduced viscosity*)	黏度數 (*viscosity number*)
$\eta_{inh} = (ln\eta_r)/c$	*dl/g*	固有黏度 (*inherent viscosity*)	對數黏度數 (*logarithmic vistosity number*)
$[\eta] = \lim_{c \to 0}\eta_{red} = \lim_{c \to 0}\eta_{inh}$	*dl/g*	本性黏度 (*intrinsic viscosity*)	極限黏度數 (*limiting viscosity number*)

〔η〕的大小與濃度無關而受聚合體分子量、溶劑及溫度的影響。決定〔η〕的方法是先測量一系列不同濃度的稀溶液的 η_{sp}/c 或 $(ln\ \eta_r/c)$，然後以 η_{sp}/c 或 $(ln\ \eta_r/c)$ 對 c 作圖並將所得圖線外推至 $c=0$ 卽得〔η〕。有時取在 $c=0.5g/dl$ 的固有黏度當作極限黏度數〔η〕。

哈金斯 (*Huggins*)〔4〕於1942年獲得如下關係：

$$\frac{\eta_{sp}}{c}=[\eta]+k'[\eta]^2c \qquad (3\text{-}42)$$

其中 k' 為一常數。各聚合體-溶液系有其特殊的 k' 值。上式亦可寫成如下關係（證明見習題 3-7）：

$$\frac{\ln \eta_r}{c}=[\eta]+k''[\eta]^2c \qquad (3\text{-}43)$$

此處 $k''=k'-\dfrac{1}{2}$。圖 3-8 示聚合體稀溶液的典型濃度數據。此處係以 η_{sp}/c 及 $(\ln \eta_r)/c$ 對 c 作圖。所得圖線的斜率分別等於 $k'[\eta]^2$ 及 $k''[\eta]^2$，截距等於極限黏度數 $[\eta]$。若知一聚合體稀溶液的黏度、溶劑的黏度及 k' 值，則可由 (3-42) 式或 (3-43) 數計算 $[\eta]$。

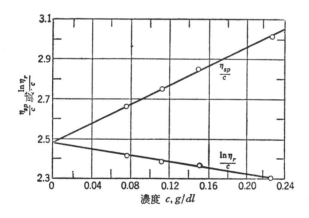

圖 3-8　一聚苯乙烯-苯溶液的對比黏度與固有黏度數據

史多丁格 (staudinger) [5] 預言聚合體的極限黏度數 $[\eta]$ 與其分子量成正比。此一關係並不準確。最常用的黏度-分子量關係式為馬克-侯文克方程式 (Mark-Houwink equation)：

$$[\eta]=KM^a \qquad (3\text{-}44)$$

其中M為非散布性聚合體的分子量。對某一指定的聚合體-溶劑系而言，K與 a 為常數。通常 a 值介於0.6 與 0.8 之間，K值介於 0.5×10^{-4} 與 5×10^{-4} 之間。K 與 a 的值視溶液與聚合體種類而定。由極限黏度數與分子量的對數─對數圖線可決定K與 a 的值（見圖 3-9）。(3-44) 式為一經驗式，僅適用於線型聚合體。

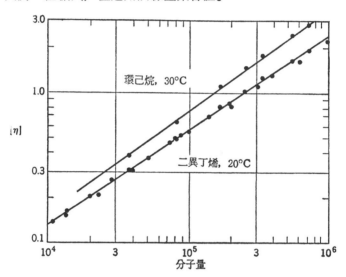

圖 3-9　聚異丁烯 (*polyisobutylene*) 的二異丁烯 (*diisobutylene*) 及
環己烷 (*cyclohexane*) 溶液的極限黏度數-分子量關係。

假若所論及聚合體試樣所含分子的分子量大小不一，實驗結果顯示聚合體的極限黏度數〔η〕等於諸非散布性離份的極限黏度數〔η〕$_i$ 的重量平均，

$$[\eta] = \frac{\sum [\eta]_i W_i}{\sum W_i} = \sum w_i [\eta_i] = K \sum w_i M_i^a \qquad (3\text{-}45)$$

因此由 (3-44) 與 (3-45) 兩式可知黏度平均分子量 $\bar{M}_v$ 為

$$\bar{M}_v = \left(\frac{[\eta]}{K} \right)^{1/a} = \left(\sum w_i M_i^a \right)^{1/a} = \left(\frac{\sum N_i M_i^{1+a}}{\sum N_i M_i} \right)^{1/a} \qquad (3\text{-}46)$$

若 $a = 1$，則 $\bar{M}_v$ 等於 $\bar{M}_w$。但通常 $\bar{M}_v$ 值介於 $\bar{M}_n$ 與 $\bar{M}_w$ 之間，

且較接近 $\bar{M}_w$ (見圖 3-1)。

因溶液黏度的測量所涉及的技術較簡單，溶液黏度法已成為測定聚合體分子量最常用的方法。此外黏度的測量亦可提供有關溶液中聚合體分子大小與形狀的資料。

3-7 聚合體分子量分布的測定 (*Measurement of the Molecular Weight Distribution of Polymers*)

前已提及，比值 $\bar{M}_w/\bar{M}_n$ 常用來指示聚合體試樣的分子量分布程度。商用聚合體如塑膠的分子量分布寬度須小心控制才能迅速加工與塑造。在許多場合，只知 $\bar{M}_w/\bar{M}_n$ 還不夠應用，須知詳細的分子量分布。例如我們常須知悉極高分子量或極低分子量範圍內的聚合體重量百分率。這兩部份對聚合體加工的難易以及最後成品的性質有顯著的影響。

聚合體分子量分布的分析為一極複雜的手續，目前已有多種分析法。在幾乎所有分析法中須先將分子量散布性聚合體試樣分離成許多離份 (*fraction*)，各離份的分子量分布甚窄。然後測量各離份的重量及其分子量即可獲得分子量分布曲線。以下簡述四種較重要的方法。詳細討論見文獻〔6〕。

(1) 部份沉澱法 (*Fractional precipitation*)

在一指定的溶劑中一聚合體的溶解度通常隨聚合度的增而降低。此為聚合體部份分離 (*fractionation*) 的基礎。若將一非溶劑 (*non-solvent*)（即不溶解聚合體的液體）加入一聚合體溶液中，並令其達成平衡，則大部份沉澱物將為分子量高的聚合體部份。聚合體沉澱物可藉過濾加以分離。依次加入少量非溶劑，聚合體依分子量高低次序沉澱分離（分子量高者先沉澱）。稱量各部份沉澱物並決定其分子量

（例如藉黏度法）卽可獲得分子量分布。此法雖較簡單，但常須再沉澱各部份才能獲得較準確的結果。

(2) **溶劑梯度洗提法** (*Solvent-gradient elution*)

此法爲上法之逆。先配製一系列溶解力不同的液體（例如溶劑與非溶劑的溶液）。令聚合體試樣依次與各種液體接觸，溶解力低者先使用，溶解力高者後使用。最低分子量部份（亦卽溶解度最高的部份）溶解於第一液體中；分子量較高的部份依次溶解於溶解力較高的液體中。爲加速平衡起見，常將聚合體塗於擔體(*carrier*)（如沙與玻璃珠）上，再將擔體充於一柱 (*column*) 中，然後依次灌注溶解力不同的液體加以**洗提** (*elute*) 或**萃取** (*extract*)。

(3) **溫度梯度洗提法** (*Thermal-gradient elution*)

此法爲上述沉澱與萃取兩種技術的組合，屬於梯度洗提層析術 (*gradient elution chromatography*) 的一種。聚合體塗於適當的擔體上，然後置於一填充柱 (*packed column*) 的上端。柱的各處溫度加以控制使其溫度自下而上漸次增高，如此上端溫度高於下端。溶劑-非溶劑混合物自柱上方的容器灌入柱中。首先容器中含純非溶劑，當非溶劑流入管中時，溶劑依等速加入容器中。如此流經填充柱的液體的溶解力隨時間漸增（液體中溶劑的含量漸增）。最初柱上端聚合體的低分子量部份先溶解而隨液體流下，但由於柱的較下方溫度較低而沉澱，然後由於液體溶解力增加而再溶解下流，如此，部份萃取與沉澱反覆進行。分子量較高的成分較易於沉澱。因此分子量低的部份先被洗出，分子量高的部份後被洗出，此法可分離分子量分布極窄小的許多部份，已廣用於分析與製備 (*preparation*) 兩方面，惟手續複雜，費時甚多。

(4) **凝膠滲透層析術** (*Gel-permeation chromatography*)

凝膠滲透層析術爲一強力分離技術，可快速用以檢視分子量分布。

自 1961 年被發現以來已被廣泛採用。分離程序發生於填充柱內的堅硬多孔性「**凝膠**」（*gel*）粒子中。通常所使用凝膠為高度交連的多孔性聚苯乙烯及多孔性玻璃。孔與聚合體分子有同等的大小。

　　操作時溶劑自一貯庫（*reservior*）打出，經過一分流器而分為兩支。其中一支流注入凝膠填充柱，另一支流則作為參考之用。柱的下游設一折射率計（*refractometer*），此折射率計比較兩支流的折射率，其訊號記錄於等速移動的紙條上。聚合體稀溶液試樣（*sample*）自柱的上游注入而被溶劑冲下凝膠填充柱。當聚合體經過填充柱時，較小的分子較深入凝膠內部的微孔，較大分子能滲入的孔較少或者根本無法滲入。因此較小分子滯留在管中的時間較長，而較大分子先被溶劑帶出填充柱。如此可分離聚合體。因折射率計隨時測量填充柱下游的濃度，其訊號曲線指示所用溶劑的體積與流出液中聚合體重量百分率之間的關係（通常記錄器上設有一筆尖，每隔 $5ml$ 流出液的時間劃一記號）。理論上流過填充柱的溶劑體積與聚合體的分子量成正比，因此

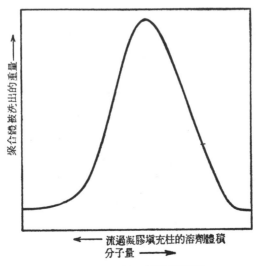

圖 3-10　一典型凝膠滲透層析圖

記錄器上劃出的曲線卽爲分子量分布曲線。圖3-10爲一典型凝膠層析圖。

文獻

1. Hellman, M. and L. A. Wall, "End-Group Analysis," Chap V in Gordon M. Kline, ed., *Analy Chemistry of Polymers*, Part Ⅲ, Interscience Div., John Wiley and Son, New York, 1962.

2. Bonnar, R.U., M. Dimbat, and F.H. Stoss, *Number Average Molecular Weights*, Interscience Publisher, New York, 1958.

3. Debye, P., *J. Appl. Phys.*, 15, 338, 1944.

4. Huggins, M.L., "The Viscosity of Dilute Solutions of Long-Chain Molecules. IV. Dependence on Concentration," *J Polymer Sci.* 64, p. 2716–2718, 1942.

5. Standinger, H., *Die hochmolekularen organischen Verbindungen*, Springer-Verlag, Berlin, 1932.

6. Cantow, M.J.R., *Polymer Fractionation*, New York, Academic Press, 1967.

補充讀物

1. D'Alelio, G.F., *Fundamental Principles of Polymerization*, John Wiley & Sons, Inc., New York, 1952.

2. 杜逸虹, **物理化學上冊**, 第十章, 三民書局出版, 1972.

3. Billmeyer, F.W. Jr., *Texbook of Polymer Science*, 2nd ed., Chap 2 & 3, John Wiley & Sons Inc., New York, 1971.

4. Jenkins, A.D., *Polymer Science*, Vol. 1, Chap. 2, North-Holland Publishing Co., Amsterdam, London, 1972.

習 題

3-1 試證明 $M_n < M_v < M_w < M_z$

3-2 一聚合體試樣由一系列離份 (*fraction*) 所組成。假使各離份所含分子的大小相等。試計算此聚合體試樣的 $\overline{M}_n$ 與 $\overline{M}_w$ 並繪製分子量分布曲線。

離　份	重量分率	分　子　量
A	0.10	12,000
B	0.19	21,000
C	0.24	35,000
D	0.18	49,000
E	0.11	73,000
F	0.08	102,000
G	0.06	122,000
H	0.04	146,000

3-3 內己醯胺 (*ε-caprolactam*) 的聚合體為耐龍 6，其構造式為

$$H-[NH-(CH_2)_5-CO]_n-OH$$

經化學分析後知此聚合體含氮 0.3%，求此聚合體的數目平均聚合度 $\overline{DP}$ 及數目平均分子量 $\overline{M}_n$。

3-4 環氧乙烷 (*ethylylene oxide*) 聚合後所產生的聚合體每分子含有 2 羥基 —OH，

$$n\ CH_2\!-\!CH_2 \xrightarrow{\ H_2O\ } HO\left(CH_2CH_2O\right)_n H$$
$$O \qquad\qquad 聚氧化乙烯$$

異氰酸苯酯 (*phenyl isocyanate*)（分子量=118）能與羥基反應而生成烏拉坦 (*urethane*)，與水反應而生成二苯基尿素 (*diphenyl urea*) 及二氧化碳

$$\bigcirc\!\!-\!N\!=\!C\!=\!O\ +\ HO\!-\!R\ \rightarrow\ \bigcirc\!\!-\!NH\!-\!COOR$$

異氰酸　　　　　　　醇　　　　　　　烏拉坦

$$2\ \bigcirc\!\!-\!N\!=\!C\!=\!O\ +\ H_2O\ \rightarrow\ \bigcirc\!\!-\!NH\!-\!CO\!-\!NH\!-\!\bigcirc+CO_2$$

今以異氰酸分析 100 克聚氧化乙烯試樣，結果 5.923 克異氰酸被消耗，並且放出 $210cm^3$ $(1atm, 25°C)CO_2$。試估計該聚合體試樣的 $\overline{M}_n$。

3-5 聚合體A及聚合體 B 在 $27°C$ 與同一溶劑所形成的溶液的滲透壓數據列於下表中:

濃度 c_A g/dl	滲透壓 π_A cm 溶劑	濃度 c_B g/dl	滲透壓 π_B cm 溶劑
0.320	0.70		
0.660	1.82	0.400	1.60
1.000	3.10	0.900	4.44
1.400	5.40	1.400	8.95
1.900	9.30	1.800	13.01

溶劑密度$=0.85g/cm^3$; 聚合體密度$=1.15g/cm^3$

(a) 繪製此二聚合體的 (π/c) 對 c 圖線

(b) 估計各聚合體的 $\overline{M}_n$ 及第二維里係數〔(3-17) 式中之 B 值〕。

(c) 25重量%A與75重量%B混合，估計此混合物的 $\overline{M}_n$。

(d) 若A與B的 $\overline{M}_w/\overline{M}_n$ 均等於2，則(c)項中混合物的 $\overline{M}_w/\overline{M}_n$ 爲若干？

3-6 試應用 (3-3) 式證明

$$\Sigma c_i M_i = c\overline{M}_w$$

3-7 自然對數的冪級數 (power series) 爲

$$ln(1+z)=z-\frac{z^2}{2}+\frac{z^3}{3}-+\cdots\cdots$$

其中z爲絕對值小於 1 的數量。試應用自然對數的冪級數由 (3-42) 式證明 (3-43) 式的關係。(提示: $\eta_r=1+\eta_{sp}$, 若z甚小，可忽略冪級數中 z^3 項及其後各項。)

3-8 下列數據得自一聚甲基丙烯酸甲酯〔poly(methyl methacrylate)〕的丙酮溶液。

η_r	$c, g/dl$
1.170	0.275
1.215	0.344
1.629	0.396
1.892	1.199

就同一溫度下的聚甲基丙烯酸甲酯-丙酮溶液而論，

$[\eta]=5.83\times10^{-5}(\bar{M}_v)^{0.72}$。求該聚合體試樣的 $[\eta]$，$\bar{M}_v$ 及哈金斯方程式中的 k' 值。

〔答：$[\eta]=0.577dl/g$，$k'=0.42$，$\bar{M}_v=355{,}000$〕

3-9 假定習題 3-2 中的聚合體試樣屬於聚甲基丙烯酸甲酯。求此試樣在丙酮中的 $\bar{M}_v$，並與其 $\bar{M}_n$ 及 $\bar{M}_w$ 作一比較。

3-10 在一定溫度下，溶劑力（優良溶劑對不良溶劑）對一聚合體的 $[\eta]$ 有何影響？

第四章　聚合體鏈的剛柔性與聚合體的轉變現象

聚合體的相轉變 (*phase transition*) 與一般低分子物質頗不相同。本章討論聚合體的玻璃轉變現象與結晶熔解現象。聚合體鏈的剛柔性對聚合體的玻璃轉變溫度及結晶熔解溫度有很大的影響，本章亦將加以討論。

4-1　聚合體的轉變現象——玻璃轉變點與結晶熔點
(*Transitional phenomena of Polymers—Glass Transition Point and Crystalline Melting Point*)

固體聚合體可能爲半結晶的 (*semicrystalline*)，亦可能爲完全無定形的 (*amorphous*)。這與聚合體的構造規則性有關（見 5-1 節）。

分子量較低的物質如松脂酸 (*abietic acid* 或 *rosin*) 的比容 (*specific volume*)（單位重量的體積）對溫度曲線示於圖 4-1。固態松脂酸以結晶形式存在，但亦可簡單地過冷其熔融物 (*melt*)。若自其熔點 (172°C) 以上的溫度急速冷卻其熔融物（液體）可使其變爲過冷液體 (*supercooled liquid*)，且當溫度低於 70°C 時，此物質進入玻璃狀態 (*glass state*)。過冷液體轉變爲玻璃的溫度稱爲**玻璃轉變溫度** (*glass transition temperature*) 或**玻璃轉變點** T_g。

結晶狀態固體具有較低的膨脹係數 (*coefficient of expansion*)。在結晶熔點 (*crystalline melting point*) T_m 有一不連續的體積變化發生。在玻璃轉變點並無不連續的體積變化，但卻有一膨脹係數的不

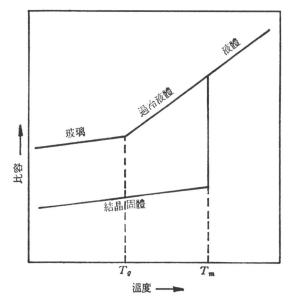

圖 4-1　松脂酸的比容——溫度曲線

連續變化發生。

　　大多數低分子量物質的液體不易過冷；因此這類物質只能以結晶固體或眞正液體或氣體存在。

　　在充分低的溫度下所有無定形（非結晶）聚合體顯示玻璃的特徵，諸如：堅硬、易碎等。玻璃狀態(glass state) 的特性之一爲低膨脹係數。當溫度達到玻璃轉變點 T_g 時，無定形聚合體進入**橡膠狀態** (rubbery state)，而具有橡膠的特徵（軟而富彈性）。例如合成橡膠的 T_g 約爲 $-60°C$。當溫度低於 $-60°C$ 時，合成橡膠變爲硬而脆，猶如玻璃。絕大多數聚合體固體爲局部結晶者 (partially crystalline)。其結晶部份參雜於無定形部份之間。其比容－溫度曲線（v－T 曲線）如圖 4-2 的下曲線所示。其無定形部份仍然在充分低溫下顯示玻璃狀態，因此局部結晶聚合體顯示玻璃轉變與結晶熔

解，且其 T_g 大致不受結晶程度的影響。 無定形部份所佔的比例愈小，玻璃轉變的現象愈不明顯。實際上高度結晶的聚合體其玻璃轉變現象不易測知。在 T_m 結晶熔解發生時， 體積突然改變，此種現象屬於熱力學上的**一級轉變** (*first-order transition*) (*v* 對 T 曲線不連續)。在 T_g 體積並不突然改變，但體積─溫度曲線的斜率 (或膨脹係數) 改變， 此一現象類似熱力學上的**二級轉變** (*second-order transition*) (*v* 對 T 曲線連續， 但 dv/dT 對 T 曲線不連續)。 因此聚合體的玻璃轉變常被稱爲二級轉變。然而此一命名並不妥當，因爲玻璃轉變並不完全滿足熱力學二級轉變的條件。

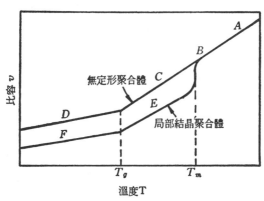

圖 4-2 聚合體的比容─溫度曲線
(A) 液體區域， (B) 黏彈性液體， (C) 橡膠區域，
(D) 玻璃區域， (E) 晶粒參雜於橡膠中， (F) 晶粒嵌於玻璃中

因聚合體無 100% 結晶者； 換言之， 所有聚合體至少含有若干% 的無定形部份， **所有聚合體均有一T_g**。 然而並非所有聚合體均有一 T_m─**若聚合體完全不結晶，則無** T_m。

T_g 與 T_m 在聚合體的應用上極其重要。 橡膠的 T_g 低於室溫，例如橡膠用聚異丁烯的 T_g 爲 $-70°C$； 塑膠用無定形聚合體須具有高於室溫的 T_g， 聚苯乙烯 ($T_g=100°C$) 爲一實例； 塑膠用結晶聚

合體須具有高於室溫的 T_m，同態聚丙烯 (*isotactic polypropylene*)
(T_m＝176°C) 與耐龍 66 (T_m＝260°C) 爲其實例；纖維用聚合體須
具有相當大的結晶度及遠高於水沸點的 T_m（例如耐龍與聚丙烯，**此**
兩者亦可作爲纖維）。由圖 4-2 可知聚合體在各溫度範圍內的一般性
質。

4-2 玻璃轉變溫度與結晶熔點的測量 (*Determinations of* T_g *and* T_m)

　　測定 T_g 通常所用的方法是觀察若干種熱力學性質隨溫度T的變
化，例如圖 4-3 所示比容v (*specific volume*) 隨T 的變化。應注意
v-T 曲線的斜率在 T_g 以上的溫度增加。

　　由此法測得的 T_g 隨加熱或冷却速率的不同而稍有出入。此一現

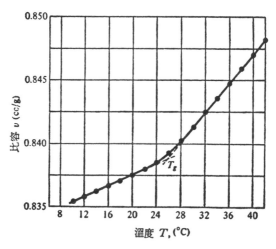

圖 4-3　聚醋酸乙烯酯的比容隨溫度變化的情形

象反映長而互相糾纏的聚合體鏈不能卽時響應溫度變化的事實，並顯

示對聚合體作熱力學測量的困難。平衡的達成常需極長時間。事實上聚合體的玻璃轉變是否爲一平衡程序仍被懷疑。而且實際上觀察到的 dv/dT 並不如理論所推測一般地在 T_g 不連續。惟此點在實際應用上並無大礙。將兩直線部份外推所獲得的 T_g，其準確度可在一兩 $°C$ 之內。其他性質如折射率的測量亦可用來決定 T_g。其他方法包括機械阻尼 (*mechanical damping*)、核磁共振 (*nuclear magnetic resonance*, NMR) 等的測量及示差熱分析 (*differential thermal analysis*, DTA) 等。

當聚合體的結晶相 (*crystalline phase*) 在其熔點消失時，聚合體的物理性質變化亦隨之發生。例如聚合體變爲稠黏的液體，密度、折射率、熱容量、透明度等突然改變 （其變化不連續）。測量這些性質可決定聚合體的結晶熔點 T_m。因其熔解發生於一溫度範圍，由各

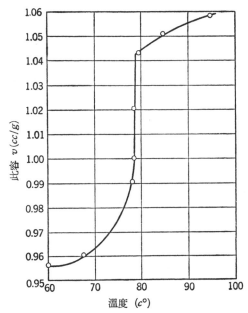

圖 4-4 聚癸二酸癸烯酯的比容在結晶熔點附近的變化

種方法所獲得的 T_m 略有出入。若觀察結晶完全消失時的溫度並以此溫度爲 T_m，則此一 T_m 通常比基於物理性質的變化而獲得的 T_m 高數 °C。圖 4-4 示聚癸二酸癸烯酯〔poly(decamethylene sebacate)〕的比容在結晶熔點附近的變化情形。

最近常應用**示差溫分析儀** （DTA） 分析 聚合體的轉 變現象。

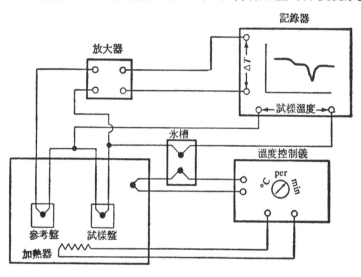

(a)

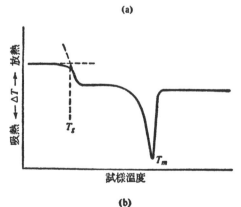

(b)

圖 4-5 示差熱分析。(a) 分析儀，(b) DTA 曲線。

圖4-5(*a*)　示一示差熱分析儀。示差熱分析儀的主要部份爲一小加熱室。藉一溫度控制器可以一定速率增減此一小室內的溫度　T（例如 $10°C/min$）。室內設二盛盤，其中之一盛一不起變化的固體（如三氧化二矽）作爲參考，另一盛聚合體試樣。兩盛盤間的溫差 ΔT 以熱電隅 (*thermal couples*) 測量之。一記錄器隨時劃出 ΔT。圖 4-5(b) 示一 *DTA* 曲線。在 T_g 點由於聚合體的熱容量 $C_p = dH/dT$ 增加，試樣溫度每增加 $1°C$ 所吸收的熱隨之增加，因此試樣盤與參考盤相對的溫度較以前小，且 *DTA* 曲線的斜率 $d(\Delta T)/dT$ 在 T_g 突然改變。又當試樣在 T_m 熔解時吸收熔解熱，因此 *DTA* 曲線在 T_m 有一向下的巓峯 (*peak*)。由 *DTA* 曲線可定出 T_g 與 T_m。

　　DTA 技術亦可用來研究聚合體的氧化與熱分解等反應。

4-3　聚合體的鍵結──主要鍵結與次要鍵結 (*Bonding of Polymers──Primary Bonding and Secondary Bonding*)

　　聚合體分子以**共價鍵結力**將其內各原子連繫在一起，而聚合體分子之間則以**次要鍵結力** (*secondary bonding force*) 互相吸引。共價鍵爲有機化合物的**主要鍵** (*primary bond*)，是由電子的共用而形成。一般聚合體分子內各原子所具有的共價鍵數如下：

$$-\overset{|}{\underset{|}{C}}- \qquad \overset{|}{\underset{\wedge}{N}} \qquad -O- \qquad H- \qquad Cl- \qquad F- \qquad -\overset{|}{Si}-$$

共價鍵的特點是其**鍵長** (*bond length*) 較短 $(1-2A)(1A=10^{-8}cm)$，其鍵能 (*bond energy*) 頗高 $(50-200kcal)$，而且相鄰二鍵的夾角（鍵角）大致不變。表 4-1 示出現於聚合體分子中的若干種共價鍵，其鍵長、其鍵能及其鍵角。主要鍵在所有物理程序中保持分子的完整直至

表 4-1 共價鍵的鍵長、鍵能及鍵角

鍵長與鍵能			若 干 鍵 角	
鍵	鍵長, Å	鍵 能, *kcal/mole*		
C—C	1.54	83		
C=C	1.34	147		
C≡C	1.20	194		
C—H	1.09	99		
C—O	1.43	84		
C=O	1.23	171		
C—N	1.47	70		
C=N	1.27	147		
C≡N	1.16	213		
C—Si	1.87	69		
Si—O	1.64	88		
C—S	1.81	62		
C=S	1.71	114		
C—Cl	1.77	79		
S—S	2.04	51		
N—H	1.01	93		
S—H	1.35	81		
O—H	0.96	111		
O—O	1.48	33		
Si—N	1.74	•••		

$$CH_3—C≡C—CH_3 \quad 180°$$

$$CH_2=CH—CH=CH_2 \quad 122°$$

化學崩潰點達到爲止。次要鍵結力存在於相鄰的分子間，又稱爲分子際吸引力。次要鍵通常較長 (2-5Å) 而且較弱 (0.5-20*kcal/mole*)；然而促使氣體變爲液體或固體，控制揮發性與溶解性，以及產生黏度、表面張力與摩擦力者却是此等分力際次要鍵。隨分子量的增加，此等分子際力的總和變爲更重要。

分子際力有數種〔1〕，包括倫敦分散力 (*London dispersion forces*)、永久偶極子力 (*permanent dipole forces*)、感應偶極子力 (

induced dipole forces)、**氫鍵結力** (*hydrogen bonding forces*) 及離子鍵結力 (*ionic bonding force*)。

此等分子際力中以**倫敦分散力**爲最小，但在非極性 (*nonpolar*) 分子如烴類聚合體中，分子間的互相吸引主要靠倫敦分散力。分子中價電子雲 (*valence electron cloud*) 的流動性可導致過渡性的電子不平衡及瞬間的極性。由此所產生的力稱爲倫敦分散力。此種力將諸分子保持在一起，並將分子際距離 r 保持於 3-5A 之間，其能量爲 1-2*kcal/mole*. 例如聚乙烯分子依賴倫敦分散力而保持在一起。

極性分子中兩原子的陰電性 (*electronegativity*) 差異產生**隅極子力**。若分子中陽電中心與陰電中心的位置不同則分子具有偶極子矩 (*dipole moment*)。在分子際的短距離內，諸分子不同極之間有吸引力的存在。此種偶極子力可發見於聚酯 (*polyesters*) 與聚醯胺 (*polyamides*)。例如

當一極性分子接近一非極性 (*nopolar*) 分子時，極性分子的極性能誘導鄰近的非極性分子，使其所含電子產生位移，因而產生一弱感

應偶極子 (*induced dipole*)。 **感應偶極子力**在聚合體化學中較不重要。

若聚合體分子中的一陰電性原子具有一對或多對不共用的電子 (*unshared electrons*)，它有將這些電子施與鄰近聚合體分子中的**氫原子**的趨勢， 因而產生**氫鍵**。 例如含有下列原子群的聚合體可產生氫鍵:

$$
\begin{array}{cccc}
\quad\overset{\displaystyle O}{\underset{\displaystyle \|}{}} & \overset{\displaystyle O}{\underset{\displaystyle \|}{}} & \overset{\displaystyle O}{\underset{\displaystyle \|}{}} & OH \\
-NH-C-, & -OCNH-, & -HN-C-NH-, & -C-
\end{array}
$$

醯胺(*amide*)　　烏拉坦(*urethane*)　　脲(*urea*)　　醇(*alcohol*)

聚醯胺 (*polyamide*) 分子間的氫鍵如下所示:

實際上氫鍵亦可視爲極性鍵的一種。

離子鍵在聚合體化學中並不常見，但若離子鍵發生，則其鍵能頗大， 約爲 10-20 *kcal/mole*。例如

$$\begin{array}{c}
\text{\large\rlap{\textasciitilde\textasciitilde\textasciitilde}\hphantom{\textasciitilde\textasciitilde\textasciitilde}}\mathrm{CH}\rlap{\textasciitilde\textasciitilde\textasciitilde}\hphantom{\textasciitilde\textasciitilde\textasciitilde} \\
| \\
\mathrm{C{=}O} \\
| \\
\mathrm{O} \\
\vdots \\
\mathrm{Zn^{++}} \\
\vdots \\
\mathrm{O} \\
| \\
\mathrm{C{=}O} \\
| \\
\mathrm{CH}
\end{array}$$

　　分子際吸引力的大小常以**內聚能密度** *CED* 表示之。我們已在第二章討論過內聚能密度的決定法。如前所述，通常並不直接列出*CED* 值,而以**溶解性參數** δ 代替之. 若干聚合體的 δ 值與 T_g 列於表 2-3。一般言之，聚合體的分子際吸引力及其 T_g 隨 δ 之增加而增加（當然也有例外）。橡膠（或彈體）用聚合體如聚二甲基矽醚、聚異丁烯及聚異戊二烯等，其 δ 值較小。

　　比較聚丙烯(*polypropylene*)、聚氯乙烯〔*poly (vinyl chloride)*〕及聚丙烯腈 (*polyacrylonitrile*) 三聚合體，可見分子際吸引力效應的一斑。

	重複單位	δ	T_g	T_m
聚　丙　烯	$-\mathrm{CH_2-CH-}$ 　　　　$\mid$ 　　　$\mathrm{CH_3}$	8	$-20°\mathrm{C}$	$176°\mathrm{C}$
聚氯乙烯	$-\mathrm{CH_2-CH-}$ 　　　　$\mid$ 　　　Cl	9.5	$87°C$	$190°C$
聚丙烯腈	$-\mathrm{CH_2-CH-}$ 　　　　$\mid$ 　　　CN	15.4	$120°C$	$317°C$

此三聚合體的取代基 (*substituent*) $\mathrm{CH_3}$, Cl, CN 的大小約相等，但極

性以 CN 為最大, Cl 次之, CH₃ 最小。

前已提及, 一般高聚合體並不沸騰。這可以分子際吸引力及高分子量加以解釋。液體分子離開液面而進入汽相時必須克服液體的分子際吸引力。次要鍵結力的大小介於 0.5 與 20 *kcal/mole* 之間, 而維繫分子的主要鍵結力（如共價鍵力）約介於 50 與 200 *kcal/mole* 之間。雖然每一次要鍵結力遠小於主要鍵結力, 但若假設每一重複單位所貢獻的次要鍵結力相等, 則因每一高聚合體分子含有一大數目的重複單位, 其次要鍵結力的總和（分子際吸引力）大於主要鍵結力。因此在一分子能克服分子際吸引力而離開其他分子前, 維繫分子內諸原子的主要鍵結力早已斷裂；換言之, 在沸點達到以前分子已分解。

4-4 聚合體分子的組型 (*Conformation of Polymer Molecules*)

聚合體鏈中原子的幾何安排方式 (*geometrical arrangement*) 可簡便地分為兩類: **組態** (*configurations*) 與**組型** (*conformations*)。

(1) 組態 (*Configuration*): 分子中為化學鍵結 (*chemical bonding*) 所固定的原子（或原子團）安排方式稱為組態, 例如**光學異構物** (*optical isomers*)（卽左旋式與右旋式異構物）及**幾何異構物** (*geometrical isomers*)（卽順式與反式異構物）。若分子具有不對稱的構造則可發生光學異構現象。例如

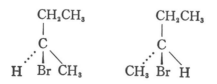

其中實線表示位於紙面的鍵；虛線表示位於紙面下方（自C指向**下方**）

的鍵；楔形表示位於紙面上方（自 C 指向上方）的鍵。此兩異構物互為鏡像 (*mirror images*)。其中之一為左旋式 (*l-form*)，另一為右旋式 (*d-form*)。幾何異構物常出現於具有**環狀構造**及具有**双重鍵** (*double bond*) 的分子。若環狀分子具有二不同取代基，則兩基位於環平面同側的形式為順式 (*cis-form*)，而兩基位於環平面異側的形式為反式 (*trans-form*)。因烯分子無法對一双重鍵轉動，故亦可能發生幾何異構物。例如順-2-丁烯與反-2-丁烯：

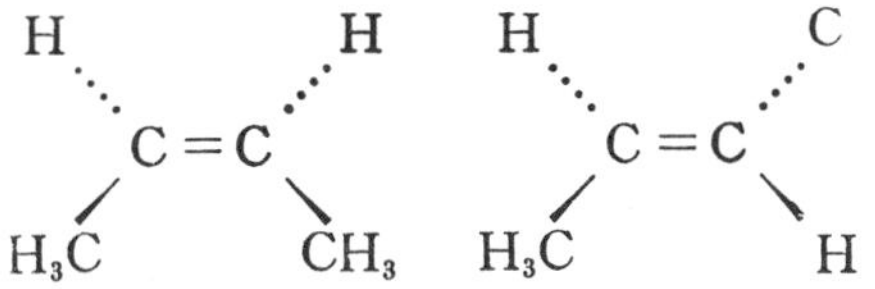

順-2-丁烯　　　　反-2-丁烯

除非化學反應發生（化學鍵斷裂），組態不能改變。

(2) **組型** (*conformation*)：分子對單鍵轉動 (*rotation about a single bond*) 而發生的安排方式稱為組型。例如下列乙烷 (*ethane*) 的兩種組型為乙烷分子對 C—C 單鍵轉動所發生的許多種組型中的兩種：

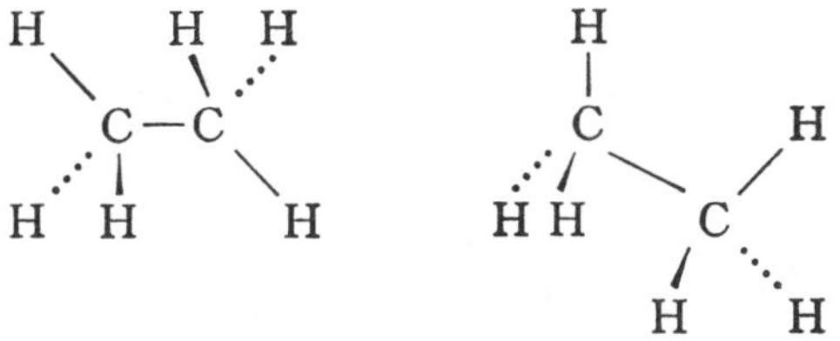

一聚合體分子鏈可採取許多種組型，而且各種組型可交互變換。在溶液中或在其本身的熔融物中，聚合體分子由於熱能的作用而不斷運動，且不斷採取許多種不同的組型。

一般聚合體分子的剛柔性可藉基本物理觀念加以分析。通常碳原子具有四價。在簡單的甲烷 (*methane*) 中，四相同的氫環繞一碳原

子而形成一對稱的正四面體 (*tetrahedron*)，且 任二 C—H 共價鍵間
的夾角均等於 109.5° 如下所示:

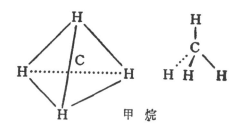

甲 烷

取代C上的H的原子或原子團稱為取代基 (*substituents*)。若C原子
上的四取代基不全部相同，則對稱性不復存在，但一般四面體構造仍
然保持。甚至對一聚合體分子主鏈中的一碳原子而言，此四面體構造
仍然有效。在此場合，四取代基中之二為鏈狀基。

　　因任二共價鍵間的夾角約為109.5°，以共價鍵相連而成的碳原子
鏈不可能為簡單的直線。如此，若把一聚乙烯分子拉長，其碳鏈必然
變成位於一平面上的**鋸齒狀鏈** (*zig-zag chain*)，如圖 4-6 所示:

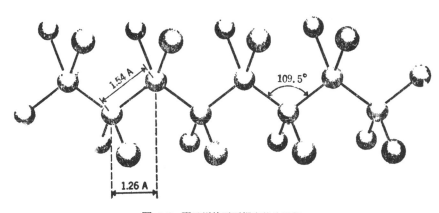

圖 4-6　聚乙烯的平面鋸齒狀分子鏈

實際上，各聚合體分子鏈採取極**不規則的捲曲鋸齒狀** (*random zig
-zag coil*)，如圖 4-7 所示。對各 C—C 鍵的自由轉動產生一巨大

數目的組型，並導致一極不規則的狀態。

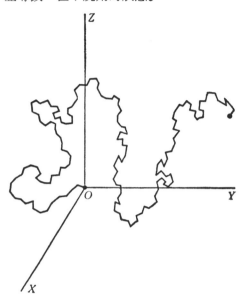

圖 4-7　無規則捲曲的鋸齒狀分子鏈

因此在溶液及溶化物中，諸聚合體分子鏈互相糾纏，猶如煮過的粉絲。

此種不規則盤捲的狀態具有高熵 (*entropy*) 及高穩定性。然而對各 C—C 鍵的自由轉動並不是絕對自由的，它必須滿足一條件——各對 C—C 鍵之間的鍵角 109.5° 必須保持，如圖 4-8 與圖 4-9 所示。

在熱力學上溫度意謂分子中的原子經常在運動; 換言之, 聚合體分子並不凍結於一特殊的組型，而是經常變動於許多對等的組型之間。在低溫下，運動僅限於各別原子對各別鍵所作的伸張 (*stretching*)、彎曲 (*bending*) 及轉動所引起的振動 (*vibration*)。這是因為分子的裝填 (*packing*) 極緊密而無法作更大的運動。

隨溫度的增加振動的幅度增加，諸原子及諸分子可移動而分開更遠，並在其間產生若干自由空間 (*free volume*)。若有一振動中的個別原子發現其附近有一自由空間，此原子可跳入此空間而使無規則捲

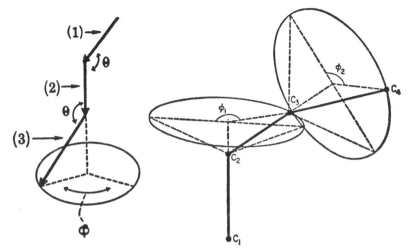

圖 4-8 對一 C—C 鍵的自由轉動。
圖示第 3 鍵的轉動。鍵角 θ 固定。
φ 為鍵的轉動角度。

圖 4-9 含有四碳的鏈中鍵的自由轉動

曲的組型發生一小變動。但因自由空間不夠大而無法使一節分子鏈同時移動。

溫度繼續增加,原子振動加大,分子移動的程度更大,因而產生更大的自由空間。最後當某一特殊溫度達到時, 自由空間達到一臨界值(約2.5%)。此一溫度卽玻璃轉變溫度 T_g。在此溫度,含 5 個或更多個原子的一節分子鏈上諸原子可同時發現其隣近有自由空間, 因此整節鏈可同時移動而產生一新組型(見圖 4-10)。原來堅硬而具有玻璃性質的聚合體在此時變為略可彎曲或皮革狀 (leathery)。

溫度、原子振動及自由空間再增加,含有 10-30 碳原子的一節分子鏈可同時而且迅速運動。此時聚合體變為柔軟而有伸縮性(橡膠狀)。若不加以方向性的應力 (stress), 此種整節分子鏈的運動類似布朗運動 (Brownian motion), 並不導致永久的位移。但若加以方向性的應力, 分子鏈節將依減輕位能及應力的方向運動。較大的應力可伸

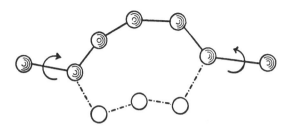

圖 4-10　聚合體鏈之一節的運動。

張分子，使其較有規則地排列。此種狀態為具有較低熵而且是可能性較小的組型。因此當應力除去時，分子將恢復其較有可能（熵較高）的無規則捲曲組型。

　　溫度再增加，線型分子在應力下有互相滑行的趨勢，因而產生橡膠流動 (*rubbery flow*) 或黏彈性流動 (*visco-elastic flow*)。在更高溫度下，整個分子可容易滑過其他分子因而產生真正的液體流動（*liquid flow*）。

　　即使在最簡單的碳鏈中，各碳上不用於構成鏈的鍵必須連至其他原子。在最簡單且最常見的例中，這些鍵連至氫。

$$
\begin{array}{ccc}
 & \text{H} & \text{H} \\
 & | & | \\
\sim\sim\sim\!\!-\!\!\text{C} & - & \text{C}\!\!-\!\!\sim\sim\sim \\
 & | & | \\
 & \text{H} & \text{H}
\end{array}
$$

雖然氫是最小的原子，它的電子軌道 (*electronic orbit*) 卻大到足以影響鏈的剛柔性。例如在乙烷的場合，由於氫電子雲間的拒斥力，當其兩甲基 $-CH_3$ 相隔 $60°$ 時最為穩定（此時第一甲基上的氫與第二甲基上的氫分開最遠）。其**轉動的能障** (*energy barrier to rotation*) 約 $2\ kcal/mole$。換言之，乙烷轉動時需克服 $2\ kcal/mole$ 的位能障礙。比較甲基乙炔 (*methylactylene*) 與新戊烷 (*neopentane*) 的轉動能障即可了解相鄰氫原子間的拒斥作用。兩者的轉動能障分別為 0.5

$$H-\underset{\underset{H}{|}}{\overset{\overset{H}{|}}{C}}-C\equiv C-H \qquad H_3C-\underset{\underset{CH_3}{|}}{\overset{\overset{CH_3}{|}}{C}}-CH_3$$

甲基乙炔   新戊烷

與 4.2 *kcal/mole* (見圖 4-11)。此種轉動的障碍亦卽所謂**方位障碍**(*steric hindrance*)。

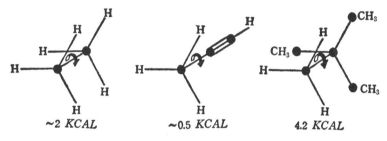

~2 KCAL   ~0.5 KCAL   4.2 KCAL

圖 4-11 烴類的方位障碍

聚乙烯及其他聚合體也有類似的轉動障碍，正丁烷(*n-butane*)的轉動位能圖 (圖 4-12) 較簡單且類似聚乙烯的位能圖， 我們可在此略予討論。正丁烷的分子式爲

$$CH_3-\underset{\underset{H}{|}}{\overset{\overset{H}{|}}{C}}-\underset{\underset{H}{|}}{\overset{\overset{H}{|}}{C}}-CH_3$$

我們可將一 CH_3 及二 H 當作碳上的取代基 (*sustituents*)。若沿中央 C—C 鍵的方向來看正丁烷分子，可見兩 CH_3 基間的角度可自 0 至360°(見圖 4-12)。姑稱此一角度爲轉動角 θ。$\theta=0$ 或 2π 的組型稱爲遮式組型(*eclipsed conformation*)；$\theta=\pi/3$ 或 $5\pi/3$ 的組型稱爲拙式組型(*gauche confomation*)；$\theta=\pi$ 的組型稱爲**反式組型** (*trans confomation*)。在反式組型中兩甲基分開最遠， 其位能最小，故最穩

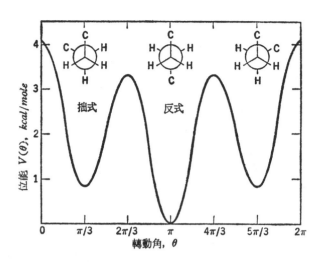

圖 4-12 正丁烷的轉動位能圖。圖中 C 代表甲基 CH_3。轉動角 θ 代表
兩甲基間的角度

定。在遮式組型中兩甲基（及諸氫）的距離最小，拒斥力最大，位能
亦最高（比反式組型大 ~4 $kcal/mole$），故最不穩定。拙式組型的位
能比反式組型大 700 $cal/mole$，其穩定度介於反式與遮組型之間。正
丁烷的轉動位能障碍 E 約爲 4 $kcal/mole$（最高位能減最小位能）。
在多數分子的集合中，不同組型間的能差可影響各形式的統計數目，
但並不阻止個別分子自一形式變至另一形式。因此在任一瞬間可發現
正丁烷的分子採取各種組型，包括反式、拙式、遮式及介於此三者之
間的轉動組型，而各式組型的相對量視其位能而定，位能愈低者數目
愈大。

　　若將正丁烷的二甲基視爲聚乙烯鏈的延長部份，亦可獲得類似圖
4-12 的轉動位能圖，且上述對正丁烷的討論亦可適用於聚乙烯（及
其他聚合體）。在低溫下聚乙烯結晶且具低動能，故其組型主要爲反
式者；但在較高溫下聚乙烯具有充分的動能，足以克服轉動障碍，因
此拙式及其他組型的數目增加。應注意，當聚合體鏈採取反式組型時，

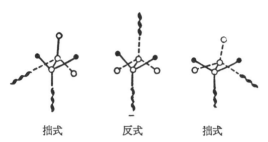

拙式　　　　反式　　　　拙式

鏈的伸張程度較大。當聚合體鏈完全伸張時，鏈的組型為平面鋸齒形（見圖 4-6）。

4-5 聚合體鏈的剛柔性 (*Rigidity-Flexibility of Polymer Chains*)

鍵的轉動能障愈小，分子愈容易轉動，分子的柔曲性（*flexibility*）也愈大；反之，轉動能障愈大，分子鏈愈僵硬（*rigid*）。一般而言，鍵的轉動能障約為 1-5 *kcal/mole*。此一數值可與分子的內聚能相比擬；因此分子的柔曲性與玻璃轉變溫度及熔點有關。**低轉動能使較大的分子節容易轉動並導致低玻璃轉變溫度**；轉動的限制導致大位能障碍及高玻璃轉變溫度。當溫度低於玻璃溫度時，僵硬的固體無定形聚合體的**內部摩擦力**（*internal friction*）（即黏度）約為 10^{12} 至 10^{13} 泊（*poises*）；橡膠在高於 T_g 的溫度下其內部摩擦力約為 10^6 泊。

前述聚乙烯的分子轉動為分析分子柔曲性的最簡單例子。此一討論可加以推廣以包括其他聚合體。取代基（*substituents*）與構造上的差異皆可限制簡單聚乙烯的轉動。茲討論主鏈構造與側鏈構造所造成的轉動限制及其對聚合體柔曲性的影響。

(1) 主鏈構造 (*Main-chain structure*)

主鏈構造特色影響分子柔曲性者有二：一原子在主鏈中與其他原

子共用的鍵數及共振 (*resonance*)。

(a) 一原子在主鏈中與其他原子共用的鍵數

顯然，聚合體分子主鏈中碳（或其他原子）必須共用至少二共價鍵以構成此鏈。

$$\sim\!\!\sim\!\!\sim\!\!\sim\overset{|}{\underset{|}{C}}-\overset{|}{\underset{|}{C}}\sim\!\!\sim\!\!\sim\!\!\sim$$

通常假定這些原子可對此等單鍵自由轉動。

雙重鍵 (*Double bonds*)　若相鄰兩原子共用另一對電子以形成一共價雙重鍵如 C=C 鍵，通常假設此雙重鍵不能自由轉動。然而雙重鍵却將一碳的鍵結方向由 4 降至 3，

$$\overset{\diagdown}{\underset{\wr}{C}}=\overset{\diagup}{\underset{\wr}{C}}$$

如此減輕鄰近側基 (*side group*)（甚至小的氫原子）的衝突，因而增加對鄰近主鏈中 C—C 單鍵的轉動自由。其總效應爲轉動的自由、柔曲性及彈性，二烯橡膠 (*diene rubbers*) 爲其實例。

小環 (*Small rings*)　若一原子爲主鏈上小環的一成員，如下列兩環中的碳原子，則該原子共用多於二鍵以構成主鏈。五員環通常相當僵

$$\sim\!\!\sim\!\!\sim\!\!\sim\overset{\diagup\!\!\diagdown}{\underset{\bigsqcup}{C\,\,\,C}}\sim\!\!\sim\!\!\sim\!\!\sim\qquad\sim\!\!\sim\!\!\sim\!\!\sim\overset{\diagup\overline{}\diagdown}{\underset{\bigsqcup}{C\qquad C}}\sim\!\!\sim\!\!\sim\!\!\sim$$

硬，六員環僅稍具柔曲性。此等環在主鏈中所造成的僵硬效應常見諸於聚縮醛乙烯〔*poly (vinyl acetal)*〕及纖維素系聚合體 (*cellulosic polymer*)。此效應導致高玻璃轉變點及高熔點。

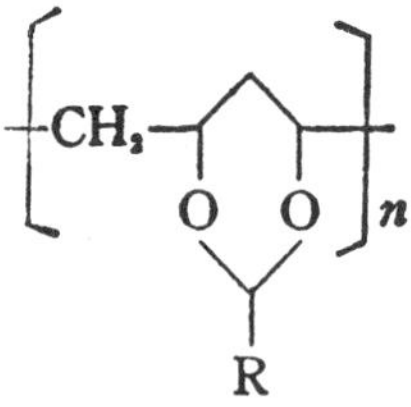

聚縮醛乙烯

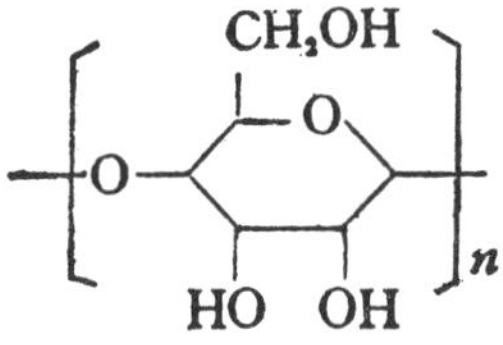

纖維素

(b) 共振——平面性 (*Resonance-Planarity*)

當官能基中間隔一碳的共軛雙重鍵 (*alternating doublebond*) 因共振而趨穩定化時，

$$-\overset{|}{C}=\overset{|}{C}-\overset{|}{C}=\overset{|}{C}- \rightleftharpoons =\overset{|}{C}-\overset{|}{C}=\overset{|}{C}-\overset{|}{C}=$$

共振導致此一官能基的平面構造。這將減少轉動自由及柔曲性，並增加聚合體的僵硬性。

苯環的共振

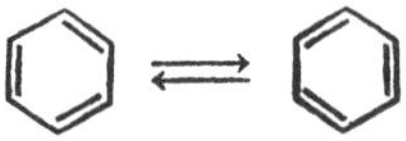

產生一平面的僵硬構造，並使 T_g 及 T_m 增加，聚對-荏(*poly-p-xylylene*) 及酚樹脂(*phenolic resins*)爲其實例。

當共振穩定作用推廣至環外以包括鄰近的官能基時，僵硬的平面單位增大，僵硬效應變爲更大。聚對-酞酸乙烯酯〔*poly* (*ethylene tere phthalate*)爲一典型的例子。

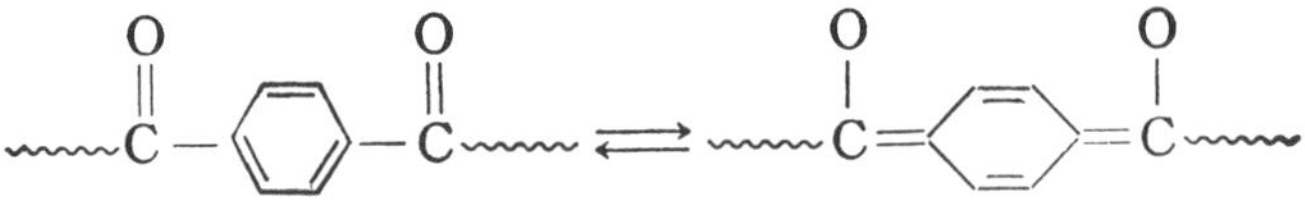

雜環聚合物的共振穩定作用產生更大的僵硬效應。

(2) 側鏈構造 (*Side-chain structure*)

聚合體主鏈上原子的取代基對整個聚合體的柔曲性有很大的影響。這可分爲兩方面來討論：其一爲側鏈的形狀與大小，另一爲極性 (*polarity*)。

(a) 大小與形狀 (*Size and shape*)

側鏈的大小與形狀決定方位障碍和轉動的困難程度以及聚合體的剛柔性。

氫可視爲最簡單的側鏈。氫的方位障碍較小，但不可忽視。例如減少氫的數目可增加柔曲性。聚合體主鏈上具有雙重鍵 C＝C 的碳上僅附有半數的氫，其方位障碍較小，故對鄰近 C—C 鍵的轉動自由較大。

若在主鏈中導入二價的原子，特別是氧與硫，此原子無需任何側鏈，當然亦無需氫。這使轉動較自由並使聚合體的柔曲性增加。因此

$$C-\overset{..}{\underset{..}{O}}-C \qquad C-\overset{..}{\underset{..}{S}}-C$$

脂肪族聚醚(*aliphat-ic polyethers*) 中的 C—O—C 鍵與脂肪族硫化物(*aliphatic sulfides*) 中的 C—S—C 鍵均導致較大的柔曲性與較低的熔點。同理，脂肪族的聚硫化物的 C—S—S—C 鍵以及酊聚合體 (*silicone*) 的 Si—O—Si鍵均甚易曲，實際上它們具有優良的彈體性質。

聚丙烯 (*polypropylene*) 的甲基側鏈產生相當大的方位障碍，因而使此聚合體在接近室溫的溫度下變爲玻璃狀。類似的僵硬效應亦發生於聚α-甲基苯乙烯〔*poly* (*α-methyl styrene*)〕及聚甲基丙烯酸甲酊〔*poly* (*methyl methacrylate*)〕。

$$\left[CH_2 - \underset{\underset{\displaystyle \bigcirc}{|}}{\overset{\overset{\displaystyle CH_3}{|}}{C}} \right]_n \qquad \left[CH_2 - \underset{\underset{\displaystyle COOCH_3}{|}}{\overset{\overset{\displaystyle CH_3}{|}}{C}} \right]_n$$

聚α-甲基苯乙烯　　　　　聚甲基丙烯酸甲酯

　　若側鏈爲較長的烷基，則因較長的烷基並不產生更大的方位障碍，但却增加聚合體分子主鏈間的距離，使聚合體分子的裝塡較稀疏，因而增加自由空間。一般言之，較長的正烷基側鏈增加聚合體的柔曲性並降低玻璃轉變點與熔點。表 4-2 示一系列聚α烯（卽聚 1-烯）（$poly\ \alpha\text{-}olefins$）的 T_g 與 T_m。應注意此類聚合體的側鏈碳數較其單體的碳數小 2。例如

$$CH_2 = CH - CH_2 - CH_3 \longrightarrow \left[CH - \underset{\underset{\displaystyle CH_3}{\overset{\displaystyle |}{\overset{\displaystyle CH_2}{|}}}}{\overset{\displaystyle |}{C}} H \right]_n$$

1-丁烯　　　　　　　　　聚 1-丁烯

如此，聚乙烯的側鏈爲氫，聚丙烯的側鏈爲甲基，聚1-丁烯的側鏈爲

表 4-2　正烷基側鏈長度對聚烯的玻璃轉變溫度與結晶熔點的影響

α-烯	聚烯的 T_g, °C	聚烯的 T_m, °C
乙烯 (*Ethylene*)	−122	137
丙烯 (*Propylene*)	−19	176
1—丁烯 (*1-Butane*)	−24	120
1—戊烯 (*1-Pentene*)	−47	70
1—己烯 (*1-Hexene*)	−50	−55
1—庚烯 (*1-Heptene*)		−40
1—辛烯 (*1-Octene*)	−60	−38
1—十二烯 (*1-Dodecene*)		45
1—十八烯 (*1-Octadecene*)		70

乙基等等。

　　然而，當此等正烷基側鏈的長度大到某一長度時，它們能結晶，此種側鏈的結晶產生倔強性。自此以後，聚合體的倔強性與熔點隨側鏈長度的增加而增加。

　　側鏈的分支使其本身變爲較粗大。因此分支的側鏈，如

$$\sim\sim CH_2-CH-CH_2\sim\sim \qquad \sim\sim CH_2-CH-CH_2\sim\sim$$

$$CH_2 \qquad\qquad CH_3-C-CH_3$$

$$CH \qquad\qquad\qquad CH_3$$

$$CH_3 \quad CH_3$$

產生較大的方位障碍，並造成較高的倔强性、玻璃轉變點及熔點。

　　若側鏈上有**環狀取代基** (*cyclic substituent*)，則側鏈變爲很粗大，且其轉動限制隨環狀取代基的接近主鏈而增加。例如附於聚苯乙烯 (*polystyrene*) 主鏈的苯基使此聚合體僵硬而易碎。下列三側基使聚合體僵硬的效應自左而右遞增。

其所以如此是因爲環狀取代基（在此場合爲苯基）鄰近主鏈的程度及限制分子轉動的程度自左而右遞減。

　　(b) 極性 (*Polarity*)

　　若聚合體的側鏈具有**極性，則**它們有互相排斥的趨勢。因此它們限制轉動並使聚合體鏈不易彎曲。**聚四氟乙烯** (*polytetrafluoethylene*) $\{CF_2-CF_2\}_n$ 中的氟原子不僅比氫大，且因具高陰電性而互相拒斥，致使此聚合體具有柱狀構造。此一構造不易彎曲，故聚合體的熔點甚高 ($T_m = 327°C$)。氯原子大於氫原子，且其陰電性相當大。因此**聚氯乙烯** (*polyvinyl chloride*) $\{CH_2-CHCl\}_n$ 的分子頗爲倔强；加入液體塑

劑 (*plasticizers*) 可中和氯的極性、消除拒斥力並增進此聚合體的柔曲性。聚丙烯腈 (*polyacrylonitrile*) ${CH_2-CH}_n$ 中的 $-C≡N$ 側基產生

$$C≡N$$

方位障碍及偶極子拒斥力，使聚合體分子變爲僵硬的柱狀物。

4-6 聚合體的結晶熔點 (*The Crystalline Melting Point of Polymers*) 〔2〕

雖然聚合體在某一溫度範圍內熔解,當溫度高於某一特殊溫度時,聚合體的晶體無法存在;此一特殊溫度即爲該聚合體的結晶熔點 T_m。本節討論聚合體熔解的熱力學及聚合體構造對其結晶熔點的影響。

(1) 熔解的熱力學 (*The thermodynamics of melting*)

聚合體的熔解可視爲一平衡程序 (*equilibrium process*) (雖然在某種情況下所觀察到的 T_m 未必爲準確的平衡值)。依熱力學, 當熔解發生時吉布斯自由能 (*Gibb's free energy*) 的變化 ΔG 爲零:

$$\Delta G=\Delta H_m-T_m\Delta S_m=0 \tag{4-1}$$

式中 ΔH_m 與 ΔS_m 分別爲聚合體在熔解過程中的焓 (*entropy*) 變化與熵 (*entropy*) 變化。由上式得

$$T_m=\Delta H_m/\Delta S_m \tag{4-2}$$

由溶劑所引起的聚合體熔點降低 (*melting-point lowering*) 可計算 ΔH_m 值。測量結晶度 (*crystallinity*) 已知的聚合體試樣熔解時所放出的熱亦可獲得 ΔH_m 值。由 ΔH_m 與 T_m 可計算 ΔS_m。若干聚合體的 T_m, ΔH_m 及 ΔS_m 值列於表 4-3。

由此表可見 T_m 與 ΔH_m 之間並無一定的關係。雖然許多低熔點聚合體具有低 ΔH_m, 若干低熔點聚合體卻具有高 ΔH_m。

(2) 分子量對 T_m 的影響 (*Effect of molecular weight on T_m*)

ΔH_m 為聚合體分子在一定溫度 T 及一定壓力下克服結晶鏈結力使晶體瓦解所需的能。對高聚合體而言，ΔH_m 大致不受鏈長 (*chain length*) 的影響。但就一定質量或體積的聚合體而論，分子鏈愈短，

表 4-3　若干聚合體的 T_m, ΔH_m 及 ΔS_m

聚　　合　　體	$T_m, °C$	ΔH cal/g	ΔS_m $cal/g-°K$
線型聚乙烯 (*linear Polyethylene*)	137	69	0.17
聚丙烯 (*Polypropylene*)	176	62	0.138
聚苯乙烯 (*Polystyrene*)	239	19.2	0.037
聚丙烯腈 (*Polyacrylonitrile*)	317	23	0.038
聚氯三氟乙烯 (*Polychlorotrifluoroethylene*)	210	10.3	0.021
聚四氟乙烯 (*Polytetrafluoroethylene*)	327	14.6	0.042
順式聚異戊二烯 (*Polyisoprene, cis*)	28	15.3	0.50
反式聚戊二烯 (*Polyisoprene, trans*)	74	45	1.30
聚氧化乙烯 〔*Poly(ethylene oxide)*〕	66	45	0.123
聚甲醛 (*Polyoxymethylene*)	180	53	0.117
聚癸二酸癸烯酯 〔*Poly(decamethylene sebacate)*〕	80	36	0.099
聚癸烯癸二酸醯胺 〔*Poly(decamethylene sebacamide)*〕	216	24.5	0.053
聚對- 酸乙烯酯 〔*Poly(ethylene terephthalate)*〕	267	28	0.052
三醋酸纖維素 (*Cellulose trinitrate*)	>700	4.0	0.0028

熔解時分子不規化的程度愈大 (即亂度增加愈大)，因而導致較大的 ΔS_m (參考 2-3 節的推理)。因此，依 (4-2) 式，T_m 隨鏈長 (或分子量) 的減少而降低。散布性聚合體由於鏈長的分布，其熔點並不「敏銳」(*sharp*)；換言之，此聚合在一溫度範圍內熔解 (見圖 4-4)。

弗洛理 (*Flory*) 獲得如下公式：

$$\frac{1}{T_m} - \frac{1}{T_m^\circ} = \frac{2RM_u}{\Delta H_u \bar{M}_n} \tag{4-3}$$

其中 T_m 為數目平均分子量等於 $\bar{M}_n$ 的聚合體的熔點 (以 $°K$ 計)；

T_m° 為具有無窮大分子的純聚合體的熔點（以 $^\circ K$ 計）；R 為氣體常數；M_u 為重複單位的式量；ΔH_u 為每莫耳結晶聚合體重複單位的熔解熱。（4-3）式可以下式近似之：

$$T_m = \frac{T_m^\circ (\bar{M}_n/M_u)}{B + \bar{M}_n/M_u} \tag{4-4}$$

其中 B 為一常數。以上二式亦顯示 T_m 隨 $\bar{M}_n$ 而增加，且當 $\bar{M}_n$ 大到某種程度時 T_m 趨近於 T_m°。因此對「高聚合體」可假設 T_m 不受分子量的影響。

（3）聚合體同系列的熔點——分子際鍵結力對 T_m 的影響（*Melt points of homologous series of polymer—Effect of intermolecular bonding forces on T_m*）

若干類脂肪族聚合體同系列（*homologous series*）的熔點示於圖 4-13。

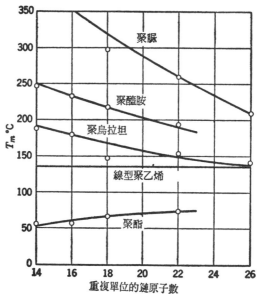

圖 4-13　脂肪族聚合體同系列結晶熔點的趨勢

圖示各類聚合體同系列熔點的相對大小及重複單位鏈原子數對 T_m 的影響可藉分子際吸引力加以解釋。 我們可把線型 聚乙烯當作標準聚合體，而以極性原子群取代聚乙烯分子式中的 —CH$_2$— 卽可獲得其他類脂肪族聚合體，如下所示：

$$\left\{N-\overset{\overset{\displaystyle O}{\|}}{C}-N-(CH_2)_m\right\}_n$$
$$\quad\ \ |\qquad\quad\ |$$
$$\quad\ \ H\qquad\quad\ H$$

聚脲 (*Polyureas*)

$$\left\{\overset{\overset{\displaystyle O}{\|}}{C}-N-(CH_2)_m\right\}_n$$
$$\qquad\ \ |$$
$$\qquad\ \ H$$

聚醯胺 (*Polyamides*)

$$\left\{O-\overset{\overset{\displaystyle O}{\|}}{C}-N-(CH_2)_m\right\}_n$$
$$\qquad\qquad\ \ |$$
$$\qquad\qquad\ \ H$$

聚烏拉坦 (*Polyurethane*)

$$\left\{\overset{\overset{\displaystyle O}{\|}}{C}-O-(CH_2)_m\right\}_n$$

聚酯 (*Polyesters*)

雖然脂肪族**聚酯**因具有極性原子群， $-\overset{\overset{\displaystyle O}{\|}}{C}-O-$ ， 而具有極性鍵結力，但由於 —O— 的出現而使分子鏈的柔曲性增加。顯然極性鍵結力增加 T_m 的程度小於 —O— 降低 T_m 的程度，因此脂肪族聚酯的 T_m 小於聚乙烯。隨脂肪族聚酯重複單位鏈原子數（或 m ）的增加，以上兩效應漸減（同一質量內 $-\overset{\overset{\displaystyle O}{\|}}{C}-O-$ 所佔的比例漸減），因此其 T_m 漸增，當 $m\to\infty$ 時聚酯的 T_m 趨近於聚乙烯的 $T_{m\text{o}}$。

聚烏拉坦、聚醯胺及**聚脲**分子鏈中分別含有原子群

$$-O-\overset{\overset{\displaystyle O}{\|}}{C}-N-,\quad -\overset{\overset{\displaystyle O}{\|}}{C}-N-\ \text{及}\ -N-\overset{\overset{\displaystyle O}{\|}}{C}-N-,\quad \text{這些原子群可產}$$
$$\qquad\qquad\ |\qquad\qquad\ |\qquad\qquad\ |\qquad\qquad |$$
$$\qquad\qquad\ H\qquad\qquad H\qquad\qquad H\qquad\qquad H$$

生强力的氫鍵，所以這三類聚合體的 T_m 均大於聚乙烯。聚烏拉坦與聚醯胺的氫鍵結力大致相差不大，故其 ΔH_m 大約相差不大。但聚烏拉坦分子鏈上含有氧原子，此氧原子增加其在熔化物中的柔曲性，使其在熔化物中的組型數目（及亂度）增加，因而導致較高的 ΔS_m，故聚烏拉坦的 T_m 小於聚醯胺。聚醯胺與聚脲分子鏈的柔曲性相差不大，但聚脲的重複單位多含一 —N—， 因此能形成更强的氫鍵並產
　　　　　　　　　　　　　　　　　　　|
　　　　　　　　　　　　　　　　　　　H

生較高的 ΔH_m。故其 T_m 高於聚醯胺。隨極性原子群間距離 (m) 的增加，極性鍵結力及氫鍵結力的貢獻漸減，因此這幾類聚合體的 T_m 逐漸接近聚乙烯的 T_m。

　　若更仔細地觀察聚合體同系列的 T_m 可發現極性原子群間的距離對 T_m 的影響情形更爲複雜，如圖 4-14 所示。T_m 隨極性原子群間碳原子數目的增加而作交互性的增減。這是由聚合體晶體構造的不同所引起。此構造隨重複單位的碳原子的奇偶數作交互變化。

　　應注意以上的討論僅適用於脂肪族聚合體。例如

聚對-鈦酸乙烯酯 $\left[O-\overset{O}{\overset{||}{C}}-\langle\bigcirc\rangle-\overset{O}{\overset{||}{C}}-O-CH_2CH_2 \right]_n$

的熔點甚高，約爲 260°C（見 4-4 節的討論）。

(4) 分子鏈柔曲性及其他方位障碍對 T_m 的影響 (Effects of chain flexibility and other steric factors on T_m)

　　4-4 節對分子鏈剛柔性的討論可應用於本節。較僵硬的聚合體具有較高的轉動位能障碍，因此其分子鏈在熔融物中的轉動自由受到較大的限制，其亂度必較小；換言之，其 ΔS_m 較小，故其 T_m 較高。例如線型聚乙烯、聚丙烯及聚四氟乙烯的 T_m 分別爲 137, 176 及 327°C。若聚乙烯中的 —CH₂— 被一柔曲性小的原子群所取代，其

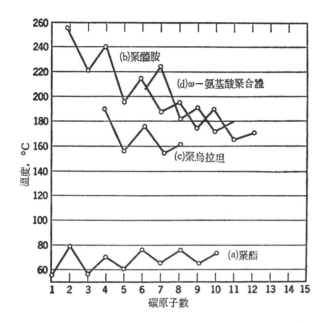

圖 4-14 極性基間的距離對結晶熔點的影響。碳原子數係指 (a) 與癸二
　　　　醇生成聚酯的酸的碳原子數；(b) 與癸二酸生成聚醯胺的二胺
　　　　的碳原子數；(c) 與丁二醇生成聚烏拉坦的二胺的碳原子數；
　　　　(d) ω-氨基酸聚合體的碳原子數。

T_m 必增加。例如以一對-次苯基 (*p-phenylene group*) —⟨◯⟩—

取代 6 —CH_2— 導致顯著的熔點增加。又整個 —$\overset{O}{\overset{\|}{C}}$—⟨◯⟩—$\overset{O}{\overset{\|}{C}}$—

可共振而成一體，此一原子群可大大地使分子鏈僵硬化。若干實例列

於表 4-4。

表 4-4　對-次苯基對縮合聚合體的 T_m 的影響

重 複 單 位	T_m°C
$-O(CH_2)_2O-\overset{O}{\overset{\|}{C}}(CH_2)_6-\overset{O}{\overset{\|}{C}}-$	**45**
$-O(CH_2)_2-O-\overset{O}{\overset{\|}{C}}-\bigcirc-\overset{O}{\overset{\|}{C}}-$	265
$-NH(CH_2)_6-NH-\overset{O}{\overset{\|}{C}}(CH_2)_6-\overset{O}{\overset{\|}{C}}-$	235
$-NH(CH_2)_6-NH-\overset{O}{\overset{\|}{C}}-\bigcirc-\overset{O}{\overset{\|}{C}}-$	350(分解)
$-O(CH_2)_8-O-\overset{O}{\overset{\|}{C}}(CH_2)_8-\overset{O}{\overset{\|}{C}}-$	75(估計值)
$-O-CH_2-\bigcirc-CH_2-O-\overset{O}{\overset{\|}{C}}-CH_2-\bigcirc-CH_2-\overset{O}{\overset{\|}{C}}-$	**146**
$-CH_2CH_2-$	137
$-CH_2-\bigcirc-CH_2-$	380

　　側鏈的構造對 T_m 亦有很大的影響。以非極性基取代聚乙烯鏈上的氫對 T_m 亦有很大的影響（參閱 4-4 節及表 4-2）。

　　以一烷基取代一醯胺基（卽 $-\overset{O}{\overset{\|}{C}}-NH-$）上的 H 有更大的效應，因氫鍵結的能力被破壞。一般言之，正烷基耐龍的 T_m 比其不被取代的尼龍低 $100°C$。

　　(5) 共聚合對 T_m 的影響 (*Effect of copolymerization on T_m*)

　　一般無規則的共聚合產生構造較無規則的共聚合體，此等共聚合體的結晶度較小。若 T_m^0 為單體 A 的單聚合體的結晶熔點（以 °K 計），ΔH_u 為此聚合體每莫耳重複單位的熔解熱，X_A 為共單體 A 的莫耳分率 (*mole fraction*)，則共聚合體的結晶熔點 T_m（以 °K 計）可藉下式估計之：

$$\frac{1}{T_m} - \frac{1}{T_m^\circ} = -\frac{R}{\Delta H_u} \ln X_A \qquad (4\text{-}5)$$

己烯對-酞酸醯胺(*hexamethylene terephthalamide*) 與己烯癸二酸醯胺(*hexamethylene sebacamide*) 的共聚合體為一實例(見圖4-15)。

無規則共聚合降低熔點的原理已被應用於乙烯/丙烯橡膠 (*ethylene/propylene rubber, EPR*) 的製造。

在某些罕見的場合，共聚合並不降低結晶熔點。若兩共單體為同晶型的 (*isomorphous*)，換言之，各共單體單位可在晶體中取代另一共單體單位，則共聚合體的結晶熔點介於兩單聚合體的結晶熔點之間。己烯對-酞酸醯胺與己烯己二酸醯胺(*hexamethylene adipamide*) 的共聚合體為一實例 (見圖 4-15)。

若共聚合體的構造並非無規則，例如段式共聚合體與接枝式共聚合體，則由 (4-5) 式所獲得的 T_m 較實際的 T_m 為低。這是因為此兩類共聚合體分子鏈中有許多長段由單種共單體單位連續連成者，分

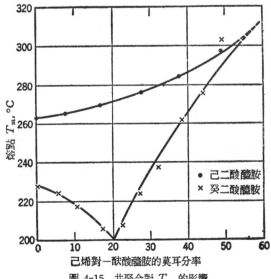

圖 4-15　共聚合對 T_m 的影響

子中這些有規則的部份仍可能結晶，也可能影響 T_m。

(6) 溶劑及塑劑對 T_m 的影響 (*Effects of Solvents and plasticizers on* T_m)

將能相容的 (*compatible*)（卽能與聚合體互溶的）低分子量塑劑 (*plasticizer*) 或溶劑加入聚合體中，聚合體分子能吸引這些低分子物質而產生較無規則的構造，使分子較不易嵌入正當的晶體格子中，因而降低結晶度及 T_m。純粹聚合體的熔點 T_m° 與含有塑劑或溶劑後的聚合體的結晶熔點 T_m 間有如下關係〔3〕:

$$\frac{1}{T_m} - \frac{1}{T_m^\circ} = \frac{R}{\Delta H_u} \frac{V_u}{V_1} (v_1 - x_1 v_1^{\;2}) \qquad (4-6)$$

其中 T_m 與 T_m° 均以 $^\circ K$ 計，V_u 爲聚合體重複單位的莫耳體積，V_1 爲塑劑或溶劑的莫耳體積，v_1 爲塑劑或溶劑所佔的體積分率（*volume fraction*），ΔH_u 爲每莫耳重複單位的熔解熱，R 爲氣體常數。x_1 稱爲**第一近鄰互作用參數**(*first-neighbor interaction parameter*)。對優良溶劑或能與聚合體高度相容的塑劑而言，x_1 等於 0；但對不良溶劑或塑劑而言，x_1 爲正值。因此優良溶劑或塑劑降低聚合體結晶熔點的效率較大。

共聚合降低 T_m 的效率大於塑化(*plasticization*)**降低 T_m 的效率。**

此外結晶度（聚合體中結晶部份所佔的百分率）亦能增加聚合體的 T_m。例如低密度聚乙烯（約具 65% 結晶度）的 T_m 約爲 115°C，而高密度聚乙烯（約具 95% 結晶度）的 T_m 約爲 137°C。我們可把無定型部份當作雜質。如衆所週知，加入雜質可降低一般物質的熔點。同理，較大量的不結晶雜質降低聚合體的結晶熔點。

4-7 聚合體的玻璃轉變溫度 (*The Glass Transition Temperature of Polymer*) [4]

一般言之，影響聚合體結晶熔點的因素亦可影響聚合體的玻璃轉變溫度。茲分數點討論於次。

(1) **玻璃轉變點與分子鏈長的關係** (*Relationship between glass transition temperation and chain length*)

聚合體的玻璃轉變點 T_g 依如下經驗式隨分子鏈長改變:

$$T_g = T_g^\circ - \frac{C}{n} \tag{4-7}$$

式中 C 為所論及聚合體所特有的常數; T_g° 為當鏈長為無窮大時的玻璃轉變溫度; n 為聚合度。當 $n > 500$ (大部份具有應用價值的聚合體的聚合度範圍) 時，$T_g \cong T_g^\circ$。

(2) **聚合的自由體積與 T_g 的關係** (*Free volume of polymer and T_g*)

一聚合體固體中不被聚合體分子佔用的體積稱為聚合體的自由體積。若該固體的體積為 v，聚合體分子所佔的體積為 v_s，則自由體積 v_f 為

$$v_f = v - v_s$$

v_f 愈高，聚合體分子運動的空間愈大。v_f 隨溫度增加。當 $(v_f/v) = 0.025$ 時，含 5 個或更多個鏈原子的鏈節可同時移動。此時的溫度即玻璃轉變溫度 T_g。

(3) **分子際吸引力對 T_g 的效應** (*Effects of Intermolecular forces on T_g*)

分子際鍵結力愈強，聚合體分子運動所需熱能愈大。因溶解度參數 δ 為分子際吸引力的尺標，T_g 隨 δ 增加 (參閱表 2-3)。

(4) **分子鏈柔曲性與轉動自由度對 T_g 的影響** (*Effects of chain flexibility and freedom to rotate on T_g*)

具有僵硬而不易捲曲或摺疊的分子鏈的聚合體其 T_g 較高。又轉

動位能障碍 E 較高（不易對單鍵轉動）的分子鏈必較僵硬。分子鏈容易轉動且柔曲性較大的聚合體必有較低的 T_g。表 4-5 所列三聚合體的 δ 值相去不遠，但其 T_g 隨 E 增加。注意酚橡膠 (*silicone rubber*) 分子鏈上的 O 使其極易轉動。

表 4-5 三聚合體的玻璃轉變點及轉動能障的比較

聚 合 體	重複單位	δ	$T_g, °C$	$E, kcal/mole$
橡膠 (*Silicone rubber*)	$\begin{array}{c} CH_3 \\ \mid \\ {-}[Si{-}O]{-} \\ \mid \\ CH_3 \end{array}$	7.3	-123	~ 0
聚乙烯 (*Polyethylene*)	$\begin{array}{c} H \quad H \\ \mid \quad \mid \\ {-}[C{-}C]{-} \\ \mid \quad \mid \\ H \quad H \end{array}$	7.9	-25	3.3
聚四氟乙烯 (*Polytetrafluoethylene*)	$\begin{array}{c} F \quad F \\ \mid \quad \mid \\ {-}[C{-}C]{-} \\ \mid \quad \mid \\ F \quad F \end{array}$	6.2	>20	4.7

(5) 共聚合體的 T_g (*Tg's of copolymers*)

共聚合體的 T_g 介於其共單體的單聚合體的 T_g 之間。共聚體的 T_g 可藉下列二經驗式中的任一式估計之：

$$T_g = v_1 T_{g1} + v_2 T_{g2} \tag{4-8}$$

$$\frac{1}{T_g} = \frac{w_1}{T_{g1}} + \frac{w_2}{T_{g2}} \tag{4-9}$$

式中 v_1 與 v_2 分別為成分 1 與 2 的體積分率；w_1 與 w_2 分別為成分 1 與 2 的重量分率：T_{g1} 與 T_{g2} 分別為成分 1 與 2 的單聚合體的玻璃轉變點。

(6) 塑劑對 T_g 的效應 (*Effects of plasticizer on T_g*)

大多數塑劑的玻璃轉變點介於 $-50°C$ 與 $-150°C$ 之間。加入塑劑可降低聚合體的 T_g，其降低 T_g 的方式大致上遵循類似 (4−8)

與 (4-9) 兩式的關係。在此場合，塑劑取代 T_g 較低的成分。塑劑的玻璃轉變溫度愈低，其降低 T_g 的效率愈大。許多被塑化的聚合體的 T_g 爲兩成分的體積分率的線性函數 (*linear function*)。但常可發現最先加入的數%塑劑降低 T_g 的效率稍大。在某些場合，塑劑有其溶解度的極限。因此，若塑劑的濃度過高，則有第二分散相 (*second dispersed phase*) 的產生。當塑劑濃度高於此一溶解度的極限時，加入更多的塑劑，更進一步降低 T_g 的效率很小。塑劑只有在溶液中才能有效地降低 T_g。

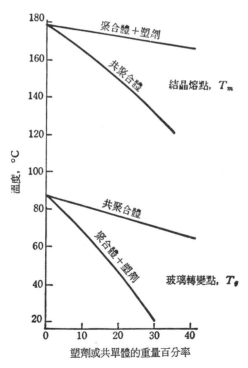

圖 4-16 塑劑與共單體對結晶熔點與玻璃轉變點的相對效應

與塑劑相比，共單體佔較小的體積，且能更有效地破壞規則性，因此能比塑劑更有效地降低 T_m。另一方面，塑劑分子的移動性大於共單體單位，因此對玻璃轉變溫度及柔曲性的影響較大。圖 4-16 示塑劑與共價體對 T_m 與 T_g 的相對效應。此一通則在塑膠 (*plastic*) 的應用方面極其重要。例如塑膠雨衣須有充分的柔曲性，但不應有過份的蠕變 (*creep*) (一種流動現象)，故以塑化的聚氯乙烯〔*plasticized poly (vinyl chloride)*〕為原料。又在塑膠地磚 (*floor tile*) 的應用中，蠕變並無太大的害處，但地磚的製造要求加工容易，故使用聚氯乙烯的共聚合體以破壞結晶性。

(7) T_g **與** T_m **間的一般關係** (*General relationship between T_g and T_m*)

部份結晶的聚合體兼有玻璃轉變與結晶熔解兩種轉變現象。無論何種聚合體，$T_m > T_g$。大多數聚合體的 T_g/T_m (溫度以 $°K$ 計)介於 0.5 與 0.75 之間。重複單位對稱的聚合體 (*symmetrical polymers*) 如聚乙烯 $\left\{ \begin{matrix} H \\ | \\ C \\ | \\ H \end{matrix} - \begin{matrix} H \\ | \\ C \\ | \\ H \end{matrix} \right\}_n$ 及聚偏二氯乙烯 〔*poly (vinylidene chloride)*〕 $\left\{ \begin{matrix} H \\ | \\ C \\ | \\ H \end{matrix} - \begin{matrix} Cl \\ | \\ C \\ | \\ Cl \end{matrix} \right\}_n$ 等，其 T_g/T_m 約等於 0.5。重複單位不對稱的聚合體如聚丙烯 $\left\{ \begin{matrix} H \\ | \\ C \\ | \\ H \end{matrix} - \begin{matrix} CH_3 \\ | \\ C \\ | \\ H \end{matrix} \right\}_n$ 及聚氯三氟乙烯 $\left\{ \begin{matrix} F \\ | \\ C \\ | \\ F \end{matrix} - \begin{matrix} F \\ | \\ C \\ | \\ Cl \end{matrix} \right\}_n$ 等，其 T_g/T_m 約等於 0.75。

$$T_g/T_m \cong 1/2 \text{ (對稱聚合體)}$$

$T_g/T_m \cong 2/3$（不對稱聚合體）

(8) 交連的效應 (*Effects of crosslinking*)

以上所討論的僅限於不交連的聚合體。輕微的交連（如應用於橡皮筋中的交連）對 T_g 並無多大影響。但若在熔融狀態下形成較高度的交連，則可阻止分子鏈在晶體格子中排列，因而阻礙或防止結晶。同樣，交連可限制鏈的移動性而使 T_g 升高。當交連高到某一程度（至少每 40～50 主鏈原子有一交連），變成橡膠狀態所需的分子運動將無法獲得，聚合體將在 T_g 以下的溫度分解。

4-8 聚合體的次要轉變 (*Secondary Transitions of Polymers*)

許多聚合體除具有主要玻璃轉變點之外尙具有次要玻璃轉變點 (*secondary glass trasitition point*)。在一溫度範圍內測量體積變化、機械阻尼 (*mechanical damping*)，核磁共振 (**NMR**) 等可決定次要玻璃轉變溫度。

如前所述，當溫度高到聚合體分子主鏈的一大段能同時運動時，主要玻璃轉變發生。**當溫度高到側基或側鏈可自由運動時，次要玻璃轉變發生**。因側基較小，運動所需自由空間較小。因此次要玻璃轉變點低於主要玻璃轉變點。

聚甲基丙烯酸甲酯〔*poly (methyl methacrylate)*〕的主要玻璃轉變點約爲 115°C。此聚合體具有側基 $-\overset{\displaystyle O}{\overset{\|}{C}}-O-CH_3$。此一側基在室溫附近的溫度運動而引起次要玻璃轉變。聚丙烯因具有側基 $-CH_3$，已有實驗顯示甲基的運動所引起的次要玻璃轉變發生於 -260°C；其主要玻璃轉變發生於 -10°C。

聚合體的結晶相 (*crystalline phase*) 亦能發生次要轉變。例如聚四氟乙烯在接近室溫的溫度發生次要一級轉變，此時，該聚合體自一種晶型轉變為另一種晶型。

次要轉變在一般應用上並無重要性。

文獻

1. Platzer, N., "Progress in Polymer Engineering", *Ind. and Eng. Chem.*, 61, No. 5, p. 10, 1969.

2. Mandelkern, L., "The Melting of Crystalline Polymers", *Rubber Chem. and Technol.*, 32, p. 1392, 1959.

3. Flory, P. J., *Principles of Polymer Chemistry*, Chap. 13, Cornell, Ithaca, N. Y., 1952.

4. Tobolsky, A. V., *Properties and Structure of Polymers*, Chap. II., John Wiley & Sons, Inc, New York, 1960.

補充讀物

1. Billmeyer, F. W. Jr., *Textbook of Polymer Science*, 2 nd ed., Chap. 7, John Wiley and Sons, Inc., New York, 1971.

2. Tobosky, A. V. and H. F. Mark, *Polymer Science and Materials*, Chap. 3&6, Wiley-Interscience, New York, 1971.

習 題

4-1 C—C 鍵的長度為 1.54A，鍵角為 109.5°。一聚乙烯分子的分子量為 500,000。求此分子完全伸張時的長度。

4-2 若將聚對-酞酸乙烯酯（達克龍）自溫度為 300°C 的熔化物（狀態1）遽冷至室溫可得完全透明而且完全無定形的堅硬物料（狀態2）。若加熱於此一物料使其溫度昇至 200°C 並保持此溫度若干時間可發現此物料變為橡膠狀而且不透明（聚合體已局部結晶）（狀態3）。再將此物料冷卻至室溫，此時此聚合體變為不透明的堅硬固體（狀態4）。此聚合體的 T_m = 267°C, T_g = 69°C。試大略描繪此聚合體的比容-溫度 (v—T) 曲線，並標出 T_g, T_m

及狀態 1 至 4 的位置。

4-3 何以聚α-甲基苯乙烯〔*poly* (*α-methyl styrene*)〕的 T_g 大於聚苯乙烯？

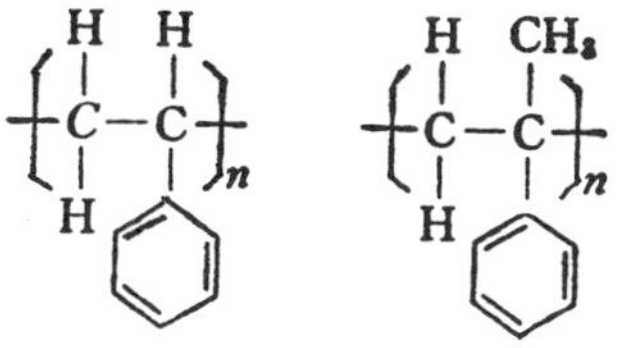

聚苯乙烯　　　聚α-甲基苯乙烯

4-4 脂肪族聚酯的 T_m 比聚乙烯低，但聚對-酞酸酯的 T_m 卻遠比聚乙烯高。試以分子際吸引力及分子鏈轉動的難易加以解釋。又 m 的大小對聚對-酞酸酯的 T_m 有何影響？

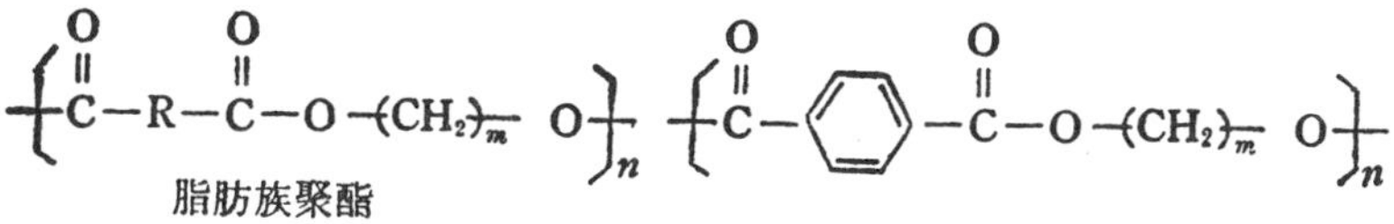

脂肪族聚酯

聚對-酞酸酯

$R = \{CH_2\}_n$

4-5 30ml 聚 2-氯丁二烯 $\{CH_2-CCl=CH-CH_2\}_n$ 與 10 ml 塑劑混合。已知 $V_u = V_1$，$T^\circ_m = 80^\circ C$，$\Delta H_u = 2000$ cal/mole，$x_1 = 0.4$。試估計此一混合物的 T_m。

4-6 單體 A 與單體 B 的共聚合體的 T_g 視兩單體的重量分率而定：

A 的重量分率	共單體的 T_g
0.10	63
0.20	45
0.25	30

試估計 A 與 B 的單聚合體的 T_g。

4-7 混合線型聚乙烯與 α-氯萘 (*α-chloronaphthalene*) $(C_{10}H_7Cl)$ 可得下列數據：

T_m, °C	溶劑的體積分率, v_1
137.5	0.00
134.5	0.06
131	0.16
125	0.32
120	0.52
115	0.75
110	0.95

無定形聚乙烯與溶劑的密度分別爲 0.8 與 1.1g/cm³。試估計每莫耳聚乙烯重複單位的熔解熱 ΔH_u 及此聚合體與溶劑的第一近鄰互作用參數 x_1。

〔提示: 以 $(\dfrac{1}{T_m} - \dfrac{1}{T_m^{\circ}})/v_1$ 對 v 作圖〕

第五章　聚合體立體異構現象與聚合體結晶

猶如一般簡單有機化合物，若干類聚合體分子亦顯示**立體異構現象** (*stereoisomerism*)。諸重複單位在聚合體分子鏈中的安排方式可能產生**立體異構物** (*stereoisomers*)，包括**光學異構物** (*optical isomers*) 與**幾何異構物** (*geometric isomers*)。例如，若聚合體鏈中含有不對稱碳 (*asymmetric carbon*)，則可能產生光學異構物；若聚合體鏈中含有雙重鏈 (*double bond*)，則可能產生幾何異構物。聚合體異構現象對聚合體的性質有很大的影響，我們將於本章加以討論。

影響聚合體性質的另一重要因素爲聚合體的結晶 (*crystallinity of polymer*)。聚合體的立體異構現象直接決定聚合體結晶的程度。因此我們也在本章同時討論聚合體結晶。

5-1　涉及不對稱碳原子的組態——乙烯系聚合體的立體異構現象 (*Configurations Involving An Asymmetric Carbon Atom——Stereoisomerism in Vinyl Polymers*)

有一大類加成聚合體由具有一般分子式 $CH_2=CHR$ 的單體聚合而成，稱爲**乙烯系聚合體**或**維尼爾聚合體** (*vinyl polymers*)。單體 $CH_2=CHR$ 稱爲**乙烯系**（或**維尼爾**）**單體** (*vinyl monomers*)。其所以有此名稱是因爲這類單體含有乙烯基 (*vinyl group*) $CH_2=CH-$。乙烯系單體分子式中的**取代基** (*substituent*) $-R$ 可能爲$-H$, $-CH_3$, $-Cl$, $-\bigcirc$, $-OCOCH_3$, $-CN$, $-COOCH_3$ 等。若 R 爲H，則

所對應的聚合體（聚乙烯）爲對稱聚合體。其構造相當簡單。若R不爲 H，則所對應的聚合體 $\{CH_2-CHR\}_n$ 主鏈上每二碳原子中必有一不對稱者

由於鏈上諸取代基R在空間所取位置的不同可能產生**光學異構物**。在討論此等異構現象之前應先提及單體單位在鏈中的**取向方式** (*orientation*)。兩重複單位相連的方式有三: (1) 頭對尾 (*head-to-tail*) 或尾對頭 (*tail-to-head*)，(2) 頭對頭 (*head-to-head*) 及 (3) **尾對尾** (*tail-to-tail*)。假定附有取代基的一端爲頭， **則以上三種連接方式可以下列三式表示之:**

$$\sim\sim\sim CH_2-\underset{\underset{R}{|}}{CH}-CH_2-\underset{\underset{R}{|}}{CH}\sim\sim\sim \quad 頭對尾$$

$$\sim\sim\sim CH_2-\underset{\underset{R}{|}}{CH}-\underset{\underset{R}{|}}{CH}-CH_2\sim\sim\sim \quad 頭對頭$$

$$\sim\sim\sim \underset{\underset{R}{|}}{CH}-CH_2-CH_2-\underset{\underset{R}{|}}{CH}\sim\sim\sim \quad 尾對尾$$

因此， 理論上聚合體鏈可能有三種安排方式: (1) 諸重複單位全部以**頭對尾**（或**尾對頭**）方式相接，(2) 重複單位在聚合體分子鏈上交互以頭對頭和尾對尾方式相接，及 (3) 重複單位相接的方式毫無規則:

$$\sim\sim\sim CH_2-CHR-CH_2-CHR-CH_2-CHR\sim\sim\sim$$

$$(5\text{-}1)$$

頭對尾

$$\sim\!\!\sim\!\!\sim\!CH_2\!-\!CHR\!-\!CHR\!-\!CH_2\!-\!CH_2\!-\!CHR\!\sim\!\!\sim\!\!\sim$$

$$(5\text{-}2)$$

頭對頭/尾對尾

$$\sim\!\!\sim\!\!\sim\!CH_2\!-\!CHR\!-\!CH_2\!-\!CHR\!-\!CHR\!-\!CH_2\!\sim\!\!\sim\!\!\sim$$

$$(5\text{-}3)$$

無規則

然而取代基 R 比 H 大，其**方位障阻** (*steric hindrance*) 較大，且兩相同取代基 R 的極性相同，其間可能有較大的靜電拒斥力。因此兩 R 互相靠近的機會甚小，此等聚合體重複單位幾乎全部以頭對尾的方式相連。於是我們可假定**乙烯系聚合體鏈中諸單體單位有規則地以頭對尾的方式排列**。

我們寫 (5-1) 式時並不考慮聚合體的立體構造。此式並不提供有關聚合體分子**組態** (*configuration*) 的資料。基於完全以有規則的頭對尾聚合方式，所形成的聚合體（其主鏈上每隔一碳附有一取代基 R）可能有三種立體異構物。為便於說明起見，假設我們把聚合體分子鏈盡量拉長，則其主鏈必取**平面鋸齒組型** (*plan zig-zag conformation*)。諸取代基相對於鋸齒平面的排列情形有三種可能，因而導致下列三種立體異構物：

(1) 同態聚合體 (*Isotatic polymer*)：　所有取代基 R 均排列於主鏈平面**同側**，如圖 5-1(a) 所示。

(2) 異態聚合體 (*Syndiotactic polymer*)：　取代基有規則地依次交互排列於主鏈平面**異側**，如圖 5-1(b) 所示。

(3) 雜態聚合體 (*Atactic polymer*)：　諸取代基無規則地排列於主鏈平面兩側，如圖 5-1(c) 所示。

圖 5-2 示乙烯系聚合體的三種立體模型。國際純粹及應用化學聯合會提供三種乙烯系聚合體立體異構物的立體構造式。另一種較簡

單的表示式為**費雪投影式** (*Fischer projection formulae*)。茲將立體
表示式與投影表示式併列於次。

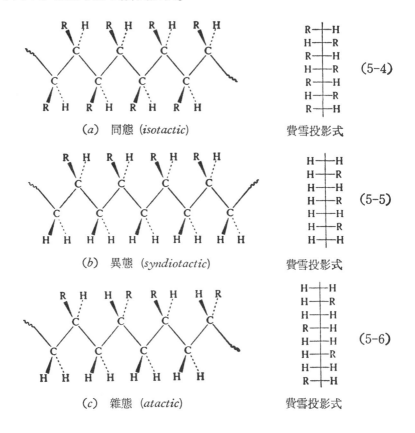

(a) 同態 (*isotactic*)　　費雪投影式　　(5-4)

(b) 異態 (*syndiotactic*)　　費雪投影式　　(5-5)

(c) 雜態 (*atactic*)　　費雪投影式　　(5-6)

應注意立體式中以實線表示的鍵位於紙面 (主幹鋸齒狀鏈平鋪於紙
面)，以楔形表示的鍵位於紙面上方，而以虛線表示的鍵位於紙面下方。
　　同態與異態兩種構造為有規則的構造。具有此等構造的聚合體稱
為**立體規則性聚合體** (*stereoregular* 或 *stereospecific polymers*)。所
謂聚合體的態別 (*tacticity*) 係指上述三種不同立體構造而言。那達 (
Natta) 首先認識聚合體的立體異構性。並創造 *isotactic, syndiotatic,*

及 *atactic* 三詞〔1〕。他於 1964 年以他在這方面的研究成果榮獲諾貝爾獎金。

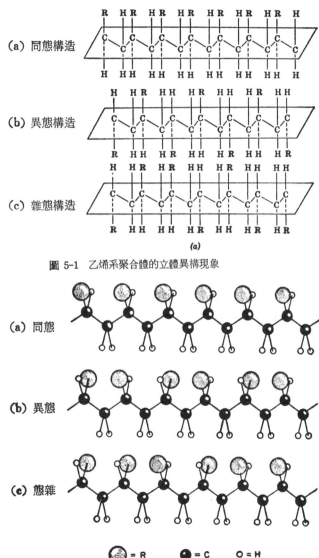

圖 5-1　乙烯系聚合體的立體異構現象

圖 5-2 乙烯系聚合體的三種立體模型

顯然，以上三種立體異構物的區別在於分子鏈中各重複單位的相對組態。如此我們可對這三種異構物下另一定義。若每個含有不對稱碳的重複單位加至成長中的聚合體鏈時所建立的組態與前一重複單位相同，則所形成的聚合體爲同態聚合體；若每個含有不對稱碳的重複單位加至成長中的聚合體鏈時所建立的組態依次與前一重複單位的組態相反，則所形成的聚合體爲異態聚合體；若含有不對稱碳的重複單位加至成長中的聚合體鏈時所建立的組態無一定規則，則所形成的聚合體爲雜態聚合體。然而聚合體可能具有局部立體規則性。令 α 代表一單體以前一單體所建立的組態加入成長中的聚合體鏈的或然率（*probability*），則 $\alpha=0, \frac{1}{2}$ 及 1 分別對應於完全異態，雜態及同態聚合體。若 α 接近 0 及 1，聚合體的主要部份分別爲異態及同態的。

就一般低分子量化合物而論，若分子中含有不對稱碳原子，則該化合物具有旋光性（*optical activity*）。因此，理論上含有不對稱碳的聚合體可能具有旋光性。然而乙烯系聚合體雖具有不對稱碳原子，由於分子間的互相抵消，未必顯示旋光性。

由於空間安排方式的不同，同種聚合體常顯示不同的性質。雜態聚合體（*atactic polymer*）常爲無定形且不結晶。它們通常具有較低的軟化點。另一方面，完全同態或異態的聚合體通常具有較高的熔點，較易於結晶，且具有較佳的機械性質。

立體異構性發生的可能性並不僅限於乙烯基聚合體。其他類具有不對稱碳原子的聚合體亦可能發生立體規則性的構造。茲舉一例於次。

〔**例 5-1**〕環氧丙烷（*propylene oxide*）$H_2C—CH—CH_3$ 的同態與異

態聚合體已被製造成功。(a) 試寫出此等聚合體的一般構

造式，(b) 試寫出所形成聚合體三種立體異構物的構造式。寫式子時假定分子主幹鋸齒鏈平面與紙面直交，如此分子的主幹原子可寫在一直線上。

〔解〕(a) 環氧丙烷經開環聚合反應 (*ring scission polymerization*) 而形成聚合體。其一般構造式為

$$
\left[O-\underset{\underset{H}{|}}{\overset{\overset{H}{|}}{C}}-\underset{\underset{CH_3}{|}}{\overset{\overset{H}{|}}{C}} \right]_n
$$

(b)

同態

$$
-O-\underset{\underset{H}{|}}{\overset{\overset{H}{|}}{C}}-\underset{\underset{H}{|}}{\overset{\overset{CH_3}{|}}{C}}-O-\underset{\underset{H}{|}}{\overset{\overset{H}{|}}{C}}-\underset{\underset{H}{|}}{\overset{\overset{CH_3}{|}}{C}}-O-\underset{\underset{H}{|}}{\overset{\overset{H}{|}}{C}}-\underset{\underset{H}{|}}{\overset{\overset{CH_3}{|}}{C}}- \qquad (5\text{-}7)
$$

異態

$$
-O-\underset{\underset{H}{|}}{\overset{\overset{H}{|}}{C}}-\underset{\underset{H}{|}}{\overset{\overset{CH_3}{|}}{C}}-O-\underset{\underset{CH_3}{|}}{\overset{\overset{H}{|}}{C}}-\underset{\underset{H}{|}}{\overset{\overset{H}{|}}{C}}-O-\underset{\underset{H}{|}}{\overset{\overset{H}{|}}{C}}-\underset{\underset{H}{|}}{\overset{\overset{CH_3}{|}}{C}}- \qquad (5\text{-}8)
$$

雜態

$$
-O-\underset{\underset{H}{|}}{\overset{\overset{H}{|}}{C}}-\underset{\underset{CH_3}{|}}{\overset{\overset{H}{|}}{C}}-O-\underset{\underset{H}{|}}{\overset{\overset{H}{|}}{C}}-\underset{\underset{H}{|}}{\overset{\overset{CH_3}{|}}{C}}-O-\underset{\underset{H}{|}}{\overset{\overset{H}{|}}{C}}-\underset{\underset{H}{|}}{\overset{\overset{CH_3}{|}}{C}}- \qquad (5\text{-}9)
$$

5-2 涉及碳—碳雙重鍵的組態—— 共軛二烯聚合體的立體異構現象 (*Configuration Involving A Carbon-Carbon Donble Bond——Stereoisomerism in Conjugated Diene Polymers*)

另一類立體異構現象發生於**共軛二烯** (*conjugated dienes*) 的聚合

體。最簡單的例子是 1,3-丁二烯 (1,3-*butadiene*)，丁二烯聚合的

$$\overset{1}{C}H_2=\overset{2}{C}H-\overset{3}{C}H=\overset{4}{C}H_2$$

方式有二：**1,2 加成** (1,2-*addition*) 及 **1,4 加成**。在 1,2 加成的場合，單體的第一與第二碳原子變成聚合體分子中的主鏈碳原子。

$$n\,CH_2=CH-CH=CH_2 \xrightarrow{\text{1,2 加成}} \left[\begin{array}{c} CH_2-CH \\ | \\ CH=CH_2 \end{array}\right]_n \tag{5-11}$$

在 1,4 加成的場合，單體的四碳原子均成為主鏈碳原子，且原來位於第二與第三碳間的單鍵在聚合體分子中變為雙重鍵。因碳原子不能對雙重鍵旋轉，1,4 加成可能有**順式** (*cis*) 與**反式** (*trans*) 二種。

$$n\,CH_2=CH-CH=CH_2 \xrightarrow{\text{順1,4加成}} \left[\begin{array}{cc} CH_2 & CH_2 \\ \diagdown C=C \diagup \\ H & H \end{array}\right]_n \tag{5-12}$$

$$\xrightarrow{\text{反1,4加成}} \left[\begin{array}{cc} H & CH_2 \\ \diagdown C=C \diagup \\ CH_2 & H \end{array}\right]_n \tag{5-13}$$

此處所謂順式與反式係對接至每 C=C 的二剩餘鏈段的相對位置而言。若將左右二鏈段分別視為二取代基 *A* 與 *B* 則更易於了解。如此反式聚丁二烯的表示式可寫成

$$\begin{array}{ccc} H & & \text{右鏈段} \\ \diagdown & & \diagup \\ & C=C & \\ \diagup & & \diagdown \\ \text{左鏈段} & & H \end{array} \quad \text{或} \quad \begin{array}{ccc} H & & B \\ \diagdown & & \diagup \\ & C=C & \\ \diagup & & \diagdown \\ A & & H \end{array}$$

順式聚丁二烯與反式聚丁二烯的組態如下所示：

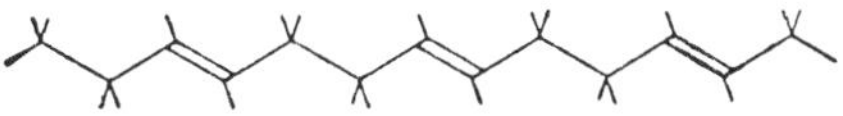

反式

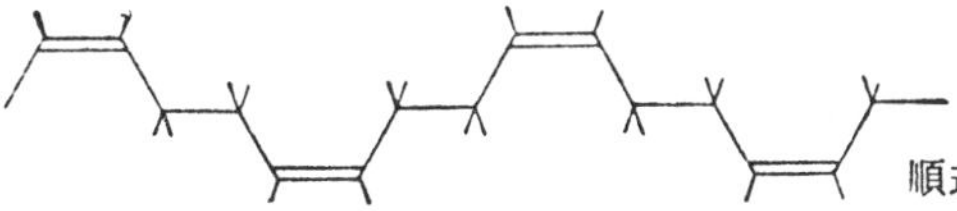

順式

順式與反式異構物之所以發生是因爲碳原子不能對雙重鍵旋轉。若二取代基（二剩餘鏈段）位於雙重鍵的同側則產生順式異構物，位於雙重鍵的異側則產反式異構物。由雙重鍵所引起的異構物稱爲幾何異構物(*geometrical isomers*)，爲立體異構物的一類。

我們可以把 1,2 加成聚丁二烯重複單位中的 $—CH=CH_2$ 當作一取代基 -*R*。如此 1,2 加成聚合體可能有同態、異態及雜態三種立體異構物。再加上 1,4 加成聚合體的順式與反式兩種立體異構物，聚丁二烯至少有 5 種立體異構物（在此我們不考慮其他複雜情形，例如，單體可能加至側基 $—CH=CH_2$ 中的雙重鍵，因而導致分支聚合體)。

若丁二烯單體第二碳上的一氫被*R*所取代，則其聚合體可能有更多種立體異構物。

〔**例 5-2**〕指出第二碳上有一取代基的丁二烯 (2-*substituted*-1,3-*butadiene*)

$$\begin{matrix} & R & & \\ & | & & \\ CH_2= & C & —CH= & CH_2 \end{matrix}$$

所形成的聚合體可能產生的立體異構物。

〔**解**〕此種不對稱二烯單體的加成方式除 1,2 加成、1,4 加成之外尙有 3,4 加成（在丁二烯的場合，1,2 加成與3,4加成無異)。

$$\left[CH_2-\underset{\underset{CH=CH_2}{|}}{\overset{\overset{R}{|}}{C}}\right]_n \qquad \left[\underset{\underset{\underset{CH_2}{||}}{R-C}}{CH-CH_2}\right]_n$$

　　　1, 2 加成聚合體　　　　　　　3, 4 加成聚合體

$$\left[\underset{CH_2}{\overset{R}{\diagdown}}C=C\underset{CH_2}{\overset{H}{\diagup}}\right]_n \qquad \left[\underset{CH_2}{\overset{R}{\diagdown}}C=C\underset{H}{\overset{CH_2}{\diagup}}\right]_n$$

　順式 1, 4 加成聚合體　　　　　反式 1, 4 加成聚合體

1, 2 加成聚合體與 3, 4 加成聚合體均可能有同態、異態及雜態三種立體異構物。1, 4 加成聚合體可能有順式與反式兩種異構物。因此，理論上 2-取代-1, 3-丁二烯的聚合物至少可能有 8 種不同的立體異構物。

　　適當選擇觸媒可製成幾乎完全由 1, 2-單位(1, 2-*unit*)或 3,4-單位 (3, 4-*unit*) 或順-1, 4-單位 (*cis*-1, 4-*unit*) 或反-1, 4-單位 (*trans*-1, 4-*unit*) 構成的聚二烯。異戊二烯 (*isoprene*) $CH_2=CH-\underset{\underset{CH_3}{|}}{C}H_2=CH_2$ 的 1, 4（加成）聚合體可能採取全順或全反組態。天然橡膠與馬來樹膠 (*gutta-percha*) 均為異戊二烯的聚合體，但前者為順-1, 4-聚異戊二烯 (*cis*-1, 4-*polyisoprene*)，而後者為反-1, 4-聚異戊二烯 (*trans*-1, 4-*polyisoprene*)。馬來樹膠質地強靱早已被用於製造高爾夫球。

$$\underset{CH_2}{\overset{CH_3}{\diagdown}}C=C\underset{CH_2}{\overset{H}{\diagup}} \qquad \underset{CH_2}{\overset{CH_3}{\diagdown}}C=C\underset{H}{\overset{CH_2}{\diagup}}$$

　順-1, 4-聚異戊二烯　　　　　反-1, 4-聚異戊二烯

5-3　聚合體的固體狀態 (*Solid State of Polymers*)

聚合體絕大部份的最後製品爲固體。所謂橡膠、塑膠及纖維均爲固體。許多種固體聚合體，包括塑膠與纖維是局部結晶的。最直接的證據得自X射線繞射 (*X-ray diffraction*) 分析。結晶性聚合體 (*crystalline polymer*) 的X射線照片顯示由有規則排列的分子所引起的清晰圖案和由無規則部份所造成的模糊圖案。此一事實顯示結晶性聚合體固體由許多有規則的部份 (*ordered regions*) 與無規則部份 (*disordered regions*) 所構成。有規則的部份爲**結晶部份** (*crystalline region*)；無規則部份爲**無定形部份** (*amorphous region*)。其他證據得自聚合體的其他性質。例如結晶性聚合體的密度介於完全結晶的標本與完全無定形的標本兩者之間。也有許多固體聚合體完全不結晶；換言之，它們是完全無定形的。迄至目前爲止，尚無百分之百結晶的聚合體被製造成功。一般結晶性聚合體的結晶度介於 40% 與 90% 之間，很少超過 98% 的。無論如何聚合體固體中至少含有若干%的無定形部份。因此，所謂結晶性聚合體嚴格來講應稱爲局部結晶性聚合體。

聚合體是否結晶，對其性質有很大的影響。而聚合體構造的規則性及其分子際吸引力又能影響聚合體的結晶。今日人們已能由構成聚合體的單體、聚合反應動力學、個別聚合體分子的本性以及其在固體中的排列情形等推測固體聚合體的性質。

5-4　決定聚合體平衡結晶度的因素 (*Factors Determining Crystallinity of Polymer*)

所謂聚合體的**結晶度** (*degree of crystallinity* 或 *crystallinity*) 卽聚合體結晶的程度。平衡時最大的可能結晶度決定於**結晶熱力學**。而結晶速率及聚合體實際上所獲得的結晶度則決定於**結晶動力學**。本節討論決定平衡結晶度的因素。影響結晶速率的因素將於 5-10 節加以討論。

有利於高平衡結晶度的因素有二：分子構造的規則性及分子際吸引力，茲分述於次。

(1) 規則性 (*Regularity*)

分子構造的規則性使分子鏈能夠納入有規則的晶體格子 (*crystal lattice*)。線型聚乙烯 (*linear polyethylene*) （藉低壓法製成的聚乙烯，其密度較高，又稱低壓聚乙烯或高密度聚乙烯）**為最**有規則且最對稱的聚合體，其結晶度可高達 95%。

單體單位的**對稱性** (*symmetry*) 雖非結晶的必要條件，但有利於結晶。例如聚對－酞酸乙烯酯 〔*poly*(*ethylene terephthalate*)〕中的

構造單位 $-\overset{\overset{\text{O}}{\|}}{\text{C}}-\langle\bigcirc\rangle-\overset{\overset{\text{O}}{\|}}{\text{C}}-$ 是對稱的，因此有較高的結晶性。若以鄰-或間-酞酸 (*o-* or *m-phthalic acid*) 取代對－酞酸則因兩構造單位較不對稱，聚合體的結晶性較低。

我們在 4-6 節提及單體單位的原子數目與聚合體的結晶熔點 T_m 有關。單體單位原子數為偶數的聚合體的晶體構造較密緻，其結晶性較高，T_m 亦較高。

　　大多數線型縮合聚合體的構造有規則，易於結晶。聚對－酞酸乙烯酯與耐龍爲典型例子。

　　乙烯系聚合體之中，具有立體規則性的如同態與異態聚合體的有規則側基使分子取有規則的螺旋式組型，所以能結晶。同態聚丙烯與異態聚氯乙烯爲典型例子。雜態聚合體較難結晶。工業上製成的雜態聚合體如聚醋酸乙烯〔poly(vinyl acetate)〕等不結晶，其固體爲無定形的。然而雜態聚合體未必不結晶。若取代基不大，如 OH 與 F，聚合體仍能結晶。這是因爲 CHOH 與 CF_2 的大小與 CH_2 相去不遠，而可納入 CH_2 在晶體中的位置。

　　短而無規則的分支有降低規則性的趨勢，因而降低結晶性。例如分支聚乙烯 (branched polyethylene) （另一種聚乙烯，藉高壓法製成，密度較低，又稱高壓聚乙烯或低密度聚乙烯）因有 CH_3 及 C_2H_5 等側基，其結晶度較低，約介於 60 與 70% 之間。有規則而重複性的短支鏈或側基使分子鏈捲成有規則的螺旋狀，有利於結晶而長的支鏈對結晶性的影響不大。這是因爲長支鏈的形狀與整個分子的形狀相似，亦能結晶（見 4-5 節）。只有分支點與側鏈的端基爲不規則點，能減小局部結晶性。同理，交連亦產生不規則點，因而降低結晶性。

　　無規則共聚合體使聚合體分子構造較不規則，因此較不能結晶。但同晶型共聚合體 (isomorphous copolymers) 即使構造不規則亦不降低結晶性（見 4-7 節）。有規則共聚合體，包括交互式共聚合體、段式共聚合體及接枝式共聚合體的分子構造可能足夠有規則而能產生相當高的結晶性。

　　聚合體分子的端基在構造上與分子鏈的其他部份不同，且其活動性較大。這些因素影響分子的正常有規則排列。因此分子量較低的聚合體（端基所佔的比例較大）結晶性及 T_m 較低。

　　塑劑可降低聚合體分子構造的規則性，因而降低結晶度與 T_m。

(2) 分子際吸引力 (*Molecular interaction*)

相鄰分子鏈間的吸引力可把分子鏈拉入晶體格子中，並將分子鏈保持於晶體格子中，因此可增加結晶性。次要鍵如極性鍵與氫鍵的形成產生相當大的分子際吸引力。聚對－軟酸乙烯酯與耐龍分別能形成極性鍵與氫鍵，而且是有規則的線型聚合體，因此均具相當高的結晶性。

5-5 聚合體分子在固體中的組型 (*Comformation of Polymer Molecules in Solid*)

在無定型固體中，聚合體分子間毫無秩序可言。諸分子鏈互相交錯或互相糾纏，猶如其在熔液或濃溶液中一般，並不依一定規則排列。

在結晶固體中，聚合體鏈的排列有一定規則。各分子鏈必須採取一定的組型才能緊密地填充於晶體中。就隔離的一段烴鏈而論，自由能最低的組型為完全伸張的平面鋸齒狀組型 (*fully extended planar zigzag comformation*)。除非鏈上有取代基，在晶體中完全伸張的組型佔優勢。因此聚乙烯分子在晶體中採取此一組型。

依照 X 射線繞射分析的結果可斷定聚乙烯晶體的單位格子 (*unit cell*) 為長立方形，其三邊長為 $a=7.41A$, $b=4.94A$, $c=2.55A$, 如圖 5-3 所示。$c=2.55A$ 為鏈重複單位的長度。此一數值恰好等於完全伸張鋸齒鏈重複單位的長度。

聚乙烯醇分子在其晶體中的組型與聚乙烯同 (完全伸張的鋸齒鏈)。這是因為其鏈上的原子團 CHOH 小到足以納入聚乙烯鏈上原子團 CH_2 的晶體位置。它的單位格子屬於單斜晶系 (*monoclinic*)。

聚氯乙烯〔*poly (vinyl chloride)*〕分子的組態主要為異態者，但

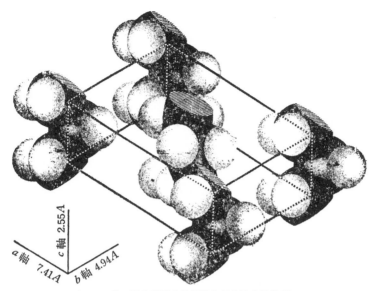

圖 5-3　聚乙烯分子鏈在其單位格子中的安排情形

具有若干程度的不規則性。其晶體構造爲異態聚合體的典型。其分子組型亦爲完全伸張者。

聚醯胺類 (*polyamide*) 在其晶體中的組型亦爲完全伸張者。一分子上的氧原子總是與鄰近分子上的 *NH* 基相對而構成强氫鍵。其單位格子爲三斜晶格子 (*triclinic cell*)。

$$CH_2 \diagdown \qquad CH_2 \qquad CH_2 \diagdown$$
$$\cdots\cdots H-N \diagup C=O \cdots H-N \diagdown \diagup C=O \cdots$$
$$\qquad\qquad CH_2 \qquad CH_2 \qquad CH_2$$

在晶體中脂肪族聚酯及聚對-酞酸乙烯酯的聚合體鏈對 C—O 鍵轉勳以獲得較密緻的排列方式。結果，主鏈與完全伸張鏈略有不同，已不在同一平面上。當然聚對－酞乙烯酯中的

$$\qquad O \qquad\qquad O$$
$$\qquad \| \qquad\qquad \|$$
$$-C-\bigcirc\!\!\!\!\!\bigcirc-C-$$

原子團由於共振的結果必爲一平面體。

　　附有粗大取代基的同態聚合體在晶體中常取螺旋式組型。爲便於說明起見，我們在 5-1 節中將這類聚合體分子類描繪成平面鋸齒組

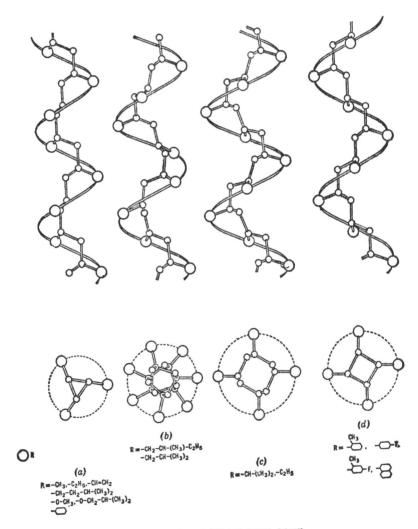

圖 5-4　同態乙烯系聚合體的螺旋式組型

型。實際上這種組型未必是自由能最低的組型。若取代基相當大，則在平面鋸齒組型中取代基之間的**方位障阻** (steric hindrance) 過大。因此分子鏈採取**螺旋式組型** (helical conformation) 以減輕取代基之間的方位干擾。若側基不甚大，則螺旋每轉含三構造單位。同態聚丙烯 (isotactic polypropylene) 及同態聚苯乙烯 (polystyrene) 等採取此一組型。側基愈大，所需空間愈大，分子鏈所形成的螺旋較鬆弛，螺旋每轉所含重複單位數較少，例如每二轉含五單位或每五轉含八單位等（見圖 5-4）。

5-6　結晶性聚合體的形態學 (Morphology of Crystalline Polymers)

　　結晶部份在聚合體固體中的安排情形及此等安排情形所造成的性質爲結晶性**聚合體形態學** (morphology) 的研究對象。聚合體學者已推出多種模式 (model) 以描述結晶性聚合體固體的形態。茲分述三種較重要的模式於次。

　　(1) 有邊晶粒模式 (The fringed micelle model)

　　最早被用來解釋結晶性（半結晶性或局部結晶性）聚合體性質的模式爲有邊晶粒模式 (fringed micelle model) 或簡稱爲**晶粒模式** (crystallite model)。根據此一概念，聚合體固體中諸分子鏈次第穿過有規則區域與無規則區域。在有規則區域中，分子鏈互相平行而緊密地填進晶體格子。在無規則區域中，分子鏈的擺佈非常紊亂。有規則區域即晶粒 (micelles)，爲無規則區域所包圍；無規則區域即晶粒的邊緣部份，屬於無定形區域。此一模式描繪於圖 5-5。晶粒的大小約介於 50A 與 500A 之間。而完全伸張的鏈長則爲晶粒大小的許多倍。因此分子鏈可能穿過許多晶粒與無定形區域，而把它們串聯在一

起。此一模式可圓滿地解釋結晶區域與無定形區域共存於固體聚合體

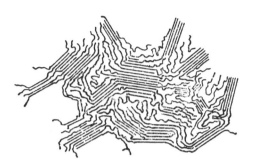

圖 5-5 有邊晶粒模式

內的現象。它又可解釋拉絲 (*drawing*) 時聚合體結晶度增加的現象。伸長聚合體使分子鏈依應力方向排列，增加無定形區域內分子鏈排列的規則性， 因而產生較大的結晶度（見 5-11 節）。因分子鏈不規則地穿過好幾個晶粒，可見百分之百的結晶度無法獲得。此外，有邊晶粒模式又能解釋何以結晶性對機械性質的影響在許多方面類似交連 (*crosslinking*)。 與交連相似， 晶粒把許多個別的分子鏈連結在一起。與交連不同的是，晶粒可在低於聚合體分解的溫度下熔解，而且可溶解於能形成強力次要鍵的溶劑中。

雖然有邊晶粒模式已被較新的模式取代，但它仍可用以推測結晶性對聚合體機械性質的影響，而且由於容易了解，此一模式仍有其重要性。

(2) **褶疊鏈晶片模式** (*Folded-Chain Lamellae Model*)[1,2]

約在十六年前，電子顯微鏡專家開始認眞地檢視聚合體。數位學者約於同時發現藉冷却或蒸發溶劑可自聚合體溶液獲得單一晶體。如此所獲得的聚合體晶體可能爲金字塔形或平板形的薄片， 如圖 5-6 所示。 此種晶體薄片特稱爲晶片 (*lamellae*)。這些晶片的厚度約爲100A，邊長約爲數十萬*A*。此點並不足爲奇。令人驚奇的是 X 射線

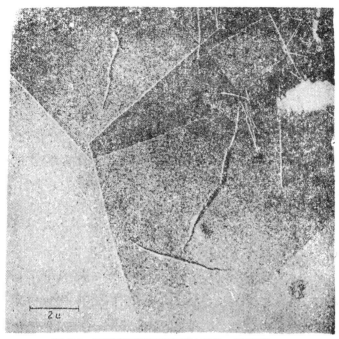

圖 5-6　電子顯微鏡所攝得的聚合體單一晶體照片。
這些晶片得自聚乙烯的二甲苯溶液。

分析顯示聚合體鏈軸垂直於晶片平面，而且我們已知聚合體鏈長約為 1000A。一聚合體鏈如何能裝進厚度僅及其長度的**十分**之一的晶片？

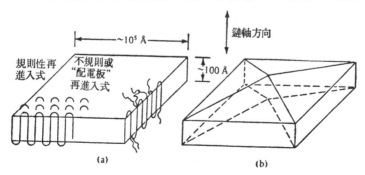

圖 5-7　聚合體單一晶體。(a) 平面式晶片，(b) 金字塔形晶片。兩種鏈
再進入晶片的方式展示於圖中

唯一的答案是聚合體鏈反覆褶疊，如圖 5-7 所示。

單一聚合體晶片的褶疊鏈模式 (*folded-chain model*) 已被證實。晶片的厚度約為 50-60 碳鏈的長度，鏈穿出晶面隨即轉彎再進入的部份約含 5 碳。當然轉彎部份不在晶體格子之內，是晶體的「缺陷」或「瘕疵」(*defect*) 部份。單靠褶疊鏈晶片可得自聚合體溶液的事實並不能保證聚合體固體也有類似的構造。然而目前已有許多實例證明確是如此。顯然，有邊的晶粒模式過於粗略，無法說明各別晶片的構造。另一方面，褶疊鏈模式雖然與聚合體晶體分析數據相符，卻不能解釋局部結晶性與結晶性對聚合體性質的影響。最近聚合體學者試圖合併上述兩種模式以解釋聚合的結晶性。

(3) 折衷的模式 (*Compromise model*)

當聚合體自熔液狀態冷卻成固體時亦能產生褶疊鏈晶片與無定形部份。假若各晶片各自獨立則聚合體固體必極脆弱。因此晶片之間必互有連繫。圖 5-8 示折衷的模式 (*compromise model*) 晶片被若干聚合體鏈排列不規則的部份連結在一起。這些不規則部份亦即無定形部份。換言之，晶片間的無定形物料將晶片連結在一起。此一模式與

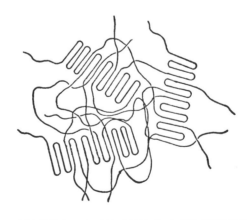

圖 5-8 折衷的模式。圖示聚合體鏈排列不規則的部份連結數晶片。

有邊的晶粒模式相同之點是一聚合體鏈可穿過數個結晶區域與無定形區域。此一模式既能解釋個別晶片的褶疊鏈構造，又能解釋局部結晶性及結晶對性質的影響。例如施一應力可使無定形部份的分子鏈排列規則化，因而增加結晶度。

5-7　球晶構造 (*Spherulitic Structure*)

當聚合體自熔液狀態冷卻成固體時，不僅聚合體鏈排列而形成小晶粒 (*crystillites*)，而且這些小晶粒常排列集結成**球晶** (*spherulites*)。這些球晶自結核點 (*point of nucleation*) 沿輻向 (向周圍) 成長直到與其他球晶遭遇為止。各別球晶的大小受晶核 (*nucleii*) 數目的影響，晶核愈多，球晶愈小。典型的球晶半徑約 0.01 *mm*，而且將其置於顯

圖 5-9　聚合體內的球晶

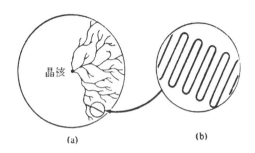

晶核

(a)　　　　　　　　(b)

圖 5-10　球晶的構造。(a) 枝狀晶片，(b) 聚合體鏈在晶片內的排列情形

微鏡下交叉的偏光鏡片 (*crossed polaroids*) 之間可見球晶顯示馬爾他十字形圖案 (*Maltese cross pattern*) 如圖 5-9 所示。

電子顯微技術與電子繞射技術的合併使用揭露球晶的詳細構造。枝條狀晶粒 (或晶片) 自結核點向外分散。而晶粒則由摺疊鏈所構成。圖 5-10 示球晶的構造。球晶內亦可能包含無定形部份。

大球晶使聚合體脆弱。欲避免大球晶的長成可加入結核劑（以增加晶核數目）或驟冷聚合體的熔液以促進小球晶的形成。

5-8　結晶對聚合體性質的影響 (*The Effects of Crystallinity on Polymer Properties*)

結晶對聚合體的性質，尤其是機械性質，有很大的影響。茲將重要影響略述於次。

(1) **密度** (*Density*)。因聚合體鏈在晶體內的排列較有規則且較密緻，結晶使聚合體的密度增加。同理，聚合體在結晶過程中其體積縮小。

(2) **剛性或倔強性** (*Rigidity or Stiffness*)。聚合體鏈的柔曲性決定於各鏈節旋轉的能力。晶體的構造阻碍鏈節旋轉的自由。因此結

晶使聚合體變爲較僵硬。聚合體的抗張系數 (*tensile modulus*)（指示佝强性的大小）隨結晶度的增加而增加。

(3) **抗張强度** (*Tensile strength*)。聚合體的擴張度隨結晶度的增加而增加。但被拉斷時的伸長率卻隨結晶度的增加而減小。

(4) **耐撞擊强度** (*Impact strength*)。結晶性材料受撞擊而破裂的情形常發生於晶面。而所有材料的結晶構造易使撞擊能 (*impact energy*) 沿晶面快速傳播。因此結晶性聚合體的耐撞擊强度較低。

(5) **硬度與抗磨損性** (*Hardness and abrasion resistance*)。聚合體的結晶使其硬度增加並加强其抗磨損性。

(6) **熱機械性質** (*Thermal mechanic properties*)。結晶度的增加可提高聚合體的熔點 (T_m)、軟化溫度及熱變形溫度 (*heat distortion temperature*)。但結晶使聚合體在低溫下較易碎 (*brittle*)。

(7) **滲透性** (*Permeability*)。結晶構造使液體及氣較不易滲透於聚合體中。

(8) **抗應裂性** (*Stress cracking resistance*)。結晶度的增加使聚合體的抗應裂性降低（亦卽較易於受應力而破裂）。

(9) **光學性質** (*Optical properties*)。當光經過折射率不同的兩相時，一部份光在兩相界面被散射 (*scattered*)。結晶性聚合體實際上爲二相系。密度較高的結晶相其折射率大於無定形相。因此，一般而言結晶性聚合體不是牛透明就是不透明。通常結晶度愈高，透光率愈低。一般而言，完全透明的聚合體爲完全無定形的。但聚合體不透明並不表示聚合體結晶，聚合體之所以不透明可能由塡料或其他原因所引起。若晶粒的直徑小於光的波長，結晶性聚合體可能是透明的。

(10) **溶解性** (*Solubility*)　如第二章所述，結晶使聚合體較不易溶解。

表 6-1 示結晶度對聚乙烯的若干性質的影響。

表 6-1 結晶度對聚乙烯的若干性質的影響

工 業 產 品	低密度	中密度	高密度
密度範圍 *g/cc*	0.910-0.925	0.926-0.940	0.941-0.965
結晶度範圍，%	60-70	70-80	80-95
分枝的程度（CH_3基數目/1000碳原子）	15-30	5-15	1-5
結晶溶點，°C	110-120	120-130	130-136
硬度，蕭爾D (*Shore* D)	41-46	50-60	60-70
抗張強度，*psi*	600-2300	1200-3500	3100-5500
抗張係數，*psi*	$0.14-0.38 \times 10^5$	$0.25-0.55 \times 10^5$	$0.6-1.8 \times 10^5$

5-9 聚合體結晶度的表示法 (*Expression of Crystallinity of Polymers*)

聚合體的結晶度可以百分率結晶度 (*percentage crystallinity*) 表示。其測量法有多種。常用方法是基於X射線圖案中結晶區域與無定形區域的反射程度的差別，或兩區域的密度、折射率等的差別。

一般以結晶相的密度 d_c，無定形相的密度 d_a 及整個聚合體試料的密度 d 表示結晶度。

$$百分率結晶度 = \frac{d - d_a}{d_c - d_a} \times 100\%$$

5-10 聚合體的結晶速率 (*Crystallization Rate of Polymers*)

在聚合體的結晶過程中，其分子鏈上諸原子須納入晶體格子內的適當位置。由於聚合體分子的長鏈構造，鏈上各原子的活動性大受限制，聚合體晶體的形成速率因而降低。

聚合體結晶的實際速率以及聚合體實際上可達到的結晶度受結晶動力學因素的影響。結晶動力學因素包括分子鏈的柔曲性與溫度。

(1) 分子鏈的柔曲性 (*Molecular Flexibility*)

前已提及，聚合體的溫度必須高於玻璃轉變點T_g，分子鏈上的小節才能移動。因此，若不施以機械應力，聚合體只能在 T_g 以上的溫度下結晶。柔曲性(*flexibility*)大的聚合體如聚乙烯與聚甲醛(*polyoxymethylene*) 等其分子鏈的活動性大，因此結晶快。倔強性 (*stiffness*) 較大的分子如聚氯乙烯、聚對─酞酸乙烯酯及耐龍等結晶慢。例如即使將熔化的聚乙烯投入液態氮中亦能獲得不透明的結晶固體，但以水驟冷 (*quench*) 聚對─酞酸乙烯酯可獲得透明的無定形固體。

如前所述，低分子量聚合體因含大量的端基而使平衡（可能的最大）結晶度降低，但因分子量較低的分子活動性較大，故其結晶速率較高。此二因素對實際結晶性有相反的效應。

加入塑劑(*plastizer*) 有增進聚合體分子活動性的趨勢，故能增加結晶速率，儘管它降低平衡結晶度。

(2) 溫度 (*Temperature*)

雖然低溫有利於分子鏈的填進晶體格子，低熱能使分子鏈停留於晶體中，但高溫與高熱能却能增加分子活動性。因此聚合體結晶速率

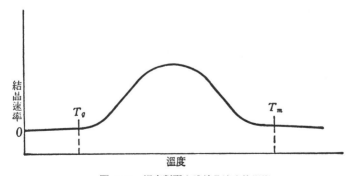

圖 5-11　溫度對聚合體結晶速率的影響

最大的溫度介於 T_g 與 T_m 之間 (見圖 5-11)。

　令熔化的聚合體慢慢冷却, 使分子鏈有充分的時間納入晶體格子, 可獲得高結晶度。或者緩慢加熱於固體聚合體直到溫度接近熔點為止, 亦可獲得高結晶度。

　此外, 對聚合體固體施一應力 (stress) 亦可增加結晶度。此點討論於下節。

5-11　定向 (*Orientation*)

　當聚合體自熔態冷却至固態時, 晶粒中及無定形區域中的分子排列極無規則。若施以方向性的機械應力, 分子鏈及晶粒有依應力方向排列的趨勢。此一程序稱爲定向 (*orientation*)。

　若聚合體固體的結晶尙未完全, 定向可使若干無定形區域內的分子鏈平行排列而增加結晶度。若聚合體的結晶已完全, 定向使晶粒平行於應力方向, 但不增加結晶度。在兩場合, 定向都可增加聚合體的機械強度。因此定向被廣泛應用於纖維的加工。纖維的定向程序亦卽拉絲 (*drawing*)。

　當一聚合體試料被拉長時, 有一特殊現象發生。聚合體試料首先在某點形成一「頸部」(*necking down*), 頸部先被定向。若繼續施以張

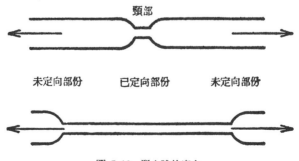

圖 5-12　聚合體的定向

力，頸部繼續伸長，但頸部與兩端部的截面積並不顯著變化。結果兩端（未定向）部份逐漸變短，如圖 5-12 所示。試料伸長後的長度與原來長度的比值稱爲拉比 (*draw ratio*)。在低於 T_g 的溫度下伸長聚合體的程序稱爲冷拉 (*cold drawing*)；在高於 T_g 但低於 T_m 的溫度下伸長聚合體的程序稱爲暖拉 (*warm ·drawing*)。前已提及，聚合體結晶需要高於玻璃轉變點的溫度。當聚合體被冷拉時，其內部摩擦力可能把機械能轉變爲熱能而使局部溫度達到 T_g 以上，這經常發生於聚合體試料的「頸部」。因此冷拉亦可增加結晶度。大部份聚合體的定向採取暖拉。首先加熱於聚合體，使其溫度升至略高於玻璃轉變點以產生廣泛的聚合體鏈活動性並提高加工速度。聚合體的定向包括單軸伸長 (*monoaxial streching*) 與双軸伸長 (卽二方向的伸長)，纖維的伸長屬於前者，膠膜 (*film*) 的伸張屬於後者。

文　獻

1. Natta, G. Precisely Constructed Polymers. *Sci. Amer.*, 205, No.2, p.33, 1961

2. Geil, P.H. *Polymer Single Crystals*. John Wiley & Sons, Inc., New York, 1963.

3. Oppenlander, G. C. Structure And Properties of Crystalline Polymers. *Sci.*, 159, No. 1311, 1968.

補充讀物

1. Billmeyer, F. W., Jr. *Textbook of Polymer Science*, 2nd Ed., Chapt.5, John Wiley & Sons, Inc., New York, 1971

2. Deanin, R. D. *Polymer Structure, Properties and Applications*, Chapt. 5, Cahners Publishing Co., Inc., Boston, 1972

習 題

5-1 試估計完全伸張的同態聚環氧丙烷〔*poly*(*propylene oxide*)〕分子鏈上兩基間的距離。

5-2 試寫出聚苯乙烯三種立體異構物的立體構造式（類似 5-4, 5, 6 式者）。

5-3 試寫出聚1-丁烯的所有可能立體異構物的投影式（類似 5-7, 8, 9 式者）。

5-4 有一不飽和聚酯(*unsaturated polyester*)的重複單位爲

$$\{CH_2\text{—}CHCl\text{—}CH_2\text{—}O\text{—}\overset{\overset{O}{\|}}{C}\text{—}CH=CH\text{—}\overset{\overset{O}{\|}}{C}\text{—}O\}$$

問此一聚酯有幾種可能的立體異構物。

5-5 2-氯丁二烯 -〔1, 3〕(*neoprene*) 的分子式爲

$$CH_2=\overset{\overset{Cl}{|}}{C}\text{—}CH=CH_2$$

問其聚合體可能有若干種立體異構物？

5-6 下列二個說法是否正確？

　　a.「此一聚異丁烯試樣主要爲反式 (*cis*)者。」

　　b.「此一聚異丁烯試樣主要爲異態者 (*syndiotactic*)。」

5-7 迅速拉長一橡皮，隨卽置放唇上可覺其熱。保持伸長狀態相當長的時間使溫度冷至室溫，然後突放鬆可覺其冷。試解釋之。

　　〔提示〕物體結晶時放出結晶熱。

5-8 線性聚乙烯及同態聚丙烯爲相當僵硬而且半透明的塑膠。但有一種乙烯與丙烯的 65/35 共聚合體柔軟而透明。試伸其理。

5-9 懸一珐瑪於一聚乙烯醇〔*poly*(*viny alcohol*)〕纖維。然後浸入盛有沸水的燒杯中。只要珐瑪懸於水中情況將不改變，但若珐瑪停留燒杯底部時纖維溶解。試解釋之。

5-10 有一種塑膠其性質類似線性聚乙烯與同態聚丙烯。此種塑膠含 65% 乙烯單位及 35% 丙烯單位。除非分解此塑膠，無法以物理方法或化學方法分離此二成分。試解釋此一事實。

第六章　聚合體的機械性質與流變學

所謂**流變學** (*rheology*) 卽研究物體**流動** (*flow*) 與**變形** (*deformation*) 的學問。目前流變學爲最熱門的研究題材之一。許多流變學的研究工作直接與聚合體有關。這是因爲聚合體材料具有奇特的機械性質——它們顯示有趣、而且通常不易描述的變形行爲 (*deformation behavior*)。

傳統上，工程學者關心二類材料——**黏性流體** (*viscous fluid*) 與**彈性固體** (*elastic solid*)。最簡單的流體爲**牛頓型流體** (*Newtonian fluid*)，其黏度不受**切變速率** (*shear rate*) 的影響；最簡單的彈性固體爲**虎克固體** (*Hooke's solid*)，其**彈性係數** (*elastic modulus*) 爲一常數。一般聚合體的**熔化物** (*melt*) 兼具黏性與彈性；一般聚合體溶液爲**非牛頓型流體** (*Nonnewtonian fluid*)。它們的黏度受切變速率的影響。結構用聚合體材料顯示與一般固體材料不同的性質。在一般工程上的應力一應變試驗中，將一定的應變速率施於一試料，在各時間測量試料所顯示的應力。若所用試料爲一般固體，其應力一應變曲線大致上不受所施應變速率的影響。然而聚合體的應力一應變性質却顯著地受速率的影響。一般聚合體材料在應力作用下所顯示的應變情形兼具**黏性流動** (*viscous flow*) 與**彈性變形** (*elastic deformation*) 的特色；換言之，聚合體材料具有**黏彈性** (*viscoelasticity*)。若加一**負荷** (*load*) 於一聚合體材料上，聚合體材料常繼續變形，這種現象稱爲**蠕變** (*creep*)。最顯著的例子是，懸掛着的塑膠製雨衣常因受其本身的重力而伸長。此外，若對一聚合體材料施加一定的應變，而測量它所顯示的應力，常可發現應力隨時間而減小，這種現象稱爲**應力緩和** (*stress relaxation*)。

流變學在聚合體加工與試驗的應用上具有極大的重要性，而聚合體工業的發達直接促進流變學的發展。流變學是一門很複雜的學問，本章只提供若干流變學的基本觀念。

6-1 聚合體的熱機械性質 (*Thermal Mechanical Properties*)

在小應變的情況下，聚合體固體的機械性質受時間與溫度的影響。若在一定溫度下突然施一張應變 (*tensile strain*) 於一聚合體試料，並保持此應變於一定值，可發現維持此試料的應變所需應力隨時間減小。此一現象係由試料中分子的鬆弛程序 (*molecular relaxation*) 所引起。

若試料的原來長度為 L_0，對試料所施張力為 f，試料受張力而伸長後的長度為 L，則伸長量 $\Delta L = L - L_0$。**彈體** (*elastic bodies*) 的**楊氏係數** (*Young's modulus*) E 等於張應力 (*tensile stress*) σ 與張應變 ϵ 的比值，

$$E = \frac{\sigma}{\epsilon} \quad (dynes/cm^2) \tag{6-1}$$

又應力等於作用於單位面積的力，應變等於單位長度的伸長量，故

$$E = \frac{\sigma}{\epsilon} = \frac{F/A}{\Delta L/L_0}; \quad \text{或} \quad \sigma = \epsilon E \quad (dynes/cm^2)$$

此處 A 為垂直於應力方向的試料截面積，張應變

$$\epsilon = \frac{\Delta L}{L_0} \tag{6-2}$$

又稱為**伸長率** (*elongation*)。

與楊氏係數類似，**黏彈性物體** (*viscoelastic bodies*) 的緩和張力**係數** (*relaxation tensile modulus*) $E_r(t, T)$ 的定義如下：

$$E_r(t, T) = \frac{\sigma(t, T)}{\epsilon(0)} \ (dynes/cm^2) \tag{6-3}$$

其中應力 $\sigma = \sigma(t, T)$ 為時間 t 與溫度 T 的函數。$\epsilon(0)$ 為在時間 $t=0$ 所施加的一定張應變。分別保持溫度或時間於一定值而測得的 E_r 分別為時間或溫度的函數。在應力緩和實驗中通常將溫度保持不變而測量應力隨時間變化的情形。在各不同溫度下可獲得類似圖 6-18 左方所示的一系列 $\log E_r$ 對時間曲線。由此一系列曲線可獲得對應於一定時間的 $\log E_r$ 對 T 曲線，例如 $\log E_r(t=10 \text{ sec})$ 對 T 曲線。

　　圖 6-1 示溫度對線型無定型聚合體的緩和張力係數的影響。**觀察此圖可見黏彈行為** (*viscoelastic behavior*) **的五個區域。**

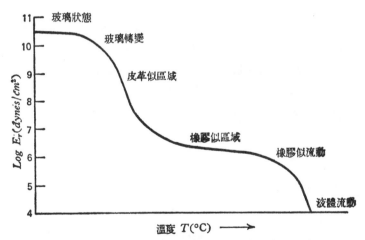

圖 6-1　溫度對線型無定形聚合體的緩和張力係數的影響

　　在低溫下，聚合體分子的熱振動能小，在此區域內聚合體堅硬而類似玻璃。隨着溫度的增加，分子的振動更激烈而使分子間的空間（或自由體積）增加。當溫度增加到某一程度時，自由體積達到 2.5%，此時較大的分子鏈節已能移動，使聚合體物料性質由僵硬變爲強靱而能彎曲或**皮革似** (*leathery*)。此一轉變稱爲玻璃轉變。溫度再增加，鏈

節運動的程度更大，使聚合體變爲柔軟而具有伸縮性；換言之，變爲橡膠似 (*rubbery*)。在一溫度範圍內，聚合體易受應力而屈服(*yield*)，但在應力除去之後恢復原狀。此一特殊溫度範圍稱爲**橡膠似區域** (**rubbery region**)。在更高的溫度下較大鏈節的熱能及移動性變爲更大，以致於在應力的作用下原來互相糾纏的聚合體分子能解開而滑動。這是第二轉變區域。在此區域內聚合體顯示**橡膠似流動**(*rubbery flow*) 的機械行爲；換言之，聚合體在低應力的作用下顯示溫和的彈性，但在高應力的作用下能流動而造成永久變形（變形不能完全恢復）。最後，在更高的溫度下，聚合體分子的熱能與活動性大到能使分子在應力的作用下流動。此種變形無法復原，造成永久變形。其性質猶如液體。

上述對熱機械性質的討論適用於線型無定形聚合體。當結晶發生時，結晶區域較密緻且其移動性較低，直到熔點達到爲止。在無定型區域的玻璃轉變點與結晶相的熔點之間的範圍內，結晶度愈大，聚合體愈強靭。在熔點，聚合體明顯地由僵硬的塑膠變爲液體（即熔化物）。圖 6-2 示結晶對張力係數的影響。

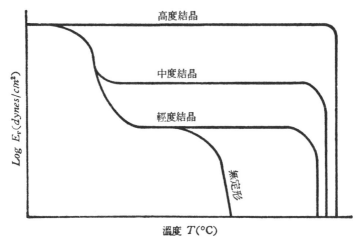

圖 6-2 結晶對緩和張力係數的影響

在此我們可順便提及**脆化溫度** (*brittleness temperature*) 與**撓曲溫度** (*deflection temperature*)。當聚合體自高於T_g的溫度慢慢冷却時，聚合體在某一溫度變脆。測量脆化溫度有一公定的試驗方法。將一定尺寸的試料夾於一虎頭鉗而以一擺擊之。降低溫度，反覆試驗。若有50％的試料被擊破，此時的溫度定爲脆化溫度。線型無定型聚合體的脆化溫度略高於其 T_g。分子量愈高，脆化溫度愈接近T_g。結晶性聚合體的脆化溫度較高。此一試驗值常用來比較塑膠在低溫下的相對優劣。但它並不是塑膠的最低使用溫度。**撓曲溫度**又稱**熱變形溫度** (*heat distortion temperature*)。試驗方法是將一定尺寸的棒形試料置於一適當的支架上，而在試料上加一特定的負荷。以每分 $2°C$ 的速率提高溫度。當試料棒撓曲到某一特定的距離時記取其溫度。此一溫度定爲撓曲溫度。線型無定形聚合體的撓曲溫度亦極接近其 T_g。但結晶性聚合體的撓曲溫度則可能遠高於 T_g，高度結晶性聚合體的撓曲溫度可能很接近其熔點（見圖 6-2）。

6-2　橡膠彈性與彈性熱力學 (*Rubber Elasticity and Thermodynamics of Elasticity*) 〔1〕

天然橡膠與合成橡膠具有獨特而有用的機械性質。未有其他物料能夠可逆地伸長六七倍。未有其他物料的張力係數 (*tensile modulus*)隨溫度的增加而增加。人們早已知道橡膠必須**硫化** (*vulcanization*)才能完全恢復其變形。現在我們知道硫化使橡膠交連 (*crosslinked*)，從而防止分子滑過其他分子而避免流動（不能恢復的變形）。因此，將一應力施於一交連聚合體試料時，平衡迅速建立。平衡一達成，橡膠的性質即可應用熱力學加以描述。

設有一試料，其尺寸爲 $a×b×c$，如圖 6-3 所示。將熱力學第一

定律應用於此一物系 (*system*)，

$$dE = dQ - dW \tag{6-4}$$

dE 爲該物系的內能 (*internal energy*) 變化，dQ 與 dW 分別爲物系與其外界在微小變化中的熱及功交換 (*work exchange*)。物系對外界所作的功爲正值。若物系自周遭吸收熱，則 Q 爲正值。對此物料施一張力 f，使其伸張一微小距離 dl，則「物系所作的功」爲

$$dW = PdV - fdl \tag{6-5}$$

fdl 項之前之所以有一負號是因爲這項功是外界對物系所作的功。

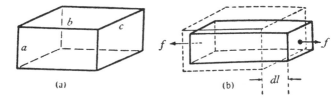

圖 6-3 試料受張力而伸長。(a) 原來的形狀，(b) 伸長後的形狀。

假設此一變形程序 (*deformation process*) 在熱力學上爲一可逆程序，則

$$dQ = TdS \tag{6-6}$$

其中 T 爲絕對溫度，S 爲熵 (*entropy*)。合併 (6-4)，(6-5) 及 (6-6) 三式得

$$dE = TdS - PdV + fdl \tag{6-7}$$

假設橡膠伸長時其體積不變 (橡膠伸長時其體積變化確實甚小)，$dV = 0$。上式兩端除以 dl，在恆溫恆容的情況下可得

$$f = \left(\frac{\partial E}{\partial l}\right)_{T,V} - T\left(\frac{\partial S}{\partial l}\right)_{T,V} \tag{6-8}$$

上式稱爲橡膠的狀態熱力學方程式。

觀察 (6-8) 式可見能 (右端第一項) 與熵 (右端第二項) 均對

張力有所貢獻。就聚合體而論，**能彈性**（*energy elasticity*）代表由鍵角與鍵長的應變所造成的儲藏能，猶如彈簧（*spring*）離開其平衡位置所引起的儲藏能；**熵彈性**（*entropy elasticity*）係由應變時熵的減小所引起。若將注意力集中於某聚合體的單一分子鏈，不難了解熵彈性的發生。當此一分子不受應力時，它可採取許多無規則或縮成一團的組型（*conformations*）（見圖6-4a），各種組型可藉對鍵的轉動而互相變換。現在假設該分子在張力的作用下伸張（見圖 6-4b）。顯然，該分子所可能採取的組型數目大爲減小。分子愈伸長，其組型數目愈小。依統計熱力學，

$$S = k \ln \Omega$$

式中 k 爲頗滋曼常數（*Boltzmann's constant*），Ω 爲可能有的組型數目。因此，伸長降低熵（增加規則性）。升高溫度產生恰好相反的效應。鏈節的熱能隨溫度的增加而增加，因而使其側向振動加劇，這有助於分子恢復較無規則或較高熵的狀態。此一效應有將被伸長了的兩

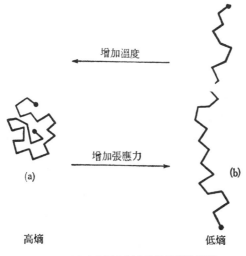

增加溫度

增加張應力

(a)

(b)

高熵

低熵

圖 6-4　張應力與溫度對分子鏈組型的效應

鏈端拉近的趨勢，因而產生收縮力 (retractive force)。

假定所用的試料截面具有一單位面積（例如 $1cm^2$），則 f 即等於張應力。圖 6-5 示 (6-8) 式中各項的大小〔2〕。理想氣體內無分子際吸引力，故 $(\partial E/\partial V)_T = 0$。 類似此一定義， 彈性純粹由熵效應所

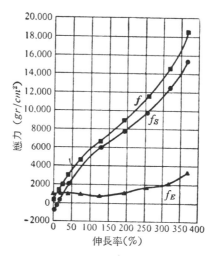

圖 6-5 $20°C$ 下天然橡膠的能彈性 (f_E) 與熵彈性 (f_S) 對張應力 f
的貢獻。$f = f_E + f_S$

造成的橡膠稱為**理想橡膠** (ideal rubber)。 理想橡膠的 $(\partial E/\partial l)_{T,V}$ $=0$。觀察圖 6-5 可見天然橡膠的 $(\partial E/\partial l)_{T,V} < -T(\partial S/\partial l)_{T,V}$，因此天然橡膠近乎理想橡膠。

其次討論溫度對橡膠彈性的影響。這可分為下列兩方面來討論：

(1) 張力保持不變時溫度對橡膠彈性的影響

將一段橡膠的一端固定於一支架，另一端懸掛一砝碼。如此張力可保持一定。現在我們考慮溫度變化對橡膠長度的影響。假設橡膠的體積不變，則 $dE = TdS + fdl$。此式兩端各除以 dT，f 與 V 保持不變。如此可得

$$\left(\frac{\partial l}{\partial T}\right)_{f,v} = \frac{1}{f}\left(\frac{\partial E}{\partial T}\right)_{f,v} - \frac{T}{f}\left(\frac{\partial S}{\partial T}\right)_{f,v} \qquad (6\text{-}9)$$

和以前一樣，上式右端第一項代表能彈性，而第二項代表熵彈性。因內能通常隨溫度增加，能項爲正值；換言之，能項使長度 l 隨溫度 T 增加。這是因爲諸分子中心間的距離隨溫度增加，反映正常的熱膨脹。熵項中各因數全爲正值，但因其帶負號而使長度隨溫度的增加而減小。就橡膠而論，熵的效應遠大於正常的熱膨脹。這與實際觀察相符。

(2) 長度保持不變時溫度對橡膠彈性的影響

將橡膠伸長到一定的長度，令溫度改變並測量維持此一定長度所需張力。

依亥姆霍茲自由能 (*Helmholtz free energy*) A 的定義，

$$A = E - TS$$

假設體積不變，$dV = 0$。應用 (6-7) 的關係可得

$$dA = dE - TdS - SdT = TdS + fdl - TdS - SdT$$

或

$$dA = fdl - SdT$$

$$\left(\frac{\partial A}{\partial l}\right)_{T,v} = f; \quad \left(\frac{\partial A}{\partial T}\right)_{l,v} = -S$$

又

$$\frac{\partial}{\partial l}\left(\frac{\partial A}{\partial T}\right)_{l,v} = \frac{\partial}{\partial T}\left(\frac{\partial A}{\partial l}\right)_{T,v}$$

故

$$-\left(\frac{\partial S}{\partial l}\right)_{T,v} = \left(\frac{\partial f}{\partial T}\right)_{l,v} \qquad (6\text{-}10)$$

合併 (6-8) 與 (6-10) 兩式得

$$\left(\frac{\partial f}{\partial T}\right)_{l,v} = \frac{f}{T} - \frac{1}{T}\left(\frac{\partial E}{\partial l}\right)_{T,v} \qquad (6\text{-}11)$$

因 f 與 T 均爲正值，上式右端第一項使力隨溫度增加。這是因爲溫度的增加使被拉長了的分子鏈的熱騷動增加（亦卽使熵增加）。因橡膠被拉長時產生儲藏能，上式右端第二項的偏微分爲正值。但因第二項

帶負號，它使張力隨溫度的增加而減小。此第二項反映所有物料的熱

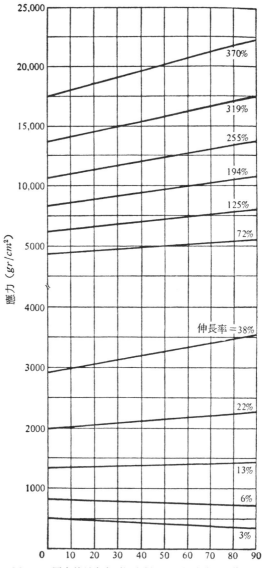

圖 6-6 固定伸長率之下溫度對天然橡膠應力的影響

膨脹。但就橡膠而論，在相當大的張力 f 的情況下，第一項（熵項）遠大於第二項，因此，力隨溫度增加。對理想橡膠而言，$\left(\dfrac{\partial E}{\partial l}\right)_{T,V}=0$。

（6-11）式又可改寫成

$$f=\left(\frac{\partial E}{\partial l}\right)_{T,V}+T\left(\frac{\partial f}{\partial T}\right)_{l,V} \tag{6-11}$$

圖6-6示伸長率保持不變時溫度對橡膠應力的影響。由此圖可見若伸長率保持不變，應力爲溫度的線性函數。應注意，諸直線的斜率 $\left(\dfrac{\partial f}{\partial T}\right)_{l,V}$ 隨伸長率的增加而增加。在低伸長率的情況下，直線之所以有負斜率是因爲熱膨脹支配橡膠的伸長，因此 f 較小。在某一伸長率之下，應力不受溫度的影響，亦卽直線的斜率等於零，此一特殊伸長率稱爲**熱彈性轉變點**（*thermoelastic inversion point*）。此時熱膨脹與熵收縮互相平衡。

6-3　純黏性流動（*Pure Viscous Flow*）

若在一變形程序（*deformation process*）中所加的機械能完全不可逆地被消耗而變成熱，則此種變形程序稱爲**純黏性流動**。稀聚合體溶液的流動甚近似純黏性流動。若所加的應力變化速率不大，聚合體的濃溶液及熔化物的流動亦常可以純黏性流動描述之。

物料的**黏度**（*viscosity*）表示該物料在機械應力的作用下抵抗流動的程度。我們可用兩個基本參數（*parameters*）來對黏度下一定義。這兩個參數是**切應力**（*shear stress*）τ 及**切變速率**（*shear rate* 或 *rate of shear straining*）$\dot{r}$。爲便於討論起見，我們將只考慮二度空間的層流（*two dimensional laminar flow*）（見圖 6-7）。假設 x 軸方向爲流動方向，y 軸垂直於流動速度爲一常數的平面。位於 y 的流體平面的流速爲 $u=dx/dt$ 而位於 $y+dy$ 的流體平面的流速爲 $u+du$。

位移梯度 (*displacement gradient*) dx/dy 爲**切應變** (*shear strain*)，以 γ 表示之。

$$\gamma = dx/dy = 切應變 \quad (無因次) \tag{6-12}$$

切應變隨時間變化的速率稱爲**切變速率** (*shear rate*) 以 $\dot{\gamma}$ 表示之（ γ 上的點表示 γ 的時間導數）。

$$\dot{\gamma} = \frac{d\gamma}{dt} = \frac{d}{dt}\left(\frac{dx}{dy}\right) = \frac{d}{dy}\left(\frac{dx}{dt}\right) = \frac{du}{dy} \quad (時間^{-1}) \tag{6-13}$$

因此，切變速率亦卽速度梯度 (*velocity gradient*) du/dy。依定義，切應力 τ 等於流動方向的力 F 除垂直於 y 軸的面積 A，

$$\tau = \frac{F}{A} \quad (力/長度^2)$$

牛頓黏度定律 (*Newton's law of viscosity*) 意謂切應力比例於切變速率，而比例常數爲黏度 (*viscosity*) η。

$$\tau = \eta\dot{\gamma} = \eta\frac{du}{dy} \quad (泊) \tag{6-14}$$

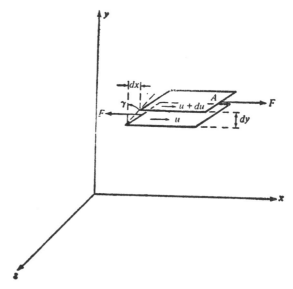

圖 6-7 黏性層流 (*Viscous laminar flow*)

在 *cgs* 制中，力、質量、長度及時間的單位分別爲達因 (*dyne*)、克 (*gram*)、厘米 (*cm*) 及秒 (*sec*)。則黏度單位爲 *dyne-sec/cm²* 或泊 (*poise*)。遵從牛頓定律的流體稱爲**牛頓型流體** (*Newtonian fluid*)。一般低分子量流體如氣體及水等爲牛頓型流體。尙有許多流體不符合牛頓定律，稱爲**非牛頓型流體** (*non- Newtonian fluids*)。τ 對 $\dot\gamma$ 的曲線稱爲**流動曲線** (*flow curve*)。圖 6-8 示四類流動曲線。在算術座標中，牛頓型流體的流動曲線(6-14式)爲通過原點的直線，其斜率爲一常數 η（見圖 6-8a）。對 (6-14) 式兩端取對數得

$$\log \tau = \log\eta + 1\log\dot\gamma$$

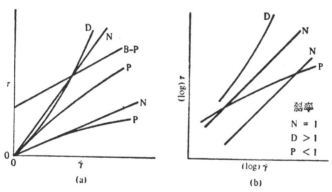

圖 6-8　流動曲線的型式。N=牛頓型流體，P=擬塑性流體，$B-P$=賓漢塑膠，D=膨脹性流體。(a) 算術座標，(b) 對數座標

因此在對數座標中牛頓型流體的流動曲線亦爲一直線，其斜率等於 1，截距等於 $\log \eta$。這類流體對流動的阻力並不隨切變速率而改變。

非牛頓型流體包括**賓漢塑膠** (*Bingham plastic*)、**膨脹性流體** (*dilatant fluid*)〔或稱切變稠化性 (*shear-thickening*) 流體，意謂隨切變速率的增加而稠化〕及**擬塑性流體** (*pseudoplastic fluid*)〔或稱切變稀化 (*shear-thinning*) 流體，意謂隨切變速率的增加而變稀〕。切應力小時，賓漢塑膠並不流動，猶如一固體。當切應力高於某一臨

界值時，賓漢塑膠開始流動，且其流動情形類似牛頓型流體。在對數座標中，膨脹性流動曲線的斜率大於 1，而擬塑性流動曲線的斜率小於 1。若干泥漿狀流體 (*slurry*) 顯示膨脹性流體的行爲，其抵抗流動的阻力隨切變速率的增加而增加。**聚合體的熔融物及溶液爲擬塑性流體；換言之，其抵抗流動的阻力隨切變速率的增加而減小。**

所有流體的平衡黏度可以**表見黏度** (*apparent viscosity*) η_a 表示之。

$$\eta_a = \frac{\tau}{\dot{\gamma}} \qquad\qquad (6\text{-}15)$$

就牛頓型流體而論 $\eta_a = \eta \dot{\gamma}/\dot{\gamma} = \eta$，爲一常數。當然，非牛頓型流體的表見黏度爲切變速率或切應力的函數。

6-4 聚合體的熔融物和溶液的流動性質 (*Flow Properties of Polymer Melts and Solutions*)

假若聚合體溶液及聚合體熔化物的流動性質可在足夠大的切變速率範圍內測得，其在對數座標中的流動曲線如圖 6-9 所示。一般觀察可發現其流動曲線可分爲三部份：

(1) 在低切變速率（或切應力）下顯示牛頓型流動，此時的黏度與零切變速率下的黏度 η_0 相等；

(2) 在中等切變速率下顯示擬塑性流動；

(3) 在極高切變速率下顯示另一牛頓型流動，其黏度爲 η_∞。

此等流動行爲可藉分子構造加以解釋。在低切變速率（或切應力）下，鏈節熱運動的不規則化效應有阻止分子在應力場中排列的趨勢。此時分子處於最不規則而且高度互相糾纏的狀態，其抵抗滑動（卽流動）的阻力最大。隨着切變速率的增加分子的糾纏情形開始解除而且分子開始在切應力場中排列，因而降低其滑動阻力。在極高切變速率

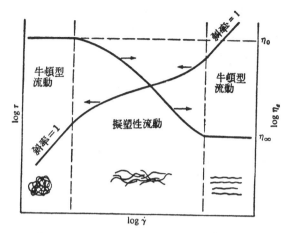

圖 6-9 聚合體溶液與熔化物的一般化流動性質

下，分子的糾纏情形幾乎已完全解除，而且分子幾乎已完全依切應力方向排列。此時其流動阻力最小。假若切應力繼續增加，最後將導致主鏈鍵的斷裂。此種現象稱爲**機械性劣化** (*mechanical degradation*)。

若在分子高度定向的狀態下突然移去切應力，熱能的不規則化效應有使分子恢復低切變速率組型的趨勢，因而引起**彈性收縮** (*elastic retraction*)。

6-5 溫度對聚合體流動性質的影響 (*Temperature Dependence of Polymer Flow Properties*)

聚合體流動性質顯著地受溫度的影響。零切變速率黏度 (*zero-shear viscosity*) η_0 常可以下式表示:

$$\eta_0 = A e^{E/RT} \tag{6-16}$$

其中 A 爲一常數，E 爲流動活化能 (*activation energy for flow*)，R 爲氣體常數，T 爲絕對溫度 (°K 或 °R)。此一方程式在 T_g 與高

於 T_g 數百 °F 的溫度之間有效。但在聚合體的加工過程中，聚合體的流動很少在牛頓型流動的範圍內。因此聚合體的表見黏度 η_a 為溫度與切應力或切變速率的函數，

$$\eta_a = f(\tau, T) \quad 或 \quad \eta_a = f'(\dot{\gamma}, T)$$

在類似的溫度範圍內上二式可以下二式近似之：

$$\eta_a = Be^{E_\tau/RT} \qquad (\tau \text{ 固定}) \tag{6-17a}$$

$$\eta_a = Ce^{E_{\dot{\gamma}}/RT} \qquad (\dot{\gamma} \text{ 固定}) \tag{6-17b}$$

此處 E_τ 與 $E_{\dot{\gamma}}$ 分別為切應力與固定切變速率固定的情況下聚合體流動的活化能，B 與 C 為二常數。圖 6-10 示固定切應力下的 $\log \dot{\gamma}$ 對

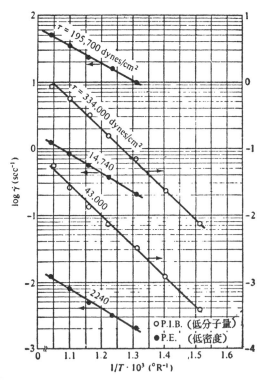

圖 6-10　固定切應力之下溫度對切變速率的影響

$1/T$ 圖線。因 $\dot{\gamma}=\tau/\eta_a$，這些圖線的斜率等於 $-E_\tau/R$。

〔例 6-1〕聚乙烯 (PE) 的 $E_\tau=5{,}580 cal/g\ mole$。問在何種溫度下聚乙烯的黏度等於其在 $300°F$ 下的黏度的一半。

〔解〕設 η_{a_1} 與 η_{a_2} 分別為 PE 在溫度 T_1 與 T_2 下的表見黏度。應用 (6-17a) 得

$$\frac{\eta_{a_2}}{\eta_{a_1}}=\frac{e^{E\tau/RT_2}}{e^{E\tau/RT_1}}=e^{(E\tau/R)(1/T_2-1/T_1)}$$

或 $\ln\dfrac{\eta_{a_2}}{\eta_{a_1}}=\dfrac{E_\tau}{R}\left(\dfrac{1}{T_2}-\dfrac{1}{T_1}\right)$

已知：$T_1=300+460=760°R=760\times\dfrac{1}{1.8}°K=422.2°K,$

$E_\tau=5{,}580\ cal/g\ mole$

$R=1.99\ cal/g\ mole\text{-}°K$

$\dfrac{\eta_{a_2}}{\eta_{a_1}}=\dfrac{1}{2},\quad \ln\dfrac{1}{2}=-0.693$

$\dfrac{1}{T_2}-\dfrac{1}{T_1}=\dfrac{R}{E_\tau}\ln\dfrac{\eta_{a_2}}{\eta_{a_1}}=\dfrac{1.99(cal/g\ mole\text{-}°K)}{5{,}580(cal/g\ mole)}\ (-0.693)$

$$=-0.000247\left(\dfrac{1}{°K}\right)$$

$\dfrac{1}{T_1}=\dfrac{1}{422.2}\left(\dfrac{1}{°K}\right)=0.002369\left(\dfrac{1}{°K}\right)$

$\dfrac{1}{T_2}=0.002369-0.000247=0.002122\left(\dfrac{1}{°K}\right)$

$T_2=471.3°K=847.3°R=387.3°F$

由此可見增加溫度可有效地降低熔化物的黏度，使其易於加工。但應注意提高溫度有二缺點：(1) 加入熱能費時又費錢，(2) 過高的溫度可能導致聚合體的劣化 (*degradation*)。

聚合體的對應狀態原理 (*principle of corresponding states*) 意謂所有無定形聚合體當其溫度與其 T_g 之差相等時均具有「等效的」

(*equivalent*) 機械性質。 依據此一原理, 聚合體的 η_0 隨溫度變化的
情形可用更一般化的方程式表示。此一方程式卽 *WLF* **方程式** (*Wi-
lliam-Landel-Ferry equation*) 〔3〕:

$$\log \frac{\eta_0(T)}{\eta_0(T_g)} = -\frac{17.44(T-T_g)}{51.6+T-T_g} \tag{6-18}$$

就許多種聚合體而論, 上式在 T_g 與 $T_g+100°C$ 之間有效。

6-6 分子量及壓力對聚合體流動性質的影響 (*Influence of Molecular Weight and Pressure on Polymer Flow Properties*)

分子量對聚合體熔化物或聚合體濃溶液有顯著的影響。實驗顯示:

$$若 \quad \bar{M}_w < \bar{M}_{wc} \qquad \eta_0 \propto (\bar{M}_w)^1 \tag{6-19a}$$

$$若 \quad \bar{M}_w > \bar{M}_{wc} \qquad \eta_0 \propto (\bar{M})^{3.4} \tag{6-19b}$$

其中 $\bar{M}_{wc}$ 為臨界重量平均分子量 (*critical weight average molec-
ular weight*)。一般認為當平均分子量達到 $\bar{M}_{wc}$ 時, 分子鏈的互相
糾纏開始支配分子滑動的速率。它的大小視聚合體種類而定, 但絕大
多數商用聚合體的平均分子量遠在 $\bar{M}_{wc}$ 之上。

(6-19) 式大致上適用於所有聚合體熔化物。當然加入低分子量
溶劑減輕聚合體分子互相糾纏的程度, 因而提高 $\bar{M}_{wc}$。然而就一般
商用聚合體而論, 卽使濃度不太大 (例如25％或更大), 聚合體溶液
的黏度與 $(\bar{M}_w)^{3.4}$ 成正比。 如所預期者, 隨着切變速率的增加, 糾
纏程度減輕, 分子量對黏度的影響漸減 (見圖 6-11)。當 $\dot{\gamma}$ 高到某一
程度時其黏度 η_∞ 與 $(\bar{M}_w)^1$ 成正比。

由 (6-19b) 式可證明降低分子量18.4％ 卽可使聚合體熔化物的
黏度減半。雖然在高切變速率下分子量對黏度的影響不會這麼大, 仍然

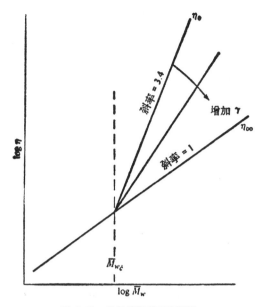

圖 6-11 分子量對黏度的影響

可見分子量的控制對獲得適當加工性質的重要性。

其次討論壓力對黏度的影響。增加壓力可增加所有流體的黏度。這是因為自由體積隨壓力的增加而減小，使分子滑動的阻力增加。因液體的壓縮性小，只有在極高壓力（例如數千 *psi*）下才能覺察到壓力向對黏度的效應。根據已有的實驗數據，壓力對黏度的影響可以下式表示〔4〕，

$$\eta = Ae^{BP} \qquad\qquad (6\text{-}20)$$

其中 A 與 B 為常數，P 為壓力。

根據已往的經驗，在加工情況下，假若加工溫度不過份接近轉變點，壓力對黏度的影響甚小而可忽略。高壓可稍微提高 T_g 與 T_m，當然在溫度接近 T_m 或 T_g 時黏度突然大量改變。

6-7 黏彈性响應的機械模型 (*Mechanical Models for Visco-elastic Response*)

黏彈性機械行為非常複雜，但其基本觀念却可藉簡單的機械模型加以說明。我們可用虎克彈簧 (*Hookean spring*)（適合虎克定律的彈簧）來代表理想彈性固體 (*elastic solid*)（圖 6-12a）。它的應變 ϵ 與應力 σ 間的關係為

$$\sigma = E\epsilon \qquad (6\text{-}21)$$

E 為虎克定律常數或楊氏係數。彈性變形 (*elastic deformation*) 是卽時的。一加應力，平衡應變隨卽達成，而且保持不變，直到應力移去為止。突然移去應力，彈簧立卽恢復原狀（ϵ 立卽變為零）。圖 6-12**b** 示理想彈性固體在固定應力下的應變—時間關係。

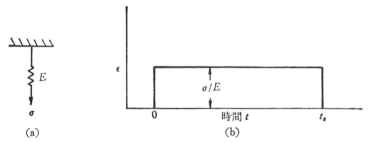

圖 6-12 彈簧（理想彈性固體）(a) 及其在一固定應力下的應變—時間關係 (b)

線性黏性流體 (*linear viscous fluid*) 或牛頓型流體的變形情形與緩衝筒 (*dashpot*)（見圖 6-13a）相似（緩衝筒是由含有牛頓型流體的圓筒和一活塞所構成）。因此可用緩衝筒來代表牛頓型流體。對時間而言，牛頓型的變形是線性的 (*linear*)，而且是完全不能恢復的。緩衝筒的應變 ϵ 與應力 σ 和時間 t 之間的關係式如下：

$$\sigma = \eta \frac{d\epsilon}{dt} \qquad (6\text{-}22)$$

η 爲黏度（一常數）。對緩衝筒加一應力，其應變依 $\epsilon=(\sigma/\eta)t$ 的關係隨時間改變。應力移去後，緩衝筒完全不能恢復原狀，因而產生永久變形，如圖 6-13b 示。

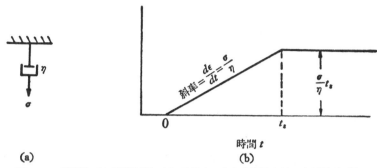

(a)　　　　　　　　　　(b)

圖 6-13　緩衝筒（牛頓型流體）(a) 及其在一定應力下的應變—時間關係 (b)

將彈簧與緩衝筒串聯形成**馬克思威爾元件** (*Maxwell element*)（圖 6-14a）；將彈簧與緩衝筒並聯形成**佛格脫元件** (*Voigt element*)（圖 6-14b）。以下兩節分別討論馬克思威爾元件與佛格脫元件的**機械行爲**。

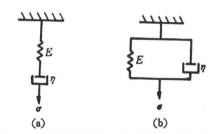

(a)　　　　　　　(b)

圖 6-14　馬克思威爾元件 (a) 與佛格脫元件 (b)

爲便於討論起見，我們將使用一名詞——**響應** (*response*)。對物系 (*system*) 加一輸入 (*input*)，物系必產生一輸出 (*output*)。物系由輸入所引起的輸出即其響應。例如對一彈簧加一應力，彈簧必伸長。在此場合，彈簧爲物系，應力爲輸入，彈簧的伸長爲其響應。

6-8 馬克思威爾元件 (*Maxwell Element*)

馬克思威爾 (*Maxwell*) 認知彈性元件 (彈簧) 與黏性元件 (緩衝筒) 無法單獨用來模擬黏彈性機械行為。因此他倡議由兩者串聯所構成的機械模型——馬克思威爾元件。在此元件中，彈簧與緩衝筒所受的應力相同，而且總應變等於彈簧的應變加緩衝筒的應變。若以下標 1 與 2 分別代表彈簧與緩衝筒，可得下列關係

$$\sigma = \sigma_1 = \sigma_2; \quad \epsilon = \epsilon_1 + \epsilon_2$$

$$\frac{d\epsilon}{dt} = \frac{d\epsilon_1}{dt} + \frac{d\epsilon_2}{dt} \tag{6-23}$$

由 (6-21)，(6-22) 及 (6-23) 三式馬克思威爾元件的響應方程式，

$$\frac{d\epsilon}{dt} = \frac{1}{E} \frac{d\sigma}{dt} + \frac{\sigma}{\eta} \tag{6-24}$$

茲考慮馬克思威爾元件在以下二種試驗中的響應。此二種試驗常應用於聚合體材料。

(1) 蠕變試驗 (*Creep testing*)

在蠕變試驗中，將固定的應力倏然 (或非常迅速地) 施於一材料上，並測量材料在其後各時間的應變。應力移去後材料的變形稱為**蠕變恢復** (*creep recovery*)。

當應力 σ_0 在 $t=0$ 加於馬克思威爾元件時，彈簧隨即產生 σ_0/E 的應變，但緩衝筒的應變仍為零，因此總應變為 σ_0/E。因應力 σ_0 為一常數，彈簧的應變 ϵ_1 亦為一常數，故 $d\epsilon_1/dt=0$。(6-24) 式變為

$$\frac{d\epsilon}{dt} = \frac{d\epsilon_1}{dt} + \frac{d\epsilon_2}{dt} = \frac{\sigma_0}{\eta}$$

積分之得

$$\epsilon = \frac{\sigma_0}{\eta}t + C$$

其中 C 爲一積分常數。將開始條件 (*initial condition*) $t=0$, $\epsilon = \frac{\sigma_0}{E}$ 代入上式得

$$\epsilon = \frac{\sigma_0}{E} + \frac{\sigma_0}{\eta}t \qquad\qquad (6\text{-}25)$$

當應力移去時，彈簧隨卽恢復原狀（其應變立卽變爲零），但緩衝筒的應變完全不能恢復，因而產生**永久變形** (*permanent set*)。馬克思威爾元件在一定應力下的應變—時間關係如圖6-15所示。雖然馬克思威爾模型不能準確地模擬眞實材料的蠕變，但它所顯示的彈性應變、蠕變、恢復諸現象也常見於眞實材料。

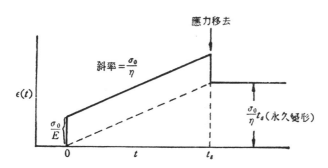

圖 6-15　馬克思威爾元件的蠕變響應

(2) 應力緩和試驗 (*Stress relaxation test*)

在應力緩和試驗中，倏然對一試料加一應變，將應變保持不變，並觀察其後應力隨時間變化的情形。當應變 ϵ_0 倏然加於馬克思威爾元件時，最初只有彈簧立卽產生應力 $E\epsilon_0$。（倏然加一應變意謂最初應變速率 $d\epsilon/dt = \infty$，此時緩衝筒對阻力爲無窮大，故不立卽響應）。其後被拉長了的彈簧開始收縮，但它的收縮却受到緩衝筒的抵抗。在應力緩和試驗中 ϵ 爲一常數，因此

$$\frac{d\epsilon}{dt}=0=\frac{d\epsilon_1}{dt}+\frac{d\epsilon_2}{dt}$$

$$\frac{1}{E}\ \frac{d\sigma}{dt}=-\frac{\sigma}{\eta}$$

或 $\qquad \frac{d\sigma}{\sigma}=-\frac{E}{\eta}dt$

其解爲

$$\sigma=Ce^{-\frac{E}{\eta}t}$$

其中 C 爲一常數。$t=0$ 時的應力 $\sigma_0=E\epsilon_0$，代入上式得 $C=E\epsilon_0$，故

$$\sigma=E\epsilon_0 e^{-t/\lambda} \tag{6-26}$$

其中 $\lambda=\eta/E$ 稱爲緩和時間 (*relaxation time*)，是應力降至最初應力的 $1/e$ 或 37% 所需的時間。應力隨着彈簧完全恢復原狀而漸近於零，如圖6-16所示。線型聚合體的應力緩和數據的確類似馬克思威爾元件。但馬克思威爾元件過於簡單，無法用來擬合 (*fit*) 眞實材料的

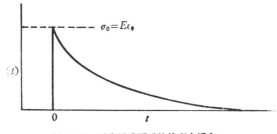

圖 6-16 馬克思威爾元件的應力緩和

應力緩和行爲。

6-9 佛格脫元件 (*Voigt Element*)

旣然一彈簧與一緩衝筒串聯而成的模型有其缺點，其次應該嘗試的是把兩者並聯而成一佛格脫元件。此一模型的基本假設是支持彈簧

與緩衝筒的兩橫桿永遠保持平行——換言之，彈簧的應變 ϵ_1 與緩衝筒的應變 ϵ_2 相等。

$$\epsilon = \epsilon_1 = \epsilon_2 \tag{6-27}$$

而且此元件的應力 σ 為彈簧應力 σ_1 與緩衝筒應力 σ_2 的和。

$$\sigma = \sigma_1 + \sigma_2 \tag{6-28}$$

併用 (6-21)，(6-22)，(6-27) 及 (6-28) 四式可得佛格脫元件的變形微分方程式。

$$\sigma = E\epsilon + \eta \frac{d\epsilon}{dt} \tag{6-29}$$

若倏然加一應變，必遭受緩衝筒無窮大的阻力。因此佛格脫元件不適用於應力緩和試驗。茲考慮其蠕變試驗。假設所加的應力為 σ_0。(6-29) 式可改寫為

$$\frac{d\epsilon}{dt} + \frac{E}{\eta}\epsilon = \frac{\sigma_0}{\eta}$$

上式的通解為

$$\epsilon = Ce^{-\frac{E}{\eta}t} + \frac{\sigma_0}{E}$$

其中 C 為一常數。在 $t=0$ 時，$\epsilon=0$，將此一條件代入上式得 $C = -\dfrac{\sigma_0}{E}$，因此

$$\epsilon = \frac{\sigma_0}{E}[1 - e^{-t/\lambda}] \tag{6-30}$$

佛格脫元件的蠕變行為如圖 6-17 所示。最初當（張）應力突然加上時，只有緩衝筒抵抗變形，因此 ϵ 對 t 曲線的最初斜率為 σ_0/η。隨着該元件的伸長，彈簧抵抗伸長的阻力漸增，因此蠕變的速率漸減。最後此一物系達到平衡，而由彈簧單獨支持應力（應變速率變為 0，緩衝筒的阻力也變為零）。平衡應變為 σ_0/E。

假設 $t=t_2$ 時，佛格脫元件已達平衡（$\epsilon=\sigma_0/E$）。此時突然移去

應力，則 (6-29) 式變爲

$$\frac{d\epsilon}{dt} = -\frac{E}{\eta}$$

其解爲

$$\epsilon = Ae^{-t/\lambda}$$

以 $t=t_s$, $\epsilon = \sigma_0/E$ 的條件代入上式可求得常數 A 的值。上式的解爲

$$\epsilon = \frac{\sigma_0}{E}e^{-(t-t_s)/\lambda} \tag{6-31}$$

應變隨時間漸減，最後佛格脫完全恢復原狀，由此可見佛格脫模型在應力作用下並不永遠繼續變形，而且它並不顯示永久變形。因此它代表一黏彈性固體 (*viscoelastic solid*)，而且它的蠕變行爲與若干交連聚合體相似。

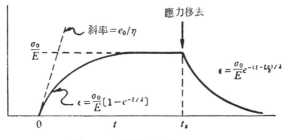

圖 6-17 佛格脫元件的蠕變行爲

上述馬克思威爾元件與佛格脫元件的應力—應變關係式中只含二參數，η 與 E，稱爲二**參數元件** (*two parameter element*)。它們的機械行爲尚無法密切模擬眞實材料的黏彈行爲。多數彈簧與多數緩衝筒的串聯與並聯組合（包括許多馬克思威爾元件的並聯組合及多數佛格脫元件的串聯組合）所構成的多參數元件可能密切擬合眞實材料的機械行爲。對此本書將不作更進一步的討論。

6-10　戴伯拉數 *(The Deborah Number)* 〔5〕

一黏彈性物體在試驗中的行爲可能類似一彈性固體，亦可能類似一黏性流體，視試驗時標 *(time scale)* 與黏彈性機構 *(mechanism)* 響應所需時間的關係而定。嚴格來講，單一緩和時間的觀念僅適用於一階響應 *(first-order response)*，而不適用於眞實材料。然而任何材料均有其**特性時間** *(characteristic time)*。例如對材料輸入一階式變化 *(step change)*，該材料達到其最終彈性響應 *(elastic response)* 的 $1/e$ 所需的時間卽爲其一特性時間 λ_c。此一特性時間與試驗時標的比值稱爲**戴伯拉數** *(Deborah number)* N_{De}，

$$N_{De} = \frac{\lambda_c}{t_s} \tag{6-32}$$

在高戴伯拉數的場合，黏彈性物體的響應猶如彈性固體；在低戴伯拉數的場合，黏彈性物體的響應類似黏性流體。

在戴伯拉數趨近於零時（例如在平衡黏性流動的場合），彈性響應機構已達到其在所施應力下的平衡應變，變形單獨由分子滑動（緩衝筒）所引起。在此情況下，我們可用純黏性流動來描述材料的響應。

6-11　時間—溫度疊合原理 *(Time-Temperature Super-position Principle)*

讀者若有使用塑膠管的經驗，必已熟悉聚合體在較低溫下較僵硬（較像固體），而在較高溫下較柔軟（較像液體）。在聚合體材料的機械試驗中可發現應力施加的時標 *(time scale)* 對聚合體的機械性質也有類似的效應。短試驗時間對應於低溫（聚合體顯示固體性質），長試驗時間對應於高溫時（聚合體顯示液體性質）。

　　黎德曼 (*Leaderman*) 〔6〕認爲對聚合體而言時間與溫度等效 (*eq-uivalent*)，在一溫度所取的機械性質數據 (*data*) 曲線（應力或應變對時間曲線）可藉移動（依時間軸方向移動）而與在另一溫度所取的數據曲線疊合。此卽**時間—溫度疊合原理** (*time-temperature super-position principle*)。這是聚合體物理學的最重要原理之一。此一原理乃基於戴伯拉數決定黏彈性物料機械行爲的事實。改變試驗時標 t_s 或材料的特性時間 λ_c 可改變戴伯拉數 N_{De}。t_s 視試驗性質而定，但聚合體的 λ_c 則爲溫度的函數。溫度愈高，諸鏈節的熱能愈大而其響應愈快，因此 λ_c 愈小。

　　時間—溫度疊合原理可應用於許多種黏彈性響應試驗（蠕變、應力緩和等），它在應力緩和方面的應用尤其廣泛。圖 6-18 展示聚異丁烯 (*polyisobutylene*) 的應力緩和試驗數據及時間—溫度疊合原理之

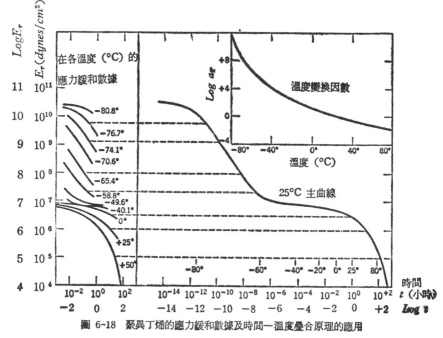

圖 6-18　聚異丁烯的應力緩和數據及時間—溫度疊合原理的應用

一應用實例。圖左方諸曲線表示在諸溫度的應力緩和係數 (*stress relaxation modulus*) 數據。圖中的 25°C 主曲線 (*master curve*) 由左方諸曲線疊合而成。此處 25°C 只是任意選擇的**參考溫度** (*reference temperature*) T_0，代表其他溫度的曲線沿時間的對數軸移動以與代表 25°C 的曲線接合而構成 25°C 主曲線，溫度高於 25°C 者必須往左移（對應於較短時間），而溫度低於 25°C 者必須往右移（對應於較長時間）。

沿時間的對數軸 (log t 軸) 移動相當於將曲線上各橫座標值乘以一常數因數。使某一溫度的曲線與參考溫度的曲線疊合所用的因數稱為**溫度變換因素** (*temperature shift factor*) a_T，

$$a_T = t_T/t_{T0} \tag{6-33}$$

其對數為

$$\log a_T = \log t_T - \log t_{T0} \tag{6-34}$$

此處 t_T 為達到在溫度 T 與時間 t_{T0} 的響應（在此場合響應為 E_r）所需的時間。若溫度高於 T_0，達到同一響應所需時間較短；亦即物料響應較快或物料具有較短的緩和時間，因此 a_T 小於 1，其逆亦真。各溫度的變換因素 a_T 可由**實驗**求得，圖6-18右上角示聚異丁烯應力緩和數據的對數變換因數。

參考溫度的主曲線一建立，只要乘以適當的 a_T 值（或沿 log t 軸依適當的 log a_T 值移動）即可獲得另一溫度的主曲線。因此有了**參考溫度主曲線**即可預計整個時標內在其他溫度下的響應。

若以聚合體的玻璃轉變溫度 T_g 為參考溫度，則溫度變換因數 a_T 可以前述 *WLF* 方程式近似之，

$$\log a_T = \log \frac{t_T}{t_g} = \frac{-17.44(T - T_g)}{51.6 + (T - T_g)} \tag{6-35}$$

其有效溫度範圍為 $T_g < T < (T_g + 100°C)$。

〔例 6-2〕 由聚異丁烯的 $25°C$ 主曲線知在 $25°C$ 下其應力緩和至一係數 $10^6 dynes/cm^2$ 約需10小時。試應用 *WLF* 方程式估計聚異丁烯在 $-20°C$ 下達到同一係數值所需時間。聚異丁烯的 T_g 等於 $-70°C$。

〔解〕

$$\log\left(\frac{t_T}{t_{T_g}}\right)=\log\frac{t_{25°}}{t_{-70°}}=\frac{-17.44(25+70)}{51.6+(25+70)}=-11.3$$

$$\frac{t_{25°}}{t_{-70°}}=5.01\times10^{-12}$$

$$t_{-70°}=\frac{10}{5.01\times10^{-12}}=2\times10^{12}\ hrs$$

$$\log\frac{t_{-20°}}{t_{-70°}}=\frac{-17.44(-20+70)}{51.6+(-20+70)}=8.59$$

$$\frac{t_{-20°}}{t_{-70°}}=2.57\times10^{-9}$$

$$t_{-20°}=(2\times10^{12})(2\times57\times10^{-9})=5,140\ hrs$$

此一例題展示降低溫度可保持機械倔強性更長時間。

比較圖 6-1 與圖 6-18 可見 E_r 對溫度與 E_r 對時間所劃的曲線具有類似的形狀。緩和應力係數一時間主曲線亦顯示五區域。在短時間或低溫下，只有鍵角與鍵長能響應，因此聚合體材料顯示典型的玻璃狀態係數，$10^{10}\sim10^{11}dynes/cm^2$。此即**玻璃似區域** (*glassy region*)。在較長時間或較高溫下，主要響應爲盤捲鏈的伸張，其典型緩和張力係數約爲 10^6 至 $10^7dynes/cm^2$。此區域稱爲**橡膠似高原** (*rubbery plateau*)。在中間區域，張應力係數自玻璃似係數降至橡膠似係數，聚合體的性質類似皮革。此中間區域稱爲**皮革似區域** (*leathery region*)。當時間或溫度達到某特殊值時，由於分子的滑動，張應力係數急速降低而進入**黏性流動區域** (*viscous-flow region*)。在橡膠似高原與黏性流動區域之間，聚合體顯示黏彈性流動。此區域稱爲**橡膠似**

流動區域 (*rubbery-flow region*)。

6-12 分子量與交連對應力緩和的影響 (*Effects of Molecular Weight and Crosslinking on Stress Relaxation*)

圖6-19示分子量與交連對應力緩和的影響。分子量對鍵角與鍵長的應變或盤捲鏈的伸長應無影響，因此，玻璃似與橡膠似係數不隨分子量改變。然而黏性流動却隨分子量的增加而受更大的阻碍。在無窮大分子量（輕度交連）的極限下，黏性流動完全消失。高度交連限制鏈的伸長。在極高度交連的情況下只有鍵角與鍵長能改變。結晶的效應大致與交連類似（見圖 6-2）。

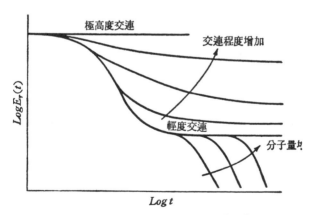

圖 6-19 分子量與交連對應力緩和的影響

6-13 聚合體的機械性質 (*Mechanical Properties*)

我們已經討論過聚合體的蠕變行爲及應力緩和行爲。本節討論材

料的最重要性質——張力作用下的應力-應變性質 (*stress-strain pro-perties in tension*)。其決定法通常是以一定的伸長速率拉長試料而隨時測量試料抵抗伸長的力。圖 6-20 示聚合體材料的典型應力-應變曲線。此圖提供下列數重要機械性質:

(1) **剛性係數** (*modulus of rigidity*) 或**倔強性** (*stiffness*) 爲應力-應變曲線的斜率。 此曲線的最初直線部份的剛性係數又稱**楊氏係數**。

(2) **屈服應力** (*yield stress*) 與**屈服點伸長率** (*elongation at yield*) 分別爲造成塑性流動 (*plastic flow*) 所需應力與塑性流動發生時的伸長率。

(3) **極限強度** (*ultimate strength*) 與**斷裂點伸長率** (*elongation at break*) 分別爲使試料斷裂所需應力與試料斷裂發生時的伸長率。

一般塑膠如聚乙烯具有類似圖6-20所示的機械性質。然而不同的聚合體材料顯示不同的應力-應變性質, 如圖 6-21 所示。各類聚合體材料的特殊機械性質列於表 6-1。

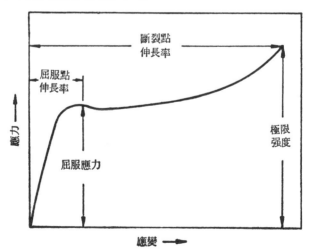

圖 6-20 聚合體材料的典型張應力-應變曲線

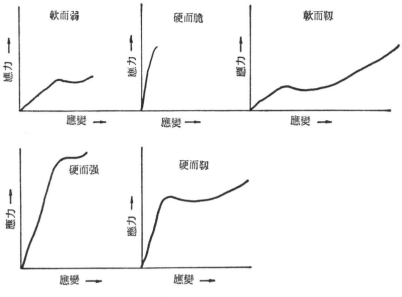

圖 6-21　數類聚合體材料的張應力-應變曲線

表 6-1　數類聚合體材料的特殊機械性質

聚合體材料類型	應力─應變曲線的特點				
	剛性係數	屈服應力	屈服點伸長率	極限強度	斷裂點伸長率
軟而弱	低	低	中等	低	中等
軟而韌	低	低	中等	中等	高
硬而脆	高	無	—	中等	低
硬而強	高	高	中等	高	中等
硬而韌	高	高	中等	高	高

6-14　聚合體的性質與聚合體的應用 (*Properties and Application of Polymers*)

到此為止，我們已討論過聚合體的性質。這些性質決定聚合體的

三大主要用途——橡膠、纖維及塑膠。

聚合體物料之所以具有不尋常的機械性質，主要是由於它們具有高分子量。實際上低分子量聚合體甚少顯示有用的機械性質。若以機械強度對聚合度作圖可得類似圖6-22中的曲線。當聚合度低時，聚合體的機械強度顯著地隨聚合度的增加而增加。當聚合度達到一臨界值 $\overline{DP}_c$

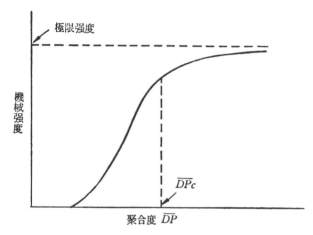

圖 6-22　聚合體的聚合度對其機械性質的影響

之後，機械強度的增加率突然變小。到此之後 $\overline{DP}$ 再增加一倍，機械強度只增加一小部份。聚合體的聚合度必須超過 $\overline{DP}_c$ 才能顯示有用的機械性質。我們可用聚合體的分子際鍵結力來解釋聚合度對機械性質的影響。個別的分子際鍵結力與主要鍵結（共價鍵結）力相比顯得很小。當 $\overline{DP}$ 小時分子鏈短而且易於滑動。隨着鏈的增長，分子際鍵結力以及鏈的糾纏程度增加，因此抵抗分子滑動的阻力亦增加。當聚合度達到某一程度時，總分子際鍵結力大於個別共價鍵結力。此時若施以充分大的應力可引起共價鍵的斷烈而非鏈的滑動。此後機械強度隨 $\overline{DP}$ 增加的量甚小。

$\overline{DP}_c$ 的大小視聚合體類型而定。分子際吸引力較大的聚合體其

$\overline{DP_c}$ 較小，例如聚醯胺的 $\overline{DP_c}$ 約爲 150；分子際吸引力較小的聚合體，其 $\overline{DP_c}$ 較大，假如聚烴類的 $\overline{DP_c}$ 約爲 500。其他聚合體的 $\overline{DP_c}$ 值介於上述兩值之間。

由此可見聚合體材料必須具有高分子量。然而決定聚合體用途的最重要性質也許是 T_g，T_m 及結晶度。例如，一般而言，橡膠的 T_g

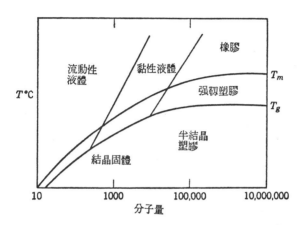

圖 6-23 聚合體性質與分子量、T_g 及 T_m 之間的關係

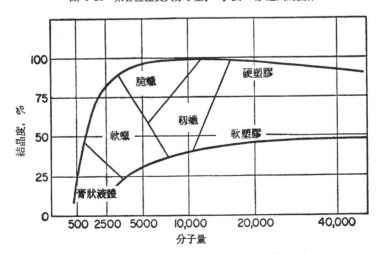

圖 6-24 分子量與結晶度對聚乙烯的機械性質的影響

低於室溫，纖維的 T_g 高於室溫，而塑膠的使用溫度低於其 T_m；橡膠不結晶，塑膠半結晶，而纖維高度結晶。圖6-23示聚合體性質與分子量、T_g 及 T_m 之間的關係；圖6-24示分子量與結晶度對聚乙烯的機械性質的影響。

此外，聚合體的機械性質及交聯程度亦影響聚合體的用途。茲略述橡膠、纖維及塑膠的應備性質於次。在各應用場合，高分子量是先決條件，關於此點下不贅述。

(1) 橡膠 (*Rubber*) 或彈體 (*Elastomer*)

作爲橡膠或彈體的聚合體必須具有大的可逆伸長率(高至 500—1,000％)。因此聚合體必須是完全無定形的(不結晶)而且必須具有低玻璃轉變點（至少低於應用溫度）及弱次級鍵結力。這使聚合體鏈具有高活動性。爲避免聚合體鏈在應力作用下流動，聚合體須有輕度的交連 (*crosslinking*)。如此聚合體可在應力移去後迅速恢復原狀。橡膠的最初剛性係數（或楊氏係數）很小（<150*psi*），但其剛性係數須隨應變的增加而增加，否則橡膠強度不夠。獲得此種強度的方法有二。若干橡膠伸長時結晶，因而增加其抵抗伸長的強度。其他類橡膠伸長時不結晶。在此場合可藉交連或加入無機加強填料 (*reinforcing fillers*)。聚異戊二烯 (*polyisoprene*)(即天然橡膠) 爲典型的橡膠。它是無定形的，其 $T_g = -73°C$，易於交連（硫化而交連），而且伸長時結晶。硫化橡膠的最初剛性係數爲 100*psi*；但當它伸長 500％ 時，它的強度增加到 3,000*psi*以上，而且直到斷裂點之前它的伸長是可逆的。

(2) 纖維 (*Fiber*)

與橡膠相反，纖維須具有高抗張強度及高剛性係數。一般纖維的斷裂點伸長率低 （<10-50％）。聚合體必須高度結晶而且具有次級鍵結力高的極性鏈才能作爲有用的纖維。纖維常須定向（藉機械法伸

長) 以獲得高結晶度。纖維的 T_m 須高於 $200°C$ 才能在洗燙的溫度下保持完整。但 T_m 亦不可太高──不得高於 $300°C$──否則不能藉熔法抽絲 (*melt spinning*)。或者若 T_m 過高則須溶解於某種溶劑才能藉溶液法抽絲 (*solution spinning*)。纖維的 T_g 不得過高，否則冷拉定向或熨燙的效果不佳；但也不得過低，否則在室溫下不能保持熨紋而且易皺。纖維的 T_g 至少須高於室溫。耐龍 66 為典型的纖維材料。它可藉伸長而獲得高度結晶，而且它的醯胺基能產生氫鍵而造成高的分子際吸引力；它具有甚高抗張強度 ($100,000psi$) 與剛性係數 ($700,000psi$) 及低伸長率 ($<20\%$)。其 T_g 與 T_m 分別為 $53°C$ 與 $265°C$。

(3) 塑膠 (*Plastic*)

一般用塑膠 (*general purpose plastics*) 的性質介於橡膠與纖維之間。因此若干聚合體可作為橡膠及塑膠，又有若干聚合體可作為塑膠及纖維。一般用塑膠的結晶度可自甚低至甚高，其 T_m 與 T_g 值可在一大範圍之內。使用量最大的塑膠為聚乙烯 (*PE*)、聚氯乙烯 (*PVC*) 及聚苯乙烯 (*PS*)。隨用途的不同塑膠應備性質亦異。例如薄膜用塑膠 (塑膠袋等) 必須軟而韌 (如聚乙烯)；光學用塑膠必須透明而強韌 (如聚碳酸酯)；製造家庭用具的塑膠必須價廉，易於加工，而且具有相當良好的機械性質 (如聚氯乙烯)。

另一類塑膠稱為**工程用塑膠** (*engineering plastics*)。這些塑膠具有特別優良的性質而能在工程應用上取代其他材料 (金屬，陶器) 或與其他材料競爭。它們的性質強硬而堅韌，抗磨損性強，而且耐高溫或低溫、耐天候、耐化學藥品或其他不利的環境。

工程用塑膠的優異性質主要得自高度結晶及強分子際吸引力。大多數工程用塑膠具有相當高的熔點，可在一大溫度範圍內保持其良好的物理性質。

　　獲致高熔點的方法有數種，包括同時應用高度結晶與僵硬的聚合體鏈，交連，及與强硬的材料（如玻璃纖維）混合使用。通常這些方法單獨使用。例如交連聚合體不能結晶，玻璃纖維用以加强玻璃似塑膠等。但目前合併使用的實例已逐漸增加。

　　與一般用塑膠相比，工程用塑膠的價格高而使用量小。聚丙烯（結晶度高），耐龍與熱塑性聚酯（結晶度高，且可以玻璃纖維加强之），酚樹脂、尿素樹脂、三聚胺樹脂、及不飽和聚酯（交連聚合體）等為工程用塑膠的實例。

文獻

1. Flory, P. J, *Principles of Polymer Chemistry*, Chap. 11, Cornell, Ithaca, N. Y., 1953

2. Anthony, R. L., R. H. Caston and E. Guth, "Equations of state for natural and synthetic rubber-like materials." *J. Phys. Chem.*, 46, no., 826, 1942.

3. Williams, M. L., R. F. Landel, and J. D. Ferry, *J. ACS*, 77, 3701, 1955

4. Carley, J. F. Effect of static pressure on polymer melt viscosities." *Mod. Plast.*, 39, no. 4, p. 123, 1961.

5. Reiner, M. "The Deborah number." *Phys. Today*, Jan., p62, 1964

6. Leaderman, H., "Viscolasticity Phenomena in amorphous high polymeric systems," Chap. 1 in F. R. Eirich, ed., *Rheology-Theory and Applications*, Vol. 2, Academic Press, New York, 1958

補充讀物

1. Billmeyer, F. W., *"Textbook of Polymer Science,"* 2nd ed., Chap 6, John Wiley & Sons, New York, 1971.

習 題

6-1 凱爾文 *Kelvin* 於1857年證明

$$\left(\frac{\partial f}{\partial T}\right)_{P,l} = \frac{C_P}{T}\left(\frac{\partial T}{\partial l}\right)_P, \ adiabatic$$

其中 C_P 爲熱容量。將一橡皮筋急速拉長並以唇觸之，可覺察橡皮筋變冷。急速移去張力，令伸長的橡皮筋收縮，可覺察橡皮筋變熱。試藉上式解釋上述現象，無須考慮可能發生的結晶現象。

6-2 不受應力作用的橡皮筋受熱時伸長。被一負荷拉長的橡皮筋受熱時縮短（負荷不變）。試加以解釋。

6-3 試由 (6-11) 式證明理想橡膠在一定伸長率之下，

$$f = 常數 \times T$$

6-4 聚異丁烯 (*PIB*) 的流動活化能 E_r 等於 $8,830cal/g\ mole$，問在什麼溫度下 *PIB* 的黏度等於其在 $300°F$ 的黏度的一半？ 〔答：$353°F$〕

6-5 試由 (6-19b) 式證明 $\bar{M}_w$ 減小18.4%，可使其 η_0 減半。

6-6 在許多應用場合，非牛頓型流體的流動可用乘方定律 (*power law*) 描述之，亦即

$$\tau = K(\dot{\gamma})^n$$

其中 K 爲一常數，稱爲稠度 (*consistency*)，n 稱爲流動指數 (*melt index*)。視 n 值的大小而定，乘方定律流體可能爲牛頓型流體，擬塑性流體或膨脹性流體。試指出對應於上述各種流體的 n 值。

6-7 另一種機械驗試稱爲工程應力─應變試驗 (*engineering stress-straintest*)。試驗時張應變速率保持不變，亦即 $d\epsilon/dt = k$，k 爲一常數。求馬克斯威爾元件在工程應力─應變試驗中的響應。當 $t=0$ 時，$\epsilon=0$。

$$\left\{答：\sigma = k\eta\left[1 - exp\left(-\frac{E\epsilon}{k\eta}\right)\right]\right\}$$

6-8 試應用 *WLF* 方程式由圖6-18中的主曲線獲得聚異丁烯的 $logE_r(t=1h_r)$ 對 T 曲線（類似圖6-1者）。聚異丁烯的 $T_g = -70°C$。

第七章　逐步聚合反應

如前所述，聚合反應依其反應機構可分爲逐步聚合反應與鏈鎖聚合反應兩種。本章討論逐步聚合反應，鏈鎖反應則於其次數章加以討論。

傳統的縮合聚合（聚縮合）反應屬於逐步聚合反應。此等反應放出小分子，而且其所產生的聚合體鏈由**連結基**或**結**（*linkage*）連接而成。此外，縮合聚合體鏈的主幹由碳及其他原子所構成，屬於雜鏈聚合體。若干具有代表性的逐步反應聚合體及其聚合反應列於表7—1。

7-1　逐步聚合反應統計學〔1〕（*Statistic of Stepwise Polymerization*）

最具代表性的逐步聚合反應爲羥羧酸的自縮合反應及二醇與二酸的縮合反應：

$$x \text{ H ORCO OH} \longrightarrow \text{H}\{\text{O}-\text{R}-\overset{\overset{\displaystyle O}{\|}}{\text{C}}\}_x\text{OH}+(x-1)\text{H}_2\text{O} \qquad (7\text{-}1)$$

$$\frac{x}{2} \text{ H ORO H} + \frac{x}{2} \text{ HO OCR'CO OH} \longrightarrow$$

$$\text{H}\{\text{O}-\text{R}-\text{O}-\overset{\overset{\displaystyle O}{\|}}{\text{C}}-\text{R}'-\overset{\overset{\displaystyle O}{\|}}{\text{C}}\}_{x/2}\text{OH}+(x-1)\text{H}_2\text{O} \qquad (7\text{-}2)$$

逐步聚合反應爲一平衡程序。當平衡達成時反應停止。因此需設法移去縮合反應所放出的副產物以提高轉化率。

處理逐步聚合反應時須使用一基本假設——**分子鏈末端官能基的**

反應性 (*reactivity*) 不受鏈長的影響。如此，末端羥基與末端羧基反應的速率常數不受 x 的影響。實驗顯示，若 x 大於 5 或 6，此一假設

表 7-1 典型的逐步反應聚合體

種　類	結	反	應

聚酯
(*Polyester*)　$-\overset{O}{\overset{\|}{C}}-O-$　$n\ HORCO_2H \rightarrow H\{O-R-\overset{O}{\overset{\|}{C}}\}_n OH + (n-1)H_2O$

$n\ HOROH + n\ HO_2CR'CO_2H \rightarrow$

$H\{O-R-O-\overset{O}{\overset{\|}{C}}-R'-\overset{O}{\overset{\|}{C}}\}_n OH + (2n-1)H_2O$

$n\ HOROH + n\ R''O_2CR'CO_2R'' \rightarrow$

$H\{O-R-O-\overset{O}{\overset{\|}{C}}-R'-\overset{O}{\overset{\|}{C}}\}_n OR'' + (2n-1)R''OH$

$n\ HOR\ OH + n\ ClCOR'COCl \rightarrow H\{O-R-O-\overset{O}{\overset{\|}{C}}-R'-\overset{O}{\overset{\|}{C}}\}_n Cl$
$+ (2n-1)HCl$

$n\ X\ R\ X + n\ MO_2CR'CO_2M \rightarrow X\{R-O-\overset{O}{\overset{\|}{C}}-R'-\overset{O}{\overset{\|}{C}}-O\}_n\ M$
$+ (2n-1)MX$

$n\ \overset{CH_2OH}{\underset{CH_2OH}{\overset{|}{\underset{|}{CHOH}}}} + m\ HO_2CR'CO_2H \rightarrow$ 立體網狀聚合體 $+ kH_2O$

聚酸酐
(*Polyan-hydride*)　$-\overset{O}{\overset{\|}{C}}-O-\overset{O}{\overset{\|}{C}}-$　$n\ HO_2CRCO_2H \rightarrow HO\{R-\overset{O}{\overset{\|}{C}}-O\}_n\ H + (n-1)H_2O$

聚縮醛
(*Polyacetal*)　$-O-\overset{H}{\underset{R}{\overset{|}{\underset{|}{C}}}}-O-$　$(n+1)HOROH + n\ CH_2(OR') \rightarrow$

$HO\{R-O-\overset{H}{\underset{H}{\overset{|}{\underset{|}{C}}}}-O\}_n ROH + 2n\ R'OH$

聚醯胺
(*Polyamide*)　$-\overset{O}{\overset{\|}{C}}-NH-$　$n\ H_2NRCOOH \rightarrow H\{NH-R-\overset{O}{\overset{\|}{C}}\}_n\ OH + (n-1)H_2O$

$n\ H_2NRNH_2 + n\ HO_2CR'CO_2H \rightarrow$

$$H\{NH-R-NH-\overset{O}{\underset{}{C}}-R'-\overset{O}{\underset{}{C}}\}_n\ OH+(2n-1)H_2O$$

$$n\ H_2NRNH_2+n\ ClCOR'COCl\xrightarrow{\text{鹼}}$$

$$H\{NH-R-NH-\overset{O}{\underset{}{C}}-R'-\overset{O}{\underset{}{C}}\}_n\ Cl+(2n-1)HCl$$

$$n\ H_2NRNH_2+n\ R''O_2CR'CO_2R''\rightarrow$$

$$H\{NH-R-NH-\overset{O}{\underset{}{C}}-R'-\overset{O}{\underset{}{C}}\}_n\ OR''+(2n-1)R''OH$$

聚　脲
(*Polyurea*)　$-NH-\overset{O}{\underset{}{C}}-NH-$

$$n\ H_2NRNH_2+n\ OCNR'NCO\rightarrow$$

$$\{NH-R-NH-\overset{O}{\underset{}{C}}-NH-R'-NH-\overset{O}{\underset{}{C}}\}_n$$

聚烏拉坦
(*Polyure-*
thane)　$-O-\overset{O}{\underset{}{C}}-NH-$　$n\ HOROH+n\ OCNR'NCO\rightarrow$

$$\{O-R-O-\overset{O}{\underset{}{C}}-NH-R'-NH-\overset{O}{\underset{}{C}}\}_n$$

酚醛
(*Phenol-*
aldehyde)　$-CH_2-$
　　　　　$-CH_2OCH_2-$　$(n+1)$ ⬡ $+(n+1)CH_2O\rightarrow$ ⬡ $+H_2O$

⬡$+CH_2O\rightarrow H_2O+$ 立體網狀聚合體, 其結 $-CH_2-$ 及

$-CH_2OCH_2-$ 連至 OH 基的鄰位與對位。

脲醛
(*Urea-*
aldehyde)
　　　　$-NH-CHR-NH-$
　　　　$-CHR-N-CHR-$
　　　　　　　　$|$
　　　　　　　$CHR-$

$$H_2NCONH_2+RCHO\rightarrow$$

$$-NH-\overset{\overset{\displaystyle O}{\|}}{C}-NH-CHR-\overset{\overset{\displaystyle \underset{|}{N}}{}}{C}-\overset{\overset{\displaystyle O}{\|}}{C}-NH+H_2O$$

（中間結構）CHR O

NH—C—NH—CHR—　　立體網狀聚合體

聚硫化物　—S—　　　n ClRCl+n Na$_2$S→Cl{R—S}$_n$ Na+(2n−1)NaCl
(*Polysulfide*)

—S—S—　　$(n+1)$HSRSH $\overset{[O]}{\longrightarrow}$ HS{R—S—S}$_n$RSH+nH$_2$O

$$\underset{\overset{\|}{\underset{\displaystyle S}{}}}{\overset{\overset{\displaystyle S}{\|}}{}}—S—\underset{\overset{\|}{\underset{\displaystyle S}{}}}{\overset{\overset{\displaystyle S}{\|}}{}}S—$$ 　n　ClRCl+Na$_2$S$_4$→Cl{R—S—S}$_n$ Na+(2n−1)NaCl

聚矽醚　　　R　　R　　　　R　　　　　R
(*Polysiloxane*)　—Si—O—Si—　n　HO—Si—OH→HO—{Si—O}$_n$H+(n−1)H$_2$O
　　　　　　R　　R　　　　R　　　　　R

　　　　R　　R　　　R　　　　OH
　　　Si—O—Si—　HO—Si—OH+HO—Si—OH→立體網狀聚合體+H$_2$O
　　　　R　　O　　　R　　　　OH
　　　　　　R—Si—R

頗爲合理。因實用聚合體的聚合度 x 至少大於 50，此一假設不致於產生過份的誤差。

　　爲便於討論起見，我們將採用下列二通式：

$$x(ARB) \qquad\qquad \rightarrow ARB'\{A'RB'\}_{x-2}A'RB \qquad\qquad (7\text{-}3)$$

$$\frac{x}{2}(ARA)+\frac{x}{2}(BR'B)\rightarrow ARA'\{B'RB'-A'RA'\}_{(x/2-1)}B'R'B \quad (7\text{-}4)$$

其中 A 與 B 爲官能基，A′ 與 B′ 分別爲反應過的A與B在聚合體鏈中的剩餘部份。在此我們並不示出縮合反應所放出的小分子，而且我們假設這些副產物一產生即被移去。若以 (7-1) 與 (7-2) 兩反應爲例，則A爲羥基 —OH，B爲羧基—COOH。我們特別在這兩式中圈出 —OH 與 —COOH 在反應中喪失的部份。如此可見此二基反應

後的剩餘部份爲 $A'=O$, $B'=CO$。 這也就是寫聚酯的構造式時習慣上常將酯結 (*ester linkage*) 分開的理由。

應注意，在此我們以 x **表示構造單位**（或單體單位）**的數目而非重複單位的數目**。就 $ARB'\{A'RB'\}_{x-2}A'RB$ 而論重複單位亦卽構造單位 $A'RB'$，但就 $ARA'\{B'R'B'-A'RA'\}_{(x/2-1)}B'R'B$ 而論重複單位由 $B'R'B'$ 及 $A'RA'$ 兩構造單位所組成。此兩聚合體所含未反應的A基及已反應的A基（卽A'）的總數爲 x；換言之，此兩聚合體含1未反應的A基（位於分子鏈末端）及 $(x-1)$ 已反應的A基。

令　$p=$發現1A基已反應的或然率(*probability*)，亦卽反應的**轉化率** (*conversion*)

$(1-p)=$發現1A基未反應的或然率

$N=$出現於反應混合物中的總分子數（包括所有大小分子，不計縮合副產物）

$N_x=$含 x 個A基（包括已反應及未反應者）的分子的數目

如此 $N=\sum\limits_{x=1}^{\infty}N_x$

發現一含有 xA 基（包括已反應及未反應者）的分子鏈的或然率應等於這些分子在反應混合物中所佔的數目分率或莫耳分率 N_x/N。這又等於發現1含有 $(x-1)$ 已反應A基及1未反應A基的分子的或然率。因總或然率等於諸或然率的積，

$$N_x/N=p^{(x-1)}(1-p)=x \text{ 體的莫耳（或數目）分率} \quad (7\text{-}5)$$

此式提供在各轉化率 p 的分子鏈長分布情形。此分布是由不同鏈長的分子無規則反應所造成。圖 7-1 示線型逐步反應聚合體中分子鏈的數目或莫耳分率分布。由此圖可見在各反應階段單體的數目總是比其他分子大，而且分子鏈愈長其數目愈小。

7-2 數目平均聚合度與卡洛瑟斯方程式 (*Number Average Degree of Polymerization and Carothers' Equation*)

我們在前數章將聚合度 DP 定爲一聚合體分子鏈所含重複單位的數目。爲便於討論起見，我們將對聚合度重新下一定義。本章所用聚合度一詞係指聚合體的鏈長 (*chain length*) 而言；換言之，**聚合度即一聚合體分子所含構造單位的數目**。實際上聚合度的定義並非獨一無二的。不同的文獻對聚合度有不同的定義。國際純粹及應用化學聯合會並不硬性規定聚合度的定義。該學會允許使用不同的定義但要求作者在各種場合言明聚合度的意義。此外本章將常提及 x 體一詞。x 體 (*x-mer*) 卽含有 x 個構造單位或單體單位的分子。

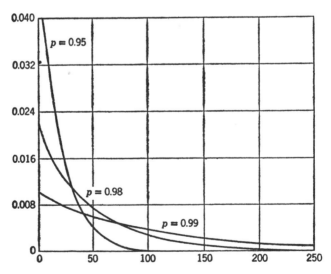

圖 7-1 線型逐步反應聚合體中分子鏈的數目或莫耳分率分布

因鏈長的分布總是發生於聚合反應系，故有必要決定平均鏈長或平均聚合度。設 N_0 爲最初出現於反應系的單體分子總數，則反應開始時有 N_0 未反應的 A 基，而在反應過程中的某一特殊時間有 N 未反應的 A 基（平均每個分子有一未反應的 A 基，假設最初出現的 A 基與 B 基數目相等）。此時有 $(N_0 - N) A$ 基已反應。因此轉化率爲

$$p = \frac{N_0 - N}{N_0} = \text{一個 } A \text{ 基已反應的或然率} \tag{7-6}$$

因 N_0 個單體單位（每個單體形成一單體單位或構造單位）分布於反應系內的 N 個分子中，每分子鏈所含單體單位或構造單位的平均數目——數目平均鏈長 x_n 或數目平均聚合度 $\overline{DP}$ 爲

$$x_n = \overline{DP} = N_0/N \tag{7-7}$$

合併 (7-6) 與 (7-7) 兩式得

$$x_n = \frac{1}{1-p} \tag{7-8}$$

此一簡單的關係數爲卡洛瑟斯 (*W. H. Carothers*) [2] 於 1930 年間所導出，稱爲**卡洛瑟斯方程式**。前已提及，具有實用價值的聚合體其 x_n 至少爲 50；換言之，逐步聚合反應的轉化率至少等於 98%。然而一般有機化學中 98% 的轉化率是很少見的。反應混合物中若有少量的雜質，可能發生副反應而無法獲得高產率。早期的聚合體化學家無法獲得高分子聚酯實在是由於單體的純度不夠。

〔**例 7-1**〕某化學公司以一分批式反應槽 (*batch reactor*) 由一羥羧酸 HORCOOH 製造一線型聚酯。有人建議藉反應槽放出的水份估計反應進行的程度。假設所用單體爲純單體而且縮合反應所放出的水可除去並加以稱量。試導出一公式表示 x_n 與加入的單體莫耳數 N_0 及反應開始以後所收集的水的莫耳數 M 之間的關係。

〔解〕 在縮合反應中每一已反應的 $-OH$ 基（或$-COOH$ 基）產生一分子水。因此已反應的 $-OH$ 基的莫耳數等於M，發現一 $-OH$ 基已反應的或然率為

$$p=M/N_0=\frac{\text{已反應}-OH \text{ 基的莫耳數}}{\text{總}-OH \text{ 基的莫耳數}}$$

以 p 之值代入卡洛瑟斯方程式得

$$\bar{x}_n=\frac{1}{1-(M/N_0)}$$

7-3 控制分子量的方法 (*Molecular Weight Control*)

光是高轉化率仍然不能保證逐步聚合反應的成功。除高轉化率外尚須極力設法滿足下列三條件：(1) 官能基的當量相等，(2) 無副反應，(3) 高單體純度。第一與第二兩條件暗示第三條件。

假設最初兩種基出現的數目不等，例如 ARA 與 $BR'B$ 的莫耳數不等。以 N_A 及 N_B 分別代表A基與 B 基最初出現的數目。假設 $N_A<N_B$，則兩者的比值 $r=N_A/N_B<1$。最初單體的總數為 $(N_A+N_B)/2=N_A(1+1/r)/2$。令 p 為 A 基的轉化率，則B基的轉化率等於 rp。未反應的基的總數等於 $N_A(1-p)+N_B(1-rp)=N_A[1-p+(1-rp)/r]$，此一數值等於分子鏈總數的兩倍。因此數目平均鏈長為

$$\bar{x}_n=\frac{N_A(1+1/r)/2}{N_A[1-p+(1-rp)/r]/2}=\frac{1+r}{1+r-2rp} \qquad (7\text{-}9)$$

若 $N_A=N_B$，亦即 $r=1$，則上式簡化成 (7-8) 式。

茲檢視兩種基不合化學計量關係對聚合度的影響。假設轉化率為 1，則 (7-9) 式變為

$$\bar{x}_n=\frac{1+r}{1-r} \qquad (p=1) \qquad (7\text{-}10)$$

若 $r=1$, 所有單體分子化合成單一分子, 而 x_n 值幾乎爲無窮大。將 r 值降至 0.99 使 x_n 降至 199; 將 r 值降至 0.95 使 x_n 降至 39。由此可知欲得高聚合度除高轉化率之外, 尚需各種基的數目合乎化學計量關係。 就工業上所用單體的純度及稱量技術而論, 這些條件不易達到。幸虧工業上製造縮合聚合體有其補救辦法。例如由二酸與二醇製造聚酯可加入過量的二醇。當所有分子鏈的兩端被 —OH 基封鎖時反應將停止。但若所用的二醇 (例如乙二醇 $HOCH_2CH_2OH$) 具有足夠的揮發性可藉眞空除去過剩的二醇, 則反應可繼續進行而有可能獲得高聚合體。

(7-10) 式說明加入過量的二官能反應物 (而不在反應中除去) 或加入少量的單官能反應物可有效地控制縮合聚合體的分子量。

7-4 逐步反應聚合體的重量分率分布及各種平均分子量 (*Weighte Fraction Distribution and Average Molecular Weights of Step-Reaction Polymers*)

令 W_x 表示具有 x 單體單位的聚合體的重量, W 表示所有分子鏈 (包括單體, 不計縮合反應放出的分子) 的總重量, 則 $(W_x/W)=$ x 體的重量分率。令 $m=$ 一構造單位的平均分子量。就聚合體 $ARB'\{A'RB'\}_{x-2}A'RB$ 而論, m 等於重複單位的分子量; 就 $ARA'\{B'R'B'-A'RA'\}_{(x/2-1)}B'R'B$ 而論, m 等於重複單位分子量的一半。如此,

x 體的重量 $=mxN_x$

總重量 $=W=mN_0$

$$\frac{W_x}{W}=\frac{xN_x}{N_0} \tag{7-11}$$

將 (7-5)、(7-6) 及 (7-7) 兩式代入 (7-11) 式得

$$\frac{W_x}{W} = xp^{(x-1)}(1-p)^2 \tag{7-12}$$

此一重量分率分布示於圖 7-2。雖然單體分子的數目最大，它們的重量和在總重量中所佔的比例甚小。對應於每特殊轉化率 p 的重量分率分布曲線均有一巔峯（極大）。巔峯位於 $x = -1/\ln p \cong 1/(1-p)$；換言之，重量分率最大的分子鏈約含有 x_n 單體單位。重量分率分布曲線的巔峯位置隨轉化率的增加而往右移動。在推導以上關係式時我們假設縮合反應的副產物如 H_2O 等可隨時移去，而工業上製造縮合聚合

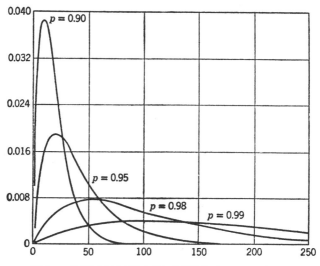

圖 7-2　線型逐步反應聚合體中分子鏈的重量分率分布曲線

體的過程中確實不斷移去此等副產物。這些副產物可藉加熱或抽氣而除去。又我們假設由 x 個單體縮合而成的聚合體其分子量等於 mx；換言之，我們假定 $ARB'\{A'RB'\}_{x-2}A'RB$ 的分子量等於 mx。實際上此分子兩端的官能基未反應，因此其實際分子量大於 mx。但若 x_n 充分大則所導入的誤差很小而可忽略。若縮合反應的副產品不被移去，則情形較爲複雜，詳細討論見文獻〔3〕。

在此我們可計算各種平均分子量。

(1) 數目平均分子量

$$\bar{M}_n=\frac{\sum\limits_{x=1}^{\infty}(mx)N_x}{\sum\limits_{x=1}^{\infty}N_x}=\frac{\sum\limits_{x=1}^{\infty}(mx)Np^{(x-1)}(1-p)}{N}=m(1-p)\sum\limits_{x=1}^{\infty}xp^{(x-1)}$$

而 $\sum\limits_{x=1}^{\infty}p^{(x-1)}$ 爲 $1/(1-p)$ 的冪級數(*power series*),

$$\sum\limits_{x=1}^{\infty}p^{(x-1)}=1+p+p^2+p^3+\cdots\cdots=\frac{1}{1-p}$$

$$xp^{(x-1)}=\frac{d}{dp}(p^x)$$

$$\sum\limits_{x=1}^{\infty}xp^{(x-1)}=\frac{d}{dp}\sum\limits_{x=1}^{\infty}p^x=\frac{d}{dp}\left(\frac{p}{1-p}\right)=\frac{1}{(1-p)^2}$$

故得　　　　　$$\bar{M}_n=\frac{m(1-p)}{(1-p)^2}=\frac{m}{(1-p)}\qquad(7\text{-}13)$$

由數目平均分子量可得數目平均鏈長或數目平均聚合度如下:

$$x_n=\bar{M}_n/m=\frac{1}{1-p}$$

此與 (7-8) 式無異。當然我們也可利用 (7-8) 式計算 $\bar{M}_n$。

(2) 重量平均分子量

$$\bar{M}_w=\frac{\sum\limits_{x=1}^{\infty}N_xM'_x}{\sum\limits_{x=1}^{\infty}N_xM_x}=\sum\limits_{x=1}^{\infty}\frac{W_x}{W}M_x$$

其中 $M_x=mx=x$ 體的分子量。將 (7-12) 式代入上式得

$$\bar{M}_w=\sum\limits_{x=1}^{\infty}x\,p^{(x-1)}(1-p)^2m\,x=m(1-p)^2\sum\limits_{x=1}^{\infty}x^2p^{(x-1)}$$

而　　　　$$\sum\limits_{x=1}^{\infty}x^2p^{(x-1)}=\frac{d}{dp}\sum\limits_{x=1}^{\infty}xp^x=\frac{d}{dp}\frac{p}{(1-p)^2}=\frac{1+p}{(1-p)^3}$$

故得　　　　　$$\bar{M}_w=\frac{1+p}{1-p}m\qquad(7\text{-}14)$$

重量平均鏈長或重量平均聚合度 x_w 爲

$$\bar{x}_w = \frac{\bar{M}_w}{m} = \frac{1+p}{1-p} \tag{7-15}$$

（3） z 平均分子量

$$\bar{M}_z = \frac{\sum_{x=1}^{\infty} N_x M_x^3}{\sum_{x=1}^{\infty} N_x M_x^2} = \frac{\sum_{x=1}^{\infty} N p^{(x-1)}(1-p)m^3 x^3}{\sum_{x=1}^{\infty} N p^{(x-1)}(1-p)m^2 x^2}$$

$$= \frac{m \sum_{x=1}^{\infty} x^3 p^{(x-1)}}{\sum_{x=1}^{\infty} x^2 p^{(x-1)}}$$

依類似方法可得

$$\bar{M}_z = \frac{1+4p+p^2}{1-p^2} m \tag{7-16}$$

z 平均鏈長或 z 平均聚合度 x_z 爲

$$x_z = \bar{M}_z / m = \frac{1+4p+p^2}{1-p^2} \tag{7-17}$$

由 （7-13） 與 （7-14） 兩式可得縮合聚合體的分子量分布指數 $\bar{M}_w / \bar{M}_n$,

$$\frac{\bar{M}_w}{\bar{M}_n} = \frac{x_w}{x_n} = 1+p \qquad (0 \leq p \leq 1) \tag{7-18}$$

就實用縮合聚合體而論 p 甚接近於 1，故其分子量分布指數接近於 2。

7-5　多官能逐步聚合反應 〔1〕 (*Polyfunctional Stepwise Polymerization*)

假若聚合反應的反應物平均每分子具有多於 2 官能基，則可能在反應的某階段產生分子量無限大的立體網狀聚合體。在多官能反應系

中當反應進行到某階段時，反應混合物的黏度 η 變度爲甚大以致於反應介質失去流動性而氣泡無法自其內部上升， 此種現象稱爲**凝膠化**（gelation），而此點稱爲**凝膠點**（gel point）。

凝膠化發生時並非所有反應系物料變爲不溶解於溶劑。實際上凝膠只佔反應混合物的一小部份，凝膠化的發生只需少數極大的分子。能溶解於溶劑的部份稱爲**溶膠**（sol）， 而不能溶解的部份稱爲**凝膠**（gel）。

前已提及，至少須有一種反應物具有 3 或更多官能基才能獲得立體網狀（交連）分子。官能數等於 3 或更大的單體單位稱爲**分支單位**（branch unit）。聚合體分子中位於兩分支單位之間的部份不管長度多大都稱爲**鏈部份**（chain section）。若分子鏈中有一部份只有一端與一分支單位相接或兩端都不與分支單位相接，此部份也稱爲鏈部份。聚合體分子若有 3 或更多鏈部份自一點發出，則此點稱爲**分支點**（branch point）。

多官能逐步聚合反應的統計處理法亦假設一官能基的反應性（反應或然率）不受分子大小、該官能基在分子中的位置以及同分子中其他官能基的數目的影響。此一假設並非總是正確；例如甘油的二級羥基（secondary hydroxyl group）（位於中間碳分子者）的反應性小於兩個一級（primary）羥基（位於兩端者）。另一假設是同分子上的兩種官能基不互相反應。當然實際上同分子上的兩種官能基也有可能互相反應。

假設一多官能系含有一種多官能單體 RA_f 及二種二官能單體，$R'A_2$ 與 $R''B_2$。可能形成的鏈段有下列三類：

$$AR'A'\{B'R''B' - A'R'A'\}_i B'R''B$$

$$(\text{I})$$

$$AR'A'\{B'R''B' - A'R'A'\}_iB'R''B' - A'RA_{f-1}$$

（Ⅱ）

$$A_{f-1}RA'\{B'R''B' - A'R'A'\}_iB'R''B' - A'RA_{f-1}$$

（Ⅲ）

其中 i 的數目可能爲任何數目；f 爲分支單位的官能數（*functionality*）。 分支單位上某官能基連接至另一分支單位的或然率稱爲**分支係數**（*branching coefficient*），以 α 表示之。分支系數 α 隨反應進行的程度而異。設官能基 A 與 B 的轉化率（已反應的或然率）分別爲 p_A 與 p_B，分支單位上的 A 基在所有 A 基中所佔的比率爲 ρ，則 B 基已與分支單位上的一 A 基反應的或然率爲 $p_B\rho$；已與二官能單位上的 A 基反應的或然率爲 $p_B(1-\rho)$。鏈段類型（Ⅲ）產生的或然率爲

$$p_A[p_B(1-\rho)p_A]^ip_B\rho$$

因 i 可能爲任何數目，分支單位上某官能基連至另一分支單位的或然率爲

$$\begin{aligned}
\alpha &= \sum_{i=0}^{\infty}p_A[p_B(1-\rho)p_A]^ip_B\rho \\
&= p_Ap_B\rho\{1+[p_B(1-\rho)p_A]+[p_B(1-\rho)p_A]^2+\cdots\cdots\} \\
&= \frac{p_Ap_B\rho}{1-p_Ap_B(1-\rho)}
\end{aligned} \tag{7-19}$$

令最初 A 的數目 N_A 與 B 的數目的 N_B 比值爲 $r=N_A/N_B$，則 $p_B=rp_A$。（7-19）式可改寫爲

$$\alpha = \frac{rp_A^2\rho}{1-rp_A^2(1-\rho)} = \frac{p_B^2\rho}{r-p_B^2(1-\rho)} \tag{7-20}$$

在特殊情形下可得更簡單的關係式。

(1) A 基與 B 基的數目相等，$N_A=N_B$，$r=1$，$p_A=p_B=p$，

$$\alpha = \frac{p^2\rho}{1-p^2(1-\rho)} \qquad (r=1) \tag{7-21}$$

(2) 無 $R'A_2$ 出現，$\rho=1$，

$$\alpha=rp_A^2=\frac{p_B^2}{r} \qquad (\rho=1) \qquad (7\text{-}22)$$

(3) A 基與 B 基的數目相等，且無 $R'A_2$ 出現，

$$\alpha=p^2 \qquad (r=\rho=1) \qquad (7\text{-}23)$$

最後，若只有多官能單位出現，則一多官能單位上的一官能基接至另一多官能單位的或然率等於該官能基已反應的或然率。

$$\alpha=p \qquad （只有分支單位出現）(7\text{-}24)$$

凝膠發生的判據為，自鏈段類型（Ⅲ）的末端發出的 $(f-1)$ 鏈段之中至少有一鏈段接至另一分支單位；換言之，此 $(f-1)$ 鏈段中的每一鏈段接至另一分支單位的或然率不得小於 $1/(f-1)$，凝化才能發生。此一臨界值稱為**臨界分支係數** α_c，

$$\alpha_c=\frac{1}{f-1} \qquad (7\text{-}25)$$

若有二類或更多類分支單位出現，則上式中的 f 取所有分支單位的平均 f 值。

在一系列甘油（*glycerol*）與二酸的實驗中，凝膠化發生於 $p=0.765$。應用 (7-23) 式可得 $\alpha_c=p^2=0.58$。由 (7-25) 式所得理論值為 $\alpha_c=0.5$。誤差之所以發生主要是因為甘油的二級羥基的反應性小於其一級羥基。

多官能系的分子量分布較為複雜，詳細討論見文獻〔1〕。

7-6 逐步聚合反應動力學 (*Kinetics of Stepwise Polymerization*)

若假設官能基的反應性不受分子量的影響，逐步聚合反應動力學相當簡單。本節將以二醇與二酸的聚縮合（*polycondensation*）為例加

以說明。酸可催化此種反應。假若不加強酸，則反應物的酸作爲觸媒（催化劑），而反應速率（亦卽—COOH 基消失的速率）爲

$$-\frac{d[COOH]}{dt}=k[COOH]^2[OH] \tag{7-26}$$

測量反應混合物中羧基濃度〔COOH〕變化的情形可推測反應程度。實際上二醇與二酸的反應爲一平衡反應，當平衡達成時，順反應與逆反應的速率相等。但在反應初期，反應距離平衡尚遠，逆反應甚慢而可忽略，故可使用 (7-26) 式。若羧基與羥基的初濃度 C_0 相等，則兩種基的濃度 C 在反應過程中的任何時間亦相等。(7-26) 式可改寫爲

$$-\frac{dC}{dt}=kC^3$$

積分上式，並應用 $t=0, C=C_0$ 的關係可得

$$2kt=\frac{1}{C^2}-\frac{1}{C_0^2} \tag{7-27}$$

反應程度或轉化率 p 爲在時間 t 已反應的官能基在所有官能基中所佔的分率，

$$C=C_0(1-p)$$

代入 (7-27) 式得

$$2C_0^2kt=\frac{1}{(1-p)^2}-1 \tag{7-28}$$

以 $1/(1-p)^2$ 對 t 劃圖應可得一直線。圖 7-3 示典型的實驗數據。可見 (7-26) 在反應時間的一大範圍內有效。在反應初期及末期 (7-28) 式並不準確。

假若只有二官能反應物出現，而且無副反應發生，則未反應的羧基的數目等於反應系內的分子總數 N。羧基的最初數目等於構造單位總數 N_0。數目平均鏈長或數目平均聚合度爲

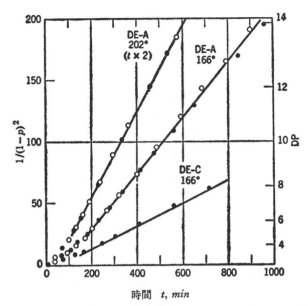

圖 7-3 二乙二醇 (*diethylene glycol*, DE) (HO CH₂CH₂·O·CH₂CH₂OH)
與己二酸 (*Adipic acid*, A) 及二乙二醇與己酸 (*Caproic acid*, C)
的反應數據。DE-A 在 220°C 的反應時間值已乘 2。

$$x_n = \overline{DP} = \frac{N_0}{N} = \frac{C_0}{C} = \frac{1}{1-p}$$

此一方程式亦即卡洛瑟斯方程式。

由圖 7-3 可見不加催化劑的酯化反應 (*esterification*) 需時甚長
才能達到高聚合度。加入少量催化劑可大大加速反應。因加入的催化
劑的濃度不變，其濃度可併入速率常數。

$$-\frac{d[\text{COOH}]}{dt} = k'[\text{COOH}][\text{OH}]$$

$$\frac{dC}{dt} = k'C^2$$

$$C_0 k' t = \frac{1}{1-p} - 1 \tag{7-29}$$

在此場合，x_n 與時間 t 之間有一線性關係存在，如圖 7-4 所示。若

干類似實驗顯示 (7-29) 式的有效範圍至少高達 $x_n = 90$, 此一聚合度對應於分子量 10,000。

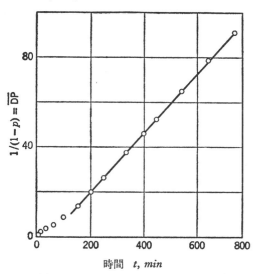

圖 7-4 二乙醇與己二酸的反應數據。此反應以 0.4 莫耳%對-甲苯磺酸 (*p-toluesulfonic acid*) 催化之。

文　獻

1. Flory., P.J., *Principle of Polymer Chemistry*, Cornell University Press, Ithaca, N.Y., 1953

2. Carothers, W.H., "An Introduction to the General Theory of Condensation Polymers," *J. Am. Chem. Soc.* 51, 2548-2559, 1929.

3. Grethlein,H.E. "Exat Weight Fraction Distribution in Linear Condensation Polymerization," *Ind. and Eng. Chem. Fundam.*, 8,No. 206, 1969.

補充讀物

1. Billmeyer, F. W. Jr., *Textbook of Polymer Science*, 2nd ed., chap, 8, John Wiley and Sons, Inc., New York, 1971.

2, Williams, D. J. *Polymer Science and Engineering*, Prentice-Hall Inc., Englewood, N. J., 1971.

習 題

7-1 令 1.1莫耳乙二醇 (*ethylene glycol*) $HOCH_2CH_2OH$ 與 1.0 莫耳 對 酞 酸 (*terephthalic acid*) $HOOC\!-\!\langle\bigcirc\rangle\!-\!COOH$ 反應直至所有酸基轉變爲 酯結 (*ester linkages*)。假設反應所產生的 H_2O 隨時汽化而移去。試寫出 反應式，並計算 $\bar{x}_n$。若再施以眞空以除去 0.099 莫耳乙二醇，試寫出反應 式，並計算最後的 $\bar{x}_n$ 值。假設聚合體不汽化。

7-2 設有一單體 ARB 原料含有 0.1% 單官能雜質 R'B，試導出此單體物料 聚縮合時的數目平均聚合度 $\bar{x}_n$。求可能獲得的最高 $\bar{x}_n$ 值。

7-3 試證明逐步反應聚合體的重量分率分布函數 W_x/W 有一極大 (*maximum*) 存在，且此極大發生於 $x=-1/ln\ p$。

7-4 試證明 (7-17) 式，並證明當 p 等於 1 時，$\bar{M}_n/\bar{M}_z=1/3$。

7-5 草酸 $\begin{matrix} CH_2COOH \\ | \\ CH_2COOH \end{matrix}$ ，乙二醇 $\begin{matrix} CH_2OH \\ | \\ CH_2OH \end{matrix}$ 及丙三酸 $\begin{matrix} CH_2COOH \\ | \\ CHCOOH \\ | \\ CH_2COOH \end{matrix}$ 以下列莫耳比率出

現：

　　　　草酸：乙二醇：丙三酸

(a) 0 : 3 : 2

(b) 1 : 4 : 2

(c) 2 : 6 : 2

(d) 3 : 8 : 2

求各混合物的凝膠點 (卽凝膠化發生時的轉化率 p_A)。

〔提示：應用 (7-20) 與 (7-25) 兩式〕

7-6 設二醇 HOROH 與二酸 HOOCR'COOH 在一强酸的催化之下反應。假 設 OH 與 COOH 的最初濃度分別爲 C_{A0} 與 C_{B00} 且 $C_{A0}<C_{B00}$ 試 導出 OH 的轉化率 p 與反應時間 t 的關係式。

第八章 自由根鏈鎖聚合反應

含有双重鍵 (*double bond*) 的單體常可進行鏈鎖 (加成) 聚合反應。此等單體包括**乙烯系單體** (*vinyl monomers*)、**二乙烯系單體** (*divinyl monomers*)、及 **1,3 二烯單體** (1, 3-*diene monomers*)。茲舉各類單體之一實例於次:

乙烯系單體　　苯乙烯　　　$CH_2=CH-\bigcirc$

二乙烯系單體　二乙烯苯　　$CH_2=CH-\bigcirc-CH=CH_2$

1,3二烯　　　丁二烯　　　$CH_2=CH-CH=CH_2$

在加成反應過程中，不飽和的單體單位以極高的速率逐個加至含有**活性中心** (*active center*) 的成長中的聚合體鏈。當單體單位加至成長中的鏈時，活性轉移至單體單位。因此活性中心總是位於鏈的末端。活性中心一產生，可在短時間內形成高聚合體。單體的加成速率可高達每秒 10^3 至 10^4 個。促成活性鏈的物種可能是**自由根** (*free radical*)、**陰離子** (*ion*)、**陽陰子** (*cation*) 或**配位錯合體** (*coordination complex*)。依此，鏈鎖 (加成) 聚合反應可分為自由根 (*free radical*)、陰離子 (*anionic*)、陽離子 (*cationic*) 及配位 (*coordination*) 四類聚合反應。各類加成反應有其共同點，亦有其不同點。本章討論自由根聚合反應，其餘三類加成反應則於第九章加以討論。

8-1　**自由根鏈鎖聚合反應機構** (*Mechanism of Free Radical Chain Polymerization*)

分子式爲 $CH_2=CHX$ 或 $CH_2=CXY$ 的單體稱爲**乙烯系單體** (*vinyl monomers*)。這類單體的聚合體稱爲乙烯系聚合體，是最常見的聚合體。式中的X與Y可能爲鹵素、烷基、酯基及苯基等。又式中所有氫被氟取代的單體亦可視爲乙烯系單體。自由根鏈鎖聚合反應的最著名實例爲乙烯系單體 $CH_2=CHX$ 的加成反應。

自由根 (*free radical*) 爲具有一不共用的電子的電中性物種。在以下討論中我們將以一點·代表「單一」電子。**單鍵** (*single bond*) 爲一對共用的電子，可以二點：表示之，或者若無必要表示電子組態時通常以一短線—表示之。**双重鍵** (*double bond*) 爲二對共用的電子，以：：或＝表示之。

鏈鎖聚合反應包括引發、傳播及終止三步驟。茲分述於次。

(1) 引發 (*Initiation*)

引發加成聚合反應的自由根通常由有機過氧化物 (*peroxide*) 或偶氮化合物 (*azo compound*) 的熱分解而產生。二著名實例爲過氧化二苯甲醯 (*benzoyl peroxide*) 與偶氮双異丁腈 (*azobisisobutyronitrile*)：

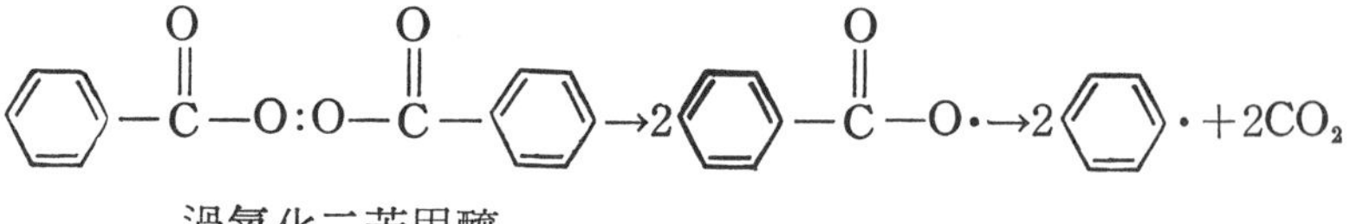

過氧化二苯甲醯

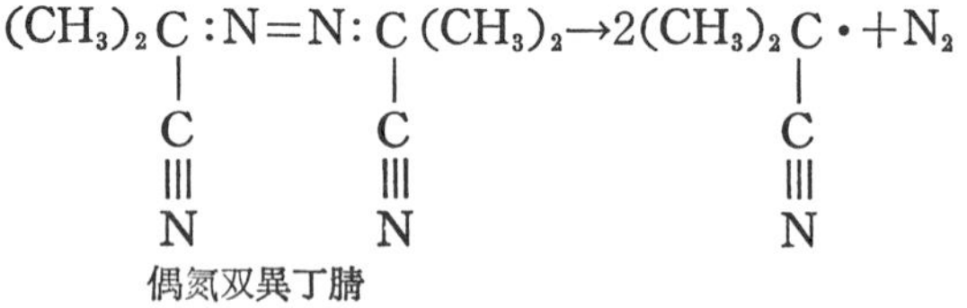

$$(CH_3)_2C:N=N:C(CH_3)_2 \rightarrow 2(CH_3)_2C\cdot+N_2$$

偶氮双異丁腈

此外尚可藉光子及高能射線分解共價化合物或藉氧化還元及電化學反應以產生自由根。

產生自由根的化合物稱爲**引發劑** (*initiator*)。每一引發劑分子 I

藉一級反應 (*first-order reaction*) 分解而產生二自由根 R·，

$$\text{I} \xrightarrow{k_d} 2\text{R·} \qquad \text{(分解)} \qquad (8\text{-}1)$$

式中 k_d 爲反應速率常數。

　　然後自由根與單體單位發生加成反應。反應的方法是，自由根自一單體分子中富有電子的双重鍵攫取一電子而與該單體單位形成一單鍵並促使單體單位的另一端帶一不共用的電子。

$$\text{R·} \;+\; \begin{matrix} \text{H} & \text{H} \\ | & | \\ \text{C} :: \text{C} \\ | & | \\ \text{H} & \text{X} \end{matrix} \rightarrow \text{R} : \begin{matrix} \text{H} & \text{H} \\ | & | \\ \text{C} : \text{C·} \\ | & | \\ \text{H} & \text{X} \end{matrix}$$

反應生成物仍爲一自由根，而不共用的電子的所在爲一活性中心。上式可以一簡式表示之：

$$\text{R·} \;+\; \text{M} \xrightarrow{k_a} \text{M}_1\text{·} \qquad \text{(加成)} \qquad (8\text{-}2)$$

其中M爲單體；M·爲活性鏈，其下標表示該鏈所含單體單位的數目。

　　(2) 傳播 (*Propagation*)

　　根鏈 (*chain radical*) 在引發步驟中形成之後能快速添加單體單位以傳播鏈鎖。

$$\text{R}-\begin{matrix} \text{H} & \text{H} \\ | & | \\ \text{C}-\text{C·} \\ | & | \\ \text{H} & \text{X} \end{matrix} + \begin{matrix} \text{H} & \text{H} \\ | & | \\ \text{C} :: \text{C} \\ | & | \\ \text{H} & \text{X} \end{matrix} \rightarrow \text{R}-\begin{matrix} \text{H} & \text{H} & \text{H} & \text{H} \\ | & | & | & | \\ \text{C}-\text{C} : \text{C} : \text{C·} \\ | & | & | & | \\ \text{H} & \text{X} & \text{H} & \text{X} \end{matrix}$$

上式可以一簡式表示之，

$$\text{M}_1\text{·} + \text{M} \xrightarrow{k_p} \text{M}_2\text{·}$$

根鏈添加單體之後，不共用的電子仍然位於鏈的末端，因此能繼續添加單體，

$$\text{M}_2\text{·} + \text{M} \xrightarrow{k_p} \text{M}_3\text{·}$$

．．．．．．．．．．．．．．．．．．．．．．．

一般而論，傳播反應可以一通式表示之，

$$M_x \cdot + M \xrightarrow{k_p} M \cdot_{x+1} \qquad (傳播) \qquad (8\text{-}3)$$

在此我們假設根鏈的反應性不受鏈長的影響，因此各傳播步驟的反應速率常數均爲 k_p。

(3) 終止 (*Termination*)

根鏈的成長可因下列二反應而終止。其中之一稱爲結合 (*combination*) 或偶合 (*coupling*)；

$$R-(CH_2CHX)_{x-1}-CH_2-\overset{\overset{H}{|}}{\underset{\underset{X}{|}}{C}} \cdot + \cdot \overset{\overset{H}{|}}{\underset{\underset{X}{|}}{C}}-CH_2-(CHXCH_2)_{y-1}-R$$

$$\longrightarrow R-(CH_2CHX)_{x-1}-CH_2-\overset{\overset{H}{|}}{\underset{\underset{X}{|}}{C}} : \overset{\overset{H}{|}}{\underset{\underset{X}{|}}{C}}-CH_2-(CHXCH_2)_{y-1}-R$$

或 $\qquad M_x \cdot + M_y \cdot \xrightarrow{k_{tc}} M_{x+y} \qquad (結合) \qquad (8\text{-}4a)$

另一終止反應稱爲歧化 (*disproportionation*)：

$$R-(CH_2CHX)_{x-1}-CH_2-\overset{\overset{H}{|}}{\underset{\underset{X}{|}}{C}} \cdot + \cdot \overset{\overset{H}{|}}{\underset{\underset{X}{|}}{C}}-CH_2-(CHXCH_2)_{y-1}-R$$

$$\longrightarrow R-(CH_2CHX)_{x-1}-CH=\overset{\overset{H}{|}}{\underset{\underset{X}{|}}{C}} + H : \overset{\overset{H}{|}}{\underset{\underset{X}{|}}{C}}-CH_2-(CHXCH_2)_{y-1}-R$$

或 $\qquad M_x \cdot + M_y \cdot \xrightarrow{k_{td}} M_x + M_y \qquad (歧化) \qquad (8\text{-}4b)$

在各終止步驟中，一對自由根互相反應而形成一電子對共價鍵，並失去其活性。兩終止反應的相對比例視聚合體種類及反應溫度而定。其反應速率常數分別爲 k_{tc} 與 k_{tdo}

8-2　自由根鏈鎖聚合反應動力學 (*Kinetics of Free Radical Chain Polymerization*)

實際上，並非所有由反應 (8-1) 所產生的自由根均能引發鏈鎖反應。若干自由根可能再結合或消耗於副反應。令 f 表示眞正能引發鏈鎖反應的自由根在所有自由根中所佔的分率。假設反應 (8-2) 的速率遠大於反應 (8-1)，換言之，**引發劑的分解反應爲控制速率的步驟**，**則引發速率** (*rate of initiation*) r_i 爲

$$r_i = \left(\frac{d[M_1\cdot]}{dt}\right)_i = 2fk_d[I] \qquad (\text{引發速率}) \qquad (8\text{-}5)$$

式中掛號代表濃度，濃度單位爲莫耳/升 (*mole/liter*)。

根據 (8-3) 式，**傳播速率**或單體消失的速率 r_p 爲

$$r_p = -\left(\frac{d[M]}{dt}\right)_p = k_p[M][M\cdot] \qquad (\text{傳播速率}) \qquad (8\text{-}6)$$

其中 $[M\cdot]$ 爲所有根鏈的總濃度。此處我們使用二假設：(1) 所有根鏈的反應性相等而不受鏈長度的影響，(2) 單體 M 消耗於引發步驟的速率遠小於消耗於傳播步驟中的速率而可忽略不計。

根鏈的消耗速率等於兩終止反應的速率和。因兩終止反應均爲二級反應 (*second order reaction*)，故**終止反應速率** (*rate of termination*) r_t 爲

$$r_t = -\frac{d[M\cdot]}{dt} = 2k_t[M\cdot]^2 \qquad (\text{終止速率}) \qquad (8\text{-}7)$$

此處 k_t 爲兩終止反應速率常數的和。

$$k_t = (k_{tc} + k_{td}) \tag{8-8}$$

因 (8-6) 與 (8-7) 兩式含一未知數 〔$M\cdot$〕，若不更進一步作一假設無法解此二式。若假設根鏈的濃度處於穩恆狀態 (steady state)，則可消去 (8-6) 與 (8-7) 兩式中的 〔$M\cdot$〕。在穩恆狀態下，〔$M\cdot$〕保持不變；換言之，根鏈產生的速率與消耗的速率相等，$r_i = r_t$，或

$$2fk_d[I] = 2k_t[M\cdot]^2 \tag{8-9}$$

由此式可解得根鏈的濃度。

$$[M\cdot] = \left(\frac{fk_d[I]}{k_t}\right)^{1/2} \tag{8-10}$$

將此關係式代入 (8-6) 式可得單體在傳播反應中消耗的速率（亦卽聚合速率），

$$r_p = -\left(\frac{d[M]}{dt}\right) = k_p \left(\frac{fk_d[I]}{k_t}\right)^{1/2}[M] \tag{8-11}$$

實際上，單體亦消耗於引發步驟中的加成反應 (8-2)，但就長鏈而論，單體在反應 (8-2) 中消耗的量甚小，因此 (8-11) 式爲聚合反應的總速率，亦卽單體轉化成聚合體的速率。

(8-11) 式爲均相自由根聚合反應的典型速率表示式。此式已在許多重要實例中被證實，尤其是在相當稀的溶液中單體的聚合反應速率頗能合乎 (8-11) 式。然而在若干工業應用中，(8-11) 式可能引起相當大的誤差。關於此點我們將在第十一章中再度提及。

欲知加成聚合反應的轉化率 (〔M_0〕−〔M〕)/〔M_0〕 須知 (8-11) 式的積分式，此處 〔M_0〕爲單體的最初濃度。假設引發劑的濃度保持不變且等於初濃度 〔I_0〕，則積分 (8-11) 式可得

$$\ln\frac{[M]}{[M_0]} = -k_p \left(\frac{fk_d[I_0]}{k_t}\right)^{1/2} t \tag{8-12}$$

此式常被化學家用來研究恆溫分批式反應的最初階段。引發劑濃度保持於 〔I_0〕 的假設只適用於轉化率不超過數％的場合。轉化率超過數

%以後，使用此一假設可能引起嚴重的誤差。若考慮引發劑濃度的變化可獲得較準確的解。依 (8-1) 式，引發劑濃度依一級速率減小，亦卽

$$\frac{d[I]}{dt} = -k_d[I] \tag{8-13a}$$

在 $t=0$ 時，$[I]=[I_0]$。積分上式並應用此一最初條件可得

$$[I]=[I_0]e^{-k_d t} \tag{8-13b}$$

將 (8-13b) 式代入 (8-11) 式並積分之得

$$\ln\frac{[M]}{[M_0]} = \frac{2k_p}{k_d}\left(\frac{fk_d[I_0]}{k_t}\right)^{1/2}[e^{-(k_d t/2)}-1] \tag{8-14}$$

此式較切合實際。比較 (8-12) 式與 (8-14) 式可發現若干重要而有趣的差異。依 (8-12) 式，轉化率 $(1-[M]/[M_0])$ 總是隨時間而增加，無論引發劑最初濃度 $[I_0]$ 的大小，只要給予充分的時間，可得完全反應。根據 (8-14) 式，$t=\infty$ 時的轉化率爲最大轉化率，

$$最大轉化率 = \left(1-\frac{[M]}{[M_0]}\right)_{max} = 1 - exp\left\{-\frac{2}{k_d}\left(\frac{k_p^2}{k_t}fk_d[I_0]\right)^{1/2}\right\} \tag{8-15}$$

顯然，最大轉化率的大小視 $[I_0]$ 而定。若引發劑比單體早用完，則反應停止而無法達到 100% 的轉化率。

〔例 8-1〕純苯乙烯在一分批式反應器中進行恆溫聚合反應，所用引發劑爲偶氮雙異丁腈，反應溫度爲 $60°C$。已知數據如下：$k_p^2/k_t=1.18\times10^{-3}liter/mole\cdot sec$；苯乙烯密度$\rho=0.907g/cc$；$k_d=0.96\times10^{-5}sec^{-1}$；$[I_0]=0.05mole/liter$；$f=1.0$。

　　(a) 試應用 (8-12) 與 (8-14) 兩式繪製轉化率對時間圖，並作一比較，(b) 計算獲致90%轉化率所需最小 $[I_0]$。

〔解〕(a) 苯乙烯 $CH_2=CH-C_6H_5$ 的分子量爲 104。故

$$[M_0]=0.907\frac{g}{cc}\times\frac{1000cc}{liter}\times\frac{1gmole}{104g}=8.7\ gmole/liter$$

將此數值代入（8-12）與（8-14）兩式可獲得示於圖 8-1
中的兩曲線。依（8-12）式計算所得最大轉化率為100%，
而依（8-14）式計算所得最大轉化率為 99.3%。在低轉化
率之下由（8-12）與（8-14）兩式所獲得的結果甚接近，
但在高轉化率之下，應用（8-12）式所造成的誤差相當大。

(b) 根據（8-12）式，無最小 $[I_0]$ 值的存在，任何大於零的
$[I_0]$ 均可獲致 90% 或更高的轉化率。根據（8-14）式，
欲得 90% 的轉化率，$[I_0]$ 不得小於一最小值 $[I_0]min$。
將 $(1-[M]/[M_0])_{max}=0.90$ 代入（8-15）式可得
$[I_0]_{min}=0.0108 moles/liter$

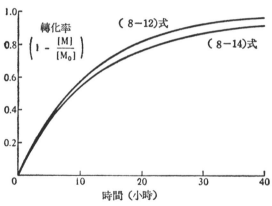

圖 8-1 恆溫自由根分批式聚合反應的轉化率對時間圖

8-3 禁制劑與阻礙劑 (*Inhibitors and Retarders*)

加入某些物質可抑制單體的聚合。此等物質能與引發劑的自由根
及成長中的根鏈反應而使其變為非根物種或使其活性降低到無法傳播
鏈鎖的程度。基於其抑制聚合反應的效率，此等物質可分為兩類。禁

制劑 (*inhibitors*) 制止所有自由根的活性而使聚合反應不得進行，直到所有禁制劑消耗完爲止，然後聚合反應依正常速率進行。**阻碍劑** (*retarders*) 的效率較低，只制止一部份自由根的活性，如此聚合反應仍可進行，但其速率低於正常速率。簡而言之，禁制劑延遲聚合反應，而阻碍劑降低聚合反應的速率。禁制劑與阻碍劑的區別在於其抑制聚合反應的程度。圖 8-2 示禁制劑與阻碍劑對苯乙烯熱聚合反應 (*thermal polymerization*) 的影響。單體的雜質可能爲禁制劑或阻碍劑。因此，若單體純度不夠可能無法獲得高聚合度。若干化合物兼具

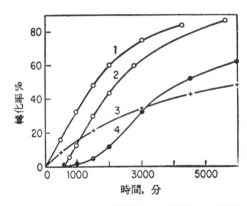

圖 8-2　禁制劑與阻碍劑對苯乙烯熱聚合反應的影響。反應溫度爲 100°C。曲線 1: 正常情形; 曲線 2: 禁制效應; 曲線 3: 阻碍效應; 曲線 4: 禁制與阻碍聯合效應。

禁制與阻碍兩種效應。運輸乙烯系單體時常故意加入微量的禁制劑以避免單體在運輸過程中聚合。氧在乙烯系單體的自由根聚合反應中爲一有效的禁制劑，因此這類單體的聚合反應通常在氮氣的籠罩下進行。

8-4　平均聚合度 (*Average Degree of Polymerization*)

自由根鏈鎖聚合反應的終止反應可發生於任何長度的根鏈。因此

所產生的聚合體總是有鏈長的分布。然而在此場合分子量分布的理論計算較爲複雜，而且由於副反應的種類較多，其結果亦較不可靠。文獻〔1〕對此有詳細的論述，但本書不予考慮。

數目平均鏈長或聚合度的表示式不難推導。這常以**動力學鏈長** (*kinetic chain length*) ν 表示之。單體加至成長中的鏈的速率與引發劑的自由根引起鏈鎖的速率的比值稱爲動力學鏈長；換言之，動力學鏈長爲在某一瞬間每一根鏈（成長中的鏈）所含單體單位的平均數目。因此它表示引發劑的自由根在鏈鎖聚合反應中的效率。由(8-5)，(8-6) 及 (8-10) 三式得

$$\nu = \frac{r_p}{r_i} = \frac{k_p[M]}{2(fk_dk_t)^{1/2}[I]^{1/2}} \tag{8-16}$$

假若所有根鏈均因歧化反應而終止成長，則它們在終止反應中鏈長不變，但若所有根鏈均因結合而終止成長，則它們在終止反應中鏈長加倍。因此，

若終止反應全部爲歧化反應 $\qquad x_n = \nu$ $\qquad$ (8-17a)

若終止反應全部爲結合反應 $\qquad x_n = 2\nu$ $\qquad$ (8-17b)

此處 x_n 爲數目平均鏈長或數目平均聚合度。

令 $\xi =$ 每一終止反應所產生死鏈的數目（＝死鏈形成的速率/終止反應的速率）。因每一歧化反應產生 2 死鏈，而每一結合反應產生一死鏈，

死鏈形成的速率 $= (2k_{td} + k_{tc})[M\cdot]^2$ $\qquad$ (8-18)

終止反應的速率 $= (k_{tc} + k_{td})[M\cdot]^2$ $\qquad$ (8-19)

$$\xi = \frac{k_{tc} + 2k_{td}}{k_{tc} + k_{td}} = \frac{k_{tc} + 2k_{td}}{k_t} \tag{8-20}$$

瞬間數目平均鏈長等於單體加至所有根鏈的速率除死鏈形成的速率，

$$x_n = \frac{k_p([M\cdot][M])}{(2k_{td} + k_{tc})[M\cdot]^2} = \frac{k_p[M]}{\xi(fk_dk_t)^{1/2}[I]^{1/2}} \tag{8-21}$$

若 $k_{td} \gg k_{tc}$, $\xi = 2$, 若 $k_{td} \gg k_{td}$, $\xi = 1$, 由 (8-21) 式所得結果與 (8-17a) 及 (8-17b) 兩式無異。但 (8-21) 式亦可適用於各種不同程度的混合終止反應。在非恒溫反應中 ξ 顯著地隨溫度而改變，在此場合，(8-21) 式的表示法更爲重要。

前已提及，x_n 爲決定聚合體機械性質的最重要因素之一。然則決定 x_n 的因素爲何？觀察 (8-21) 式可見 x_n 與單體濃度成正比而與引發劑濃度的平方根 $[I]^{1/2}$ 成反比。一成長中的鏈可與另一成長中的鏈反應而停止成長，否則它可添加單體單位而繼續成長。該根鏈附近單體分子愈多，它添加另一單體的或然率愈高，因此 x_n 與 $[M]$ 成正比。另一方面，引發劑的自由根愈多，它們爭取單體成功的機會愈小，它們的平均鏈長亦愈小，因此 x_n 與 $[I]^{1/2}$ 成反比。根據 (8-11) 式，增加 $[M]$ 與 $[I]$ 可增加聚合反應的速率，而且增加 $[M]$ 效果較大。但 $[M]$ 有一定的限度——$[M]$ 的最高值受反應狀況下純單體密度的限制。要獲得更高的聚合速率只有增加 $[I]$。然而根據 (8-21) 式，這將降低 x_n。這又是一個魚與熊掌不可兼得的實例。應注意，我們在本章推論平均鏈長或平均聚合度時僅計及聚合體 (二體或更高的聚合體)，未反應的單體並不包括在內。

8-5　瞬間平均聚合度與總平均聚合度 (*Instantaneous and Overall Average Degree of Polymerization*)

(8-11) 與 (8-21) 兩式所述聚合速率與平均聚合度或平均鏈長均屬瞬間數量。此二數量爲溫度、$[M]$ 及 $[I]$ 的函數 (反應速率常數受溫度的影響)，而這些變數的大小又隨時間及反應器內的位置而異。

〔例 8-2〕一分批式反應器內的恒溫均相自由根加成聚合反應的瞬間

數目平均聚合度 x_n 與總數目平均聚合度 $<x_n>$ 只是時間
的函數 $x_n(t)$ 與 $<x_n>(t)$。試加以證明。

〔解〕(a) 瞬間數目平均聚合度 $x_n(t)$

已知 $[M](t)$ 及 $[I](t)$ 即可獲得 $x_n(t)$ 如 (8-21) 式
所示。而 $[M](t)$ 與 $[I](t)$ 可分別由 (8-14) 式與
(8-13b) 式求得。

(b) 總數目平均聚合度 $<x>(t)$

在任一時間的總數目平均聚合度等於迄至此一時間已聚合
的單體（聚合體鏈內的單體）的莫耳數除迄至此一時間已
形成的聚合體鏈的莫耳數。

　　單位體積內已聚合的單體莫耳數$=[M_0]-[M](t)$

　　單位體積內已形成的鏈的莫耳數$=f\xi([I_0]-[I](t))$

（若終止反應為歧化反應，每一有效的引發劑分子產生 2
鏈；若終止反應為結合反應，每一引發劑分子產生 1 鏈；
因此使用 ξ）。

$$<x_n>(t)=\frac{[M_0]-[M](t)}{f\xi([I_0]-[I](t))}$$

應注意 $t=0$ 時由上式所求得的 $<x_n>$ 值為一不定值，
然而 $<x_n>(0)=x_n(0)$；兩者均可由 (8-21) 式求得。
由反應器內的試樣所測得的數目平均聚合度為 $<x_n>(t)$。

8-6　鏈鎖轉移 *(Chain Transfer)*

在實際的自由根加成聚合反應中常有鏈鎖轉移反應發生。當鏈鎖
轉移發生時，一根鏈失去活性而停止生長，同時有一新的自由根產生
以取代其地位，

$$R':H+M_x\cdot\xrightarrow{k_{tr}}M_x+R'\cdot \tag{8-22a}$$

$$R'\cdot+M\xrightarrow{k'_a}M_1\cdot \text{ 等等} \tag{8-22b}$$

因此鏈鎖轉移造成較短的鏈。若鏈鎖轉移發生的次數不多且其速率常數 k_{tr} 不甚小，則不致於顯著地改變總聚合速率。

參與鏈鎖轉移反應的化合物 $R':H$ 稱為**鏈鎖轉移劑** (*chain-transfer agent*)。在適當的情況下幾乎所有反應混合物內的任何物質均可作為鏈鎖轉移劑，這些物質包括引發劑、單體、溶劑及死聚合體。

若鏈鎖轉移劑為一死鏈，則可能產生分支聚合體，茲以聚乙烯為例說明於次。首先一根鏈的活性轉移至一死鏈的某中間碳上而造成一新根鏈。

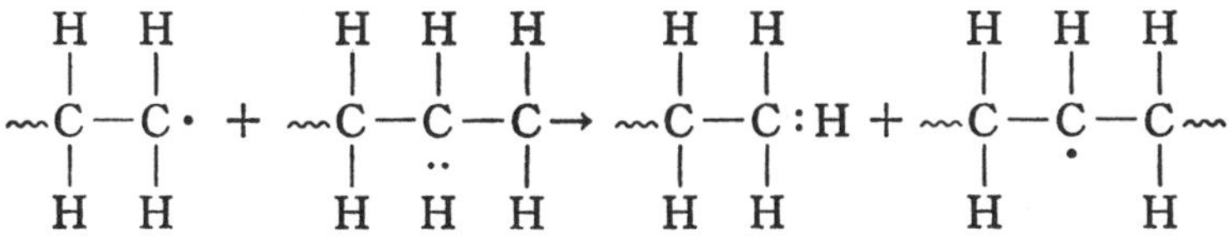

根鏈　　　死鏈　　　被終止的鏈　　　新根鏈

此一新根鏈添加單體於其中間活性碳上而形成分支聚合體；

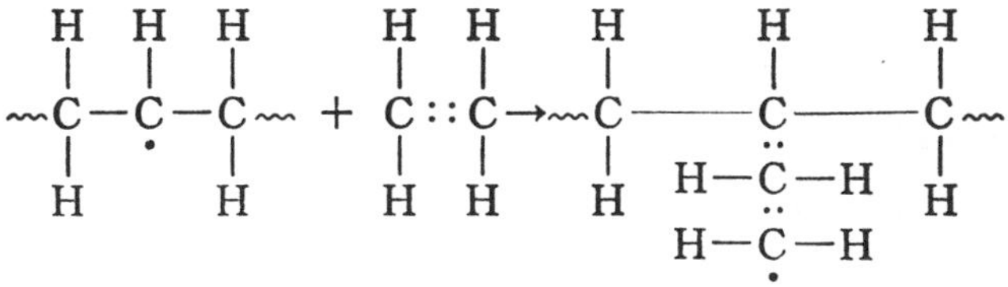

單體　　　分支的根鏈

聚乙烯分支發生的程度視製法而異。由高壓法製得的聚乙烯多**分支，**稱為分支聚乙烯或低密度聚乙烯 (LDPE)；由低壓法製得的聚乙烯少分支，稱為線型聚乙烯或高密度聚乙烯 (HDPE)。

在實際應用上常加入硫醇 (*thiol* 或 *mercaptan*) $R'S:H$ 作為有

效的鏈鎖轉移劑以降低平均鏈長。

因鏈鎖轉移而產生死鏈的速率為

$$r_{tr} = -\left(\frac{d[M\cdot]}{dt}\right)_{tr} = k_{tr}[R':H][M\cdot] \qquad (8\text{-}23)$$

此一速率必須加至（8-21）式中的分母以獲得死鏈形成的總速率。

$$x_n = \frac{k_p[M\cdot][M]}{(2k_{td}+k_{tc})[M\cdot]^2 + k_{tr}[R':H][M\cdot]} \qquad (8\text{-}24)$$

應用（8-10）與（8-20）兩式得

$$x_n = \frac{k_p[M]}{\xi(fk_dk_t[I])^{1/2} + k_{tr}[R':H]} \qquad (8\text{-}25)$$

取（8-25）式的倒數得

$$\frac{1}{x_n} = \frac{1}{(x_n)_0} + C\frac{[R':H]}{[M]} \qquad (8\text{-}26)$$

其中 C 為鏈鎖轉移常數 $= k_{tr}/k_p$，$(x_n)_0$ 為鏈鎖轉移不發生時的平均鏈長 $= k_p[M]/\xi(fk_dk_t)^{1/2}[I]^{1/2}$。若以 $1/x_n$ 對 $[R':H]/[M]$ 作圖

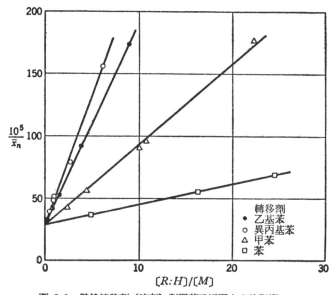

圖 8-3 鏈鎖轉移劑（溶劑）對聚苯乙烯聚合度的影響。

可得一直線，此直線的斜率等於C，截距等於 $1/(\bar{x}_n)_0$。圖 8-3 示鏈鎖轉移劑對聚苯乙烯的聚合度的影響，在此場合鏈鎖轉移劑爲溶劑。根據 (8-26) 式，適當選擇鏈鎖轉移劑及調節鏈鎖轉移劑與單體的濃度比可控制自由根加成聚合體的聚合度。

〔例 8-3〕試證明在一分批式反應中使用 $C=1$ 的鏈鎖轉移劑可保持 $[R':H]/[M]$ 於一定值。

〔解〕

$$\frac{r_{tr}}{r_p}=\frac{k_{tr}[R':H][M\cdot]}{k_p[M][M\cdot]}=C\frac{[R':H]}{[M]}=\frac{-d[R':H]/dt}{-d[M]/dt}$$

消去 dt，分離變數並自 $t=0$ 積分之，得

$$\int_{[R':H]_0}^{[R':H]}\frac{d[R':H]}{[R':H]}=C\int_{[M]_0}^{[M]}\frac{d[M]}{[M]}$$

或

$$\frac{[R':H]}{[R':H]_0}=\left(\frac{[M]}{[M]_0}\right)^c$$

因此只有 $C=1$ 時，$[R':H]/[M]=[R':H]_0/[M]_0=$ 一常數。此處下標 0 表示 $t=0$ 時的數量。若 C 大於 1，則鏈鎖轉移劑消耗太快。若 C 太小，則其在低轉化率下的效應甚小。

應注意，$C=1$ 並不能保證 $(\bar{x}_n)_0$ 保持不變，因此，一般而論，$\bar{x}_n$ 仍會改變。文獻〔2〕與〔3〕分別討論調節在分批式與繼續式反應器中加入鏈鎖轉移劑的速率以保持 $\bar{x}_n$ 於一定值的方法。

8-7　逐步聚合反應與自由根鏈鎖反應的比較　(*Comparison of Step Polymerization and Free-Radical Chain Polymerization*)

我們已在第一章提過逐步聚合反應與鏈鎖聚合反應的區別。當時或許初學者未能完全知其所以然。迄此爲止，讀者對逐步（縮合）聚

合反應與鏈鎖（加成）聚合反應已有若干程度的認識，我們可在此再度作一比較。在此兩種反應中，反應的不規則性均導致分子量分布，因此有必要考慮平均鏈長 x_n。均勻的逐步聚合反應混合物中含有小至單體大至極長的分子鏈，其分子量分布為連續的。平均鏈長 x_n 在反應期間（約數小時）繼續增加。如（7-8）式所示，x_n 代表整個反應混合物（不計惰性物質）的平均鏈長，而且只是反應程度的函數。在均相的自由根加成反應中，鏈的引發、成長及終止所需時間（數秒）遠比反應期間（數小時）為短。反應初期所形成的死鏈在其他鏈添加單體而長成的當時無所事事。因此在任一瞬間反應混合物由單體及長短不一的高分子聚合體鏈所組成（不計惰性物質）。（8-25）式所示 x_n 為在某一瞬間形成的聚合體（不包括單體）的平均鏈長，此 x_n 值受當時的溫度 T，〔M〕及〔I〕的影響。又因反應器中的 T，〔M〕及〔I〕隨時間而改變，x_n 亦隨時間而改變，如此使分子量分布擴大。因此在任一時間反應器內混合物的確實組成須以總數目平均鏈長 $<x_n>$ 表示之。此外 T，〔M〕及〔I〕亦隨反應器內的位置而改變。這使情形變為更複雜。以上幾點在聚合反應器的設計時須加以考慮。讀者應複習表 1-2，並仔細考慮表列各反應特點。

〔例 8-4〕下列數種恆溫反應器在自由根加成聚合反應時可產生最狹的鏈長分布：繼續攪拌槽式 (continuous stirred tank)、分批式 (batch)（假設完全混合）、齊頭流管式 (plug-flow tubular)、或層流管式 (laminar-flow tubular) 反應器？

〔解〕　只有在理想的繼續攪拌槽式反應器中〔M〕及〔I〕才能保持不變，因此 x_n 亦保持不變，而能獲得最狹的鏈長分布，此分布只由反應的不規則性所引起。在分批式反應器中，〔M〕與〔I〕隨時間而改變，而在管式反應器中〔M〕與〔I〕隨位置而改變，這使 x_n 隨時間而改變，因而擴大鏈

長分布。

文　獻

1. Bamford, C.H. et. al. *The Kinetics of Vinyl Polymerization by Radical Mechanisms*. Academic Press, New York, 1958.

2. Hoffman, B.F., S. Schreiber and G. Rosen, "Batch Polymerization." "Narrowing Molecular weight distribution." *Ind. and Eng. Chem.*, 56, no. 5. p 51, 1964.

3. Kenat, T., R.I. Kermode and S.L. Rosen. "The continuous synthesis of addition polymers." *J. Appl. Polym. Sci.*, 13, p.1353, 1969.

補充讀物

1. Billmeyer, F.W. Textbook of Polymer Science, 2nd ed., Chapt. 9. John Wiley & Sons, New York, 1970.

習　題

8-1 一乙烯系單體 $H_2C=CHX$ 應用自由根引發劑 $R:R(R:R\rightarrow 2R\cdot)$ 而行聚合反應。所形成的分子的構造如下：

$$A-\left[\begin{matrix} H \\ | \\ C \\ | \\ H \end{matrix}\ \begin{matrix} H \\ | \\ C \\ | \\ X \end{matrix}\right]-B \ 或 \ D-\left[\begin{matrix} H \\ | \\ C \\ | \\ H \end{matrix}\ \begin{matrix} H \\ | \\ C \\ | \\ X \end{matrix}\right]_x \left[\begin{matrix} H \\ | \\ C \\ | \\ X \end{matrix}\ \begin{matrix} H \\ | \\ C \\ | \\ H \end{matrix}\right]-E$$

試列出端基的所有可能組合：(a) A 與 B，(b) D 與 E。假設不發生鏈鎖轉移。

8-2 苯乙烯藉引發劑 AIBN 而聚合至 $\bar{x}_n = 1.52 \times 10^4$。AIBN 含放射性碳 -14 (*Carbon*-14)。藉一閃爍計數器 (*scintillation counter*) 測得所用 AIBN 的放射強度為 9.81×10^7 每分每莫耳。若 3.22 克聚苯乙烯的放射強度為 203 每分，試決定該聚合反應的終止反應的方式。

8-3 一般可假設鏈鎖聚合反應所形成聚合體組型為頭對尾的組型 (*head-to-tail configuration*)。假設引發劑為 $R:R$，試以化學反應式表示苯乙烯的聚合反應。何以此等聚合體的組型多為頭對尾者。

8-4 有兩種乙烯系單體 A 與 B 在一均勻溶液中聚合成 A 的聚合體及 B 的聚合體。第一實驗的結果如下所示:

第一實驗	A	B
最初單體濃度, *mole/liter*	0.100	0.200
5% 原來單體變爲聚合體		
所需時間, *hr*	0.100	0.300
引發劑濃度, *mole/liter*	0.0397	0.0397

在第二實驗中, 溫度與第一實驗同, 但我們希望最初形成的兩種聚合體的平均聚合度 $\bar{x}_n$ 相同。假設此兩聚合反應均完全因結合反應而終止。兩單體的最初濃度均爲 0.300 *mole/liter*。問在第二實驗中單體 A 與單體 B 的引發劑的濃度比應爲若干。可假設 $[I]=[I_0]$。

8-5 有一苯乙烯的自由根聚合反應 在適當控制之下其聚合速率 保持不變且等於 1.79×10^{-3} 克單體/*min-ml*, 最初引發劑濃度爲 6.6×10^{-6} *moles/ml*。

(a) 如何保持聚合速率不變?

(b) 若引發劑分解的速率常數 $k_d = 3.25 \times 10^{-4}$/*min*, 求自由根產生的速率及動力學鏈長 ν。

(c) 在反應進行 3 小時之後引發劑的濃度爲原來濃度的若干%

8-6 苯乙烯在苯溶液中進行聚合反應。反應溫度爲 60°C。最初反應器中含 100g 苯乙烯, 400g 苯及 0.5g 過氧化二甲苯醯。假設引發劑效率爲 *f*=1, 且引發劑的半衰期 (卽濃度降低原來濃度的一半所需時間) 爲 44 *hrs*。在 60°C 之下, $k_p = 145$ *liters/mole-sec*, $k_t = 0.130$ *liter/mole-sec*。各成分的比重均等於 1.0。試寫出此反應的反應速率表示式。計算轉化率等於 50% 時的傳播速率。求達到此一轉化率所需時間。

8-7 在一恆溫反應器中, 單體、引發劑及鏈鎖轉移劑的最初濃度分別爲0.1, 0.002 及 0.001 *mole/liter*。$k_d = 9.0 \times 10^{-6}$/*liter*, *f*=0.5, $C = k_{tr}/k_p = 0.66$, $(k_p/k_t^{1/2}) = 1.61$。 求最初所形成的聚合體的數目平均聚合度。若不加入鏈鎖轉移劑, 最初所形成的聚合體的 $\bar{x}_n$ 爲若干?

8-8 若在習題 8-1 的反應中加入一鏈鎖轉移劑 $R'S:H$, 試列出端基的所有可能組合: (a) A 與 B, (b) D 與 E。

第九章 非自由根鏈鎖聚合反應

乙烯系單體及其他不飽和單體（如二烯類等）的聚合反應除藉自由根加以引發以外尚可藉陽離子 (cation)、**陰離子** (ion) 及**錯合劑** (complexing agent) 加以引發。就乙烯系單體CH_2＝CHG 而論，若取代基 G 能施與電子或具有陽電性 (electropositive)，則其聚合反應易於依陽離子機構進行；若取代基 G 能接受電子或具有陰電性 (electronegative)，則其聚合反應易於依陰離子機構進行。陽離子聚合反應 (cationic polymerization) 所用陽離子引發劑為路易斯酸 (Lewis acids)，此處我們可用觸媒一詞以代替引發劑一詞，因為它們在整個聚合反應過程中均能發揮其效力。陰離子聚合反應 (anionic polymerization) 所用陰離子引發劑為強鹼或有機金屬鹼。另有一種加成聚合反應使用齊格勒－那達觸媒(Ziegler-Natta catalyst), 能導致立體規則性聚合體。此等觸媒多為不溶性的固體，而且反應的發生涉及配位錯合體 (coordinate complex)。因此這種聚合反應又稱**非均相立體規則性聚合反應** (heterogeneous stereospecific polymerization) 或**配位聚合反應** (coordination polymerization)。

表9-1列若干烯類單體所能進行的鏈鎖聚合反應種類。

表9-1 若干烯類單體所能進行的鏈鎖聚合反應

烯類單體	單體分子式	自由根聚合反應	陰離子聚合反應	陽離子聚合反應	配位聚合反應
乙烯	CH_2＝CH_2	＋	－	＋	＋
丙烯	CH_2＝$CHCH_3$	－	－	－	＋
1-丁烯	CH_2＝$CHCH_2CH_3$	－	－	－	＋
異丁烯	CH_2＝$C(CH_3)_2$	－	－	＋	－
1,3-丁二烯	CH_2＝$CH-CH$＝CH_2	＋	＋	－	＋

異戊二烯	$CH_2=C(CH_3)-CH=CH_2$	+	+	−	+
苯乙烯	$CH_2=CHC_6H_5$	+	+	+	+
氯乙烯	$CH_2=CHCl$	+	−	−	+
偏二氯乙烯	$CH_2=CCl_2$	+	+	−	−
氟乙烯	$CH_2=CHF$	+	−	−	−
四氟乙烯	$CF_2=CF_2$	+	−	−	+
乙烯醚	$CH_2=CHOR$	−	−	+	+
乙烯酯	$CH_2=CHOCOR$	+	−	−	−
丙烯酸酯	$CH_2=CHCOOR$	+	+	−	+
甲基丙烯酸酯	$CH_2=C(CH_3)COOR$	+	+	−	+
丙烯腈	$CH_2=CHCN$	+	+	−	+

註：＋表示能形成高聚合體； −表示不發生反應或只能形成低聚合體

　　離子聚合反應的主要特點為反應速率極高且反應溫度低。例如工業上以 $AlCl_3$ 或 BF_3（路易斯酸）為觸媒以製造聚異丁烯，所用聚合反應溫度為 $-100°C$。聚異丁烯鏈的生長壽命約為 10^{-9} 秒，而一般自由根鏈的壽命約為數秒。

　　在本章最後我們將討論兼具逐步與鏈鎖反應特點的開環聚合反應（*ring-opening polymerization*）。

9-1 陽離子聚合反應 (*Cationic Polymerization*) [1]

　　若乙烯系單體的取代基具有陽電性或能施與電子，則其分子為極性分子，且其雙重鍵上擁有過剩的電子。因此極易遭電子受體（*electron acceptor*, 即能接受電子的物種）的攻擊。此電子受體作為引發劑。

　　陽離子聚合反應所需觸媒為路易斯酸如 $AlCl_3$, $AlBr_3$, BF_3 及強酸如 H_2SO_4 等。此等觸媒均為電子受體。金屬的三鹵化物如 $AlCl_3$ 或 BF_3 雖然是電中性，它們的價電子層只有 6 電子，與完全的價電子層（具有 8 電子）相比缺少 2 電子。這類觸媒常需少量的副觸媒

(*cocatalyst*)（通常為水）以引發聚合反應。首先，觸媒向副觸媒擭取一對電子：

$$F : \overset{\overset{\textstyle F}{..}}{\underset{\underset{\textstyle F}{..}}{B}} + : \overset{\overset{\textstyle H}{..}}{\underset{\underset{\textstyle H}{..}}{O}} : \rightarrow F : \overset{\overset{\textstyle F}{..}}{\underset{\underset{\textstyle F}{..}}{B}} : \overset{\overset{\textstyle H}{..}}{\underset{\underset{\textstyle H}{..}}{O}} : \rightarrow \left(F : \overset{\overset{\textstyle F}{..}}{\underset{\underset{\textstyle F}{..}}{B}} : \overset{..}{\underset{..}{O}} : H \right)^- + (H)^+$$

一般認為此處所生成的質子為眞正的引發劑。它與單體反應而生成一**陽碳離子** (*carbonium ion*)。茲以異丁烯為例。

$$(BF_3OH)^- + (H)^+ + \overset{\overset{\textstyle H}{|}}{\underset{\underset{\textstyle H}{|}}{C}} = \overset{\overset{\textstyle CH_3}{|}}{\underset{\underset{\textstyle CH_3}{|}}{C}} \rightarrow H - \overset{\overset{\textstyle H}{|}}{\underset{\underset{\textstyle H}{|}}{C}} - \overset{\overset{\textstyle CH_3}{|}}{\underset{\underset{\textstyle CH_3}{|}}{C^+}} + (BF_3OH)^-$$
反離子

此陽碳離子與單體反應而再產生一陽碳離子，此為傳播步驟。

$$\overset{\overset{\textstyle H}{|}}{\underset{\underset{\textstyle H}{|}}{C}} = \overset{\overset{\textstyle CH_3}{|}}{\underset{\underset{\textstyle CH_3}{|}}{C}} + H \left(\overset{\overset{\textstyle H}{|}}{\underset{\underset{\textstyle H}{|}}{C}} - \overset{\overset{\textstyle CH_3}{|}}{\underset{\underset{\textstyle CH}{|}}{C}} \right)_n^+ + (BF_3OH)^- \rightarrow H \left(\overset{\overset{\textstyle H}{|}}{\underset{\underset{\textstyle H}{|}}{C}} - \overset{\overset{\textstyle CH_3}{|}}{\underset{\underset{\textstyle CH_3}{|}}{C}} \right)_{n+1}^+$$

$$+ (BF_3OH)^-$$

此處應注意**反離子** (*counter ion*) 總是被靜電力保持於成長中的鏈端附近而形成一離子對。實際上 $(BF_3OH)^-$ 與 $(H)^+$ 為錯合體 (*complex*) $(BF_3OH)^-(H)^+$ 的兩部份，兩者並不眞正分離。同理陽碳離子亦不與 $(BF_3OH)^-$ 分離。

離子對可重新安排而形成具有不飽和末端的聚合體並再生觸媒錯合體：

$$\left(\sim \overset{\overset{\textstyle H}{|}}{\underset{\underset{\textstyle H}{|}}{C}} - \overset{\overset{\textstyle CH_3}{|}}{\underset{\underset{\textstyle CH_3}{|}}{C}} \right)^+ (BF_3OH)^- \rightarrow \sim \overset{\overset{\textstyle H}{|}}{\underset{\underset{\textstyle H}{|}}{C}} - \overset{\overset{\textstyle CH_3}{\|}}{\underset{\underset{\textstyle CH_2}{\|}}{C}} + (BF_3OH)^-(H)^+$$

因此，觸媒錯合體為一眞正觸媒，此點與自由根聚合反應不同。

鏈鎖的轉移亦可能發生:

$$\left(\begin{matrix} & H & CH_3 \\ & | & | \\ \sim & C - C \\ & | & | \\ & H & CH_3 \end{matrix}\right)^+ (BF_3OH)^- + H - \begin{matrix} H & CH_3 \\ | & | \\ C - C \\ | & | \\ H & CH_3 \end{matrix} \rightarrow$$

$$\sim \begin{matrix} H & CH_3 \\ | & | \\ C - C \\ | & | \\ H & CH_3 \end{matrix} + \left(H - \begin{matrix} H & CH_3 \\ | & | \\ C - C \\ | & | \\ H & CH_3 \end{matrix}\right)^+ (BF_3OH)^-$$

　　陽離子聚合反應的反應動力學較不為人們所了解, 但以下的分析可適用於許多場合。若以 A 表示觸媒, RH 表示副觸媒, 則陽離子聚合反應可以下列諸式表示之:

引發步驟

$$A + RH \underset{}{\overset{K}{\rightleftharpoons}} H^+AR^-$$

$$H^+AR^- + M \xrightarrow{k_i} HM^+AR^-$$

傳播步驟

$$HM_x^+AR^- + M \xrightarrow{k_p} HM^+{}_{x+1}AR^-$$

終止步驟

$$HM_x^+AR^- \xrightarrow{k_t} M_x + H^+AR^-$$

鏈鎖轉移

$$HM_x^+AR^- + M \xrightarrow{k_{tr}} M_x + HM^+AR$$

引發速率 r_i 為

$$r = Kk_i[A][RH][M] \tag{9-1}$$

其中 $[A], [RH]$, 及 $[M]$ 分別為觸媒、副觸媒、及單體的濃度。若形成 H^+AR^- 的步驟為控制速率的步驟, 則引發速率不受 $[M]$ 的影響, 在此場合 $r_i = K[A][RH]$。

與自由根鏈鎖反應不同，陽離子鏈鎖反應的終止反應爲一級的 (*first order*)，

$$r_t = k_t [M^+] \tag{9-2}$$

此處 $[M^+]$ 表示 $[HM_x^+ AR^-]$ 的總和。

假設引發速率與終止速率相等，則由 (9-1) 及 (9-2) 兩式得

$$[M^+] = \frac{Kk_i}{k_t} [A][RH][M] \tag{9-3}$$

總聚合反應（傳播）速率爲

$$r_p = k_p [M][M^+] = K \frac{k_i k_p}{k_t} [A][RH][M]^2 \tag{9-4}$$

若終止速率遠較轉移速率爲大，則平均鏈長爲

$$\bar{x}_n = \frac{r_p}{r_t} = \frac{k_p [M^+][M]}{k_t [M^+]} = \frac{k_p}{k_t} [M] \tag{9-5}$$

若轉移速率遠較終止速率爲大，則平均鏈長爲

$$\bar{x}_n = \frac{r_p}{r_{t_r}} = \frac{k_p [M^+][M]}{k_{t_r} [M^+][M]} = \frac{k_p}{k_{t_r}} \tag{9-6}$$

9-2 陰離子聚合反應((*Anionic Polymerization*)) [2]

乙烯系單體若具有能抽取電子的取代基，其雙重鍵缺乏電子，易遭電子施體 (*electron donor*, 能供給電子的物種) 的攻擊。此電子施體爲陰離子聚合反應的觸媒。

陰離子引發劑有多種，其中有機鹼金屬鹽最近在工業上具有極大的重要性。今以苯乙烯的陰離子聚合反應爲例，說明陰離子聚合反應機構。所用觸媒爲正丁基鋰 (*n-butyllithium*)。

$$\begin{array}{c} H \quad H \\ | \quad | \\ C=C \\ | \quad | \\ H \quad \bigcirc \end{array} + (H_3C-CH_2-CH_2-CH_2)^-(Li)^+ \longrightarrow$$

正丁基鋰 （BuLi）

苯乙烯

$$(H_3C-CH_2-CH_2-CH_2-\overset{\overset{\displaystyle H}{|}}{\underset{\underset{\displaystyle H}{|}}{C}}-\overset{\overset{\displaystyle H}{|}}{\underset{\underset{\displaystyle \bigcirc}{|}}{C}})^-(Li)^+$$

此處實際上引發聚合反應的物種爲陰離子$(H_3C-CH_2-CH_2-CH_2)^-$。此陰離子與苯乙烯反應而生成一**陰碳離子** （*cabanion ion*）

$$\left(H_3C-CH_2-CH_2-\overset{\overset{\displaystyle H}{|}}{\underset{\underset{\displaystyle H}{|}}{C}}-\overset{\overset{\displaystyle H}{|}}{\underset{\underset{\displaystyle \bigcirc}{|}}{C}} \right)^-$$ 。反離子 $(Li)^+$ 並不離開陰碳離子鏈的

末端。此陰碳離子可繼續添加單體而生長:

$$\begin{array}{c} H \quad H \\ | \quad | \\ C=C \\ | \quad | \\ H \quad \bigcirc \end{array} + [H_3C-CH_2-CH_2-CH_2(\overset{\overset{\displaystyle H}{|}}{\underset{\underset{\displaystyle H}{|}}{C}}-\overset{\overset{\displaystyle H}{|}}{\underset{\underset{\displaystyle \bigcirc}{|}}{C}})_n]^-[Li]^+ \longrightarrow$$

$$[H_3C-CH_2-CH_2-CH_2(\overset{\overset{\displaystyle H}{|}}{\underset{\underset{\displaystyle H}{|}}{C}}-\overset{\overset{\displaystyle H}{|}}{\underset{\underset{\displaystyle \bigcirc}{|}}{C}})_{n+1}]^-[Li]^+$$

陰離子鏈鎖聚合反應具有若干非常有趣的特點。第一，與自由根

反應不同，傳播速率與引發速率的相對大小變化甚大，視單體、反離子及溶劑的性質而異。一般而言，在極性溶劑中的傳播速率較在非極性溶劑中的傳播速率大，因爲生長中的鏈端在極性溶劑中離子化的程度較高。在許多重要的實例中，引發速率遠大於傳播速率，亦卽 $r_i \gg r_p$。這點恰與自由根反應相反。應注意，引發陰離子聚合反應的物種是眞正的引發劑而非觸媒。它們並不能再生。第二，若無雜質的存在，陰離子聚合反應並無終止步驟。鏈可繼續生長直至所有單體耗盡爲止。陰離子鏈端非常穩定，若再加入單體，鏈可再繼續生長。因此這些聚合體鏈被稱爲**活聚合體** (*living polymer*)。但若有雜質如水及醇的存在，它們可使有機鋰分解而「殺死」(卽終止)陰離子鏈。

$$\left(\sim\sim\!\overset{\overset{\displaystyle H}{|}}{\underset{\underset{\displaystyle H}{|}}{C}} - \overset{\overset{\displaystyle H}{|}}{\underset{\underset{\bigcirc}{|}}{C}}\right)^{-}\!(Li)^{+} + H_2O \longrightarrow \sim\sim\!\overset{\overset{\displaystyle H}{|}}{\underset{\underset{\displaystyle H}{|}}{C}} - \overset{\overset{\displaystyle H}{|}}{\underset{\underset{\bigcirc}{|}}{C}} - H + LiOH$$

若在最初加入的單體耗盡之後加入第二種單體，陰離子鏈可添加第二種單體而繼續成長，因而產生段式共聚合體 (*block copolymer*)。

因幾乎所有鏈鎖同時被引發，而且它們以公平競爭的方式爭取出現的單體，幾乎所有聚合體鏈長成同樣的大小。此爲製造非散布性聚合體 (*monodisperse polymers*) 的惟一已知方法。當然實際上亦有其限制，例如我們無法完全卽時並均勻地混合引發劑。因此實際所得聚合體多少總有若干程度的分子量分布。由縮合、陽離子、及陰離子聚合反應所獲得的聚合體分子量分布的比較示於圖9-1。

陰離子在溶劑 (尤其是非極性或烴類) 中常發生**締合** (*associations*)，這使陰離子聚合反應動力學變爲較複雜。但我們可使用若干假設加以簡化。聚合反應速率比例於單體濃度與成長中的鏈鎖濃度的積。若締合的程度甚小而可忽略〔例如在四氫呋喃 (*tetrahydrofuran*)

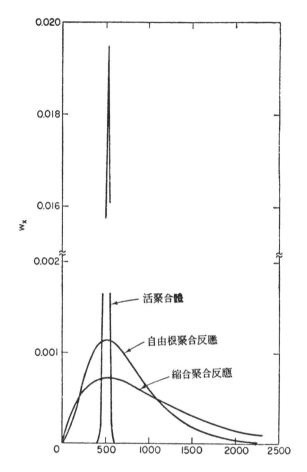

圖9-1　由三種聚合反應所獲得的聚合體分子量分布的比較

中，或在烴溶劑中當 BuLi 的濃度小於 10^{-4} 莫耳濃度時），每一引發劑分子可引發一生長鏈。在無雜質存在的情況下，生長鏈的數目總是與加入的引發劑數目相等。若傳播速率遠小於引發速率，傳播步驟變爲控制速率的步驟，因此，

$$r_p = -\frac{d[M]}{dt} = k_p[M][I_o] \tag{9-7}$$

若在非極性溶劑中以 BuLi 爲引發劑, 陰離子幾乎完全以不活潑的**雙體**(*dimer*)的形式存在。此等陰離子雙體依下式稍微解離(*dissociate*):

$$(BuM_x^-Li^+)_2 \underset{}{\overset{K}{\rightleftarrows}} 2BuM_x^-Li^+ \tag{9-8}$$

此處平衡常數 $K = [BM_x^-Li^+]^2/[(BuM_x^-Li^+)_2] \ll 1$。

活性陰離子鏈的濃度爲

$$[BuM_x^-Li^+] = K^{1/2}[(BuM_x^-Li^+)_2]^{1/2} \tag{9-9}$$

因二引發劑分子生成一不活潑的陰離子鏈雙體,

$$[(BuM_x^-Li^+)_2] = \frac{[BuLi]}{2} = \frac{[I_0]}{2} \tag{9-10}$$

故聚合速率爲

$$r_p = \frac{-d[M]}{dt} = k_p K^{1/2} \left(\frac{[I_0]}{2}\right)^{1/2}[M]$$

在非極性溶劑中 K 值低, 表示大多數陰離子鏈處於不活潑的締合狀態, 因而導致低聚合速率。在極高濃度下, 締合程度更高, 而聚合速率幾乎不受 $[I_0]$ 的影響。

因已參加聚合反應的單體平均分配於存在的鏈中,

$$x_n = \frac{\text{已參加聚合反應的單體莫耳數目}}{\text{存在的鏈莫耳數}} = \frac{[M_0]-[M]}{[I_0]} \tag{9-11}$$

在均勻的反應混合物中, 鏈長隨轉化率而增加, 且僅爲轉化率的函數。此點與縮合聚合反應相同。此種反應混合物只含單體分子、鏈長幾乎相同的聚合體及溶劑。

〔例9-1〕茲考慮苯乙烯在四氫呋喃溶液中的陰離子聚合反應。引發劑爲正丁基鋰 BuLi, $[M_0] = 1.0$。莫耳/升。假設傳播步驟控制反應速率, 而且引發劑即時完全混合。

(a) 若反應在恆溫情況下進行 (k_p 爲一常數), 求 x_n 與時間的關係。

(b) 最初 $[I_0] = 1 \times 10^{-3}$ 莫耳/升。在50%轉化率達到時, 即

時加入 H_2O 0.5×10^{-3} 莫耳/升。當 100% 轉化率達到時，反應系中的聚合體鏈長為何？

(c) 求 (b) 項中最後的平均鏈長 x_n。

〔解〕 (a) 在此極性溶劑中可假設無締合發生。分離 (9-7) 式的變數並積分之得。

$$[M] = [M_0]e^{-k_p[I_0]t} \qquad (9\text{-}12)$$

代入 (9-11) 式，得

$$x = \frac{[M_0] - [M_0]e^{-k_p[I_0]t}}{[I_0]} = \frac{[M_0]}{[I_0]}(1 - e^{-k_p[I_0]t}) \qquad (9\text{-}13)$$

因諸聚合體的鏈長幾乎完全相等，故省略 x 上的橫桿。

(b) 引發劑造成 1×10^{-3} 莫耳/升的陰離子生長鏈。當轉化率等於 50% 時，存在於所有聚合體鏈的單體計有 $1/2$ 莫耳/升。加入 0.5×10^{-3} 莫耳/升的水殺死 0.5×10^{-3} 莫耳/升的生長鏈。此時有 $(1.0/4)$ 莫耳/升的單體存在於死鏈中。

$$x(\text{死鏈}) = \frac{1.0}{4(0.5 \times 10^{-3})} = 5 \times 10^2$$

其餘 $1.0(3/4)$ 莫耳/升的單體繼續聚合於 0.5×10^{-3} 莫耳/升的活鏈中。

$$x(\text{活鏈}) = 1.0\left(\frac{3}{4}\right)\frac{1}{0.5 \times 10^{-3}} = 15 \times 10^2$$

(c) 因所有引發劑均造成鏈　，而且在轉化率等於 100 % 時 $[M] = 0$，

$$x_n = \frac{[M_0] - [M]}{[I_0]} = \frac{1.0 - 0}{1 \times 10^{-3}} = 10 \times 10^2$$

或

$$x_n = \frac{\sum N_x x}{\sum N_x} = \frac{(0.5 \times 10^{-3})(5 \times 10^2) + (0.5 \times 10^{-3})(15 \times 10^2)}{0.5 \times 10^{-3} + 0.5 \times 10^{-3}}$$

$=10\times10^{2}$

〔例9-2〕問陰離子聚合反應在下列數型恆溫反應器中可產生鏈長分布最狹的聚合體: 分批式 (*batch*)、連續攪拌槽式 (*continuous stirer tank*)、齊頭流管式 (*plug-flow tubular*) 或層流管式 (*laminar flow tublar*) ?

〔解〕由陰離聚合反應所形成的聚合體鏈長度視反應時間而定。在分批式反應器及理想的齊頭流管式反應器中, 所有鏈反應的時間均相等, 其產品近乎非散布性聚合體; 換言之, 鏈長分布最狹。在連續拌槽式反應器及層流管式反應器中各聚合體鏈的滯留時間不同, 使分子量分布擴大。但應注意在實際應用上理想齊頭流並不存在。

9-3　配位聚合反應 (*Coordination Polymerization*) [3,4]

那達(*Natta*)於 1955 年應用齊格勒(*Ziegler catalyst*) 觸媒(齊格勒所發現的觸媒) 製成**立體規則性聚合體** (*stereoregular polymers*)。為此, 那達與齊格勒於 1963 年分享諾貝爾化學獎金。今日, 用於製造立體規則性聚合體的觸媒常被稱為**齊格勒—那達觸媒**。最普通的齊格勒—那達觸媒由三乙基鋁 (*triethyl aluminum*) 與四氯化鈦 (*titanium tetrachloride*) 製成。將此等物質混合於一不活潑的溶劑 (例如己烷) 中可產生一種沉澱物及一種深色的懸浮物。此種沉澱物為**錯合體** (*complex*)。關於此類錯合體的確實構造目前尚無定論。由烷基鋁與

$$Al(C_2H_5)_3 + TiCl_4 \xrightarrow{\text{己烷}} 錯合體沉澱物。$$

鹵化鈦所生成的錯合物的假想構造之一如下所示:

$$\begin{array}{c} X \\ \diagdown \\ \diagup \\ X \end{array} Ti \begin{array}{c} \cdots R \cdots \\ \cdots X \cdots \end{array} Al \begin{array}{c} \diagup R \\ \diagdown R \end{array}$$

其中 X 爲鹵素，R 爲烷基。

在溫室下將乙烯通入含有 $Al(C_2H_5)_3$ 與 $TiCl_4$ 的己烷 (hexane) 中可迅速產生高分子量線型聚乙烯。由此法製成的聚乙烯具有高度結晶性，稱爲低壓或高密度聚乙烯 (HDPE)。此與藉自由根在高壓下製成的高壓或低密度聚乙烯 (LDPE) 頗不相同。若通入丙烯可產生同態聚合體 (isotactic polymer)。其反應機構如下所示：

$$AlR_3 + TiCl_4 \xrightarrow{\text{己烷}} \quad (\text{此處 } R=CH_2CH_3)$$

$$\begin{array}{c} CH_3 \\ | \\ CH_2 \end{array}$$

$$\begin{array}{c} Cl \\ \diagdown \\ Cl \diagup \end{array} Ti \begin{array}{c} \cdots \\ \cdots \end{array} Al \begin{array}{c} \diagup R \\ \diagdown R \end{array} + CH_2 = CHCH_3 \longrightarrow$$

$$\begin{array}{c} CH_3 \quad CH_3 \\ | \quad\quad | \\ CH_2=CH \quad \delta-CH_2 \quad R \\ Cl \quad \delta+ \quad\quad\quad \diagup \\ \diagdown Ti \cdots\cdots Al \\ Cl \diagup \quad\quad\quad \diagdown R \\ \quad\quad Cl \end{array} \longrightarrow$$

$$\begin{array}{c} CH_3 \\ | \\ CH \\ \delta- \diagup \diagdown \\ CH_2 \quad CH_2-CH_3 \\ Cl \quad \delta+ \quad\quad\quad\quad R \\ \diagdown Ti \cdots\cdots\cdots Al \diagup \\ Cl \diagup \quad\quad\quad\quad \diagdown R \\ \quad\quad Cl \end{array} \longrightarrow$$

$$\begin{array}{c} R \\ | \\ H_3C-CH \\ | \\ CH_2 \\ Cl \diagdown \quad\quad\quad R \\ \quad Ti \cdots\cdots Al \diagup \\ Cl \diagup \quad\quad\quad \diagdown R \\ \quad\quad Cl \end{array} \xrightarrow{CH_2=CHCH_3}$$

$$\begin{array}{c} R \\ | \\ H_3C-CH \\ | \\ CH_2 \\ | \\ H_3C-CH \\ | \\ CH_2 \\ Cl \diagdown \quad\quad\quad R \\ \quad Ti \cdots\cdots Al \diagup \\ Cl \diagup \quad\quad \diagdown R \\ \quad Cl \end{array}$$

一般認爲立體規則性聚合反應發生於沉澱物的**活性位置** (*active sites*) 也有其他不同的機構被提出。因反應混合物由兩相所組成，此種反應又稱爲**非均相聚合反應**。其反應速率受攪拌情形的影響。曾有一時，化學家認爲惟有非均相反應（使用固體觸媒）才能製成立體規則性聚合體。其後有人證明利用構造類似而能溶解的觸媒亦能製成立體規則性聚合體。

　　由共軛二烯類單體如丁二烯與異戊二烯等可製得順或反－1,4- 加成聚合體，或同態 1, 2—加成聚合體，或異態 1, 2 —加成聚合體，視所用觸媒而定。例如，若使用 $TiCl_4$—AlR_3，當 Al 與 Ti 的莫耳比率 Al/Ti＞1時可獲得 96%順 -1, 4- 聚異戊二烯，當 Al/Ti＜1時可獲得 95% 反-1, 4- 聚異戊二烯。

9-4　開環聚合反應 (*Ring-Opening Polymerization*)

　　由環型單體 (*cyclic monomer*) 製造聚合體的程序涉及開環反應。在這種聚合反應過程中並無小分子的產生。因此就化學計量學而論，屬於加成反應。若干類開環聚合反應的實例列於表 9-2。

　　就動力學及反應機構而論，開環聚合反應可能兼具鏈鎖及逐步聚合反應的特點。在開環聚合反應中，單體一個個地加至聚合體鏈，此點類似鏈鎖反應。然而其引發步驟與隨後的加成步驟可能相似，而且速率可能相差不大；如此，在整個反應過程中聚合體分子量繼續增加，此點類似逐步聚合反應。

　　許多環型單體在強酸或強鹼的催化之下依離子鏈鎖反應機構聚合。此類聚合反應非常迅速，屬於眞正的鏈鎖反應。最著名的實例爲內己醯胺 (*caprolactam*) $HN(CH_2)_5CO$ 的聚合反應。其生成物耐龍 6 爲重要的纖維原料。

表 9-2 典型的開環聚合反應

環型單體類型	實　例
環酯 (*Lactone*)	$O(CH_2)_xCO \longrightarrow \{O(CH_2)_xCO\}_y$
環醯胺 (*Lactam*)	$HN(CH_2)_xCO \longrightarrow \{HN(CH_2)_xCO\}_y$
環醚 (*Cyclic ether*)	$-(CH_2)_xO- \longrightarrow \{(CH_2)_nO\}_y$
環酸酐 (*Cyclic anhydride*)	$CO(CH_2)_xCO \longrightarrow \{CO(CH_2)_xCOO\}_y$ O

文獻

1. Plesch, P. H., ed. *The Clemistry of Cationic Polymerization*, The Macmillan Company, New York, 1963.

2. Odian, G, *Principles of Polymerization.* Ch. 5. McGraw-Hill Book Co., New York, 1970.

3. Reich, L. and A. Schindler, *Polymerization by Organometallic Compounds.* John Wiley & Sons, Inc., New York, 1966

4. Guccione, E. "Stereospecific Catalysts." *Chem. Eng.* April 2, p. 93, 1962.

補充讀物

1. Billmeyer, F. W. Jr., *Textbook of Polymer Science*, 2nd ed., Ch. 10. John Wiley and Sons, Inc., New York, 1970.

2. Lenz, R. W., *Organic Chemistry of Synthetir High* Polymers, Ch. 13. John Wieley & Sons, Inc., New York 1967.

習 題

9-1 若令正丁基鋰 (BuLi) 與少量單體反應可產生活聚合體的「種籽」(*seeds*)。

$$2M + BuLi \longrightarrow (Bu-M-M)^-(Li)^+ (種籽 S)$$

將 10^{-3} 莫耳種籽 S 與 2 莫耳新鮮單體混合，發現其聚合方程式為

$$r_p = -\frac{d[M]}{dt} = k_p[S][M]$$

在 25°C 之下，一半（1 莫耳）單體於 50 分內轉變成聚合體。求 k_p。反應混合物的總體積為 1 升。此聚合反應並無終止步驟。

9-2 在一陰離子聚合反應混合物中，陰離子並不締合，而且無雜質的存在。試以 $[I_0]$，$[M_0]$，k_p 及 t 表示在任一時間未反應的單體濃度 $[M]$ 及平均鏈長 $\bar{x}_n$。

9-3 令 A, B, C 代表三種乙烯系單體。此三種單體均含有能吸取電子的取代基。試推荐一法以製造如下共聚合體:

A—A—A—A—B—B—B—B—A—A—A—A—C—C—C—C

第十章 共聚合反應

共聚合體為由兩種或更多種重複單體所構成的聚合體。就一般加成聚合體而論，共聚合體由兩種或更多種單體聚合而成。本章的討論將以兩種單體的自由根鏈鎖共聚合反應為基礎。這些理論不難加以推廣以適用於離子鏈鎖共聚合反應及逐步共聚合反應。

10-1 共聚合反應動力學 (*Kineics of Copolymerization*) [1]

處理共聚合反應動力學所使用的假設類似用於自由根鏈鎖聚合反應者：

（1）在一短時間內，自由根的濃度不隨時間而改變；換言之，d〔自由根〕$/dt=0$。此即隱恆狀態的假設。

（2）根鏈的反應性視其活性端基而定，換言之，根鏈的反應性完全決定於最後添加的單體單位。又反應性不受鏈長的影響。

茲考慮單體 1，M_1，與單體 2，M_2，的共聚合反應。自由根添加單體的反應有四：

反 應	反應速率	
$M_1 \cdot + M_1 \xrightarrow{k_{11}} M_1 \cdot$	$k_{11} [M_1 \cdot][M_1]$	(10-1)
$M_1 \cdot + M_2 \xrightarrow{k_{12}} M_2 \cdot$	$k_{12} [M_1 \cdot][M_2]$	(10-2)
$M_2 \cdot + M_1 \xrightarrow{k_{21}} M_1 \cdot$	$k_{21} [M_2 \cdot][M_1]$	(10-3)
$M_2 \cdot + M_2 \xrightarrow{k_{22}} M_2 \cdot$	$k_{22} [M_2 \cdot][M_2]$	(10-4)

其中 $M_1 \cdot$ 與 $M_2 \cdot$ 分別代表以單體單位 M_1 與 M_2 為末端的根鏈。

如此，若一根鏈最後添加的單體單位為 M_1，則其反應性決定於單體 M_1。此一根鏈 $(M_1\cdot)$ 添加另一 M_1 之後其反應性不變。$M_1\cdot$ 亦能添加一 M_2 而變成另一類根鏈 $M_2\cdot$。此一新根鏈 $(M_2\cdot)$ 的活性決定於 M_2。

根據第一假設，$M_1\cdot$ 與 $M_2\cdot$ 的濃度不變，亦卽由 $M_1\cdot$ 轉變為 $M_2\cdot$ 的速率與由 $M_2\cdot$ 轉變為 $M_1\cdot$ 的速率相等，

$$k_{12}[M_1\cdot][M_2]=k_{21}[M_2\cdot][M_1] \tag{10-5}$$

單體 M_1 與 M_2 消耗的速率為

$$-\frac{d[M_1]}{dt}=k_{11}[M_1\cdot][M_1]+k_{21}[M_2\cdot][M_1] \tag{10-6}$$

$$-\frac{d[M_2]}{dt}=k_{12}[M_1\cdot][M_2]+k_{22}[M_2\cdot][M_2] \tag{10-7}$$

令 $r_1=k_{11}/k_{12}=$單體 1 對其本身與對單體 2 的反應性比

$r_2=k_{22}/k_{21}=$單體 2 對其本身與對單體 1 的反應性比

(10-6) 式除 (10-7) 式並應用 (10-5) 式得

$$\frac{d[M_1]}{d[M_2]}=\frac{[M_1]}{[M_2]}\frac{r_1[M_1]+[M_2]}{[M_1]+r_2[M_2]} \tag{10-8}$$

此式稱為**共聚合體方程式** *(copolymer equation)*，其有效性已先後在許多實例中被證實。

r_1 與 r_2 稱為**單體反應性比** *(monomer reactivity ratios)*。$r_1>1$ 表示自由根 $M_1\cdot$ 較喜添加 $M_1\cdot$，$r_1<1$ 表示 $M_1\cdot$ 較喜添加M_2。就苯乙烯 (M_1) 與甲基丙烯酸甲酯 *(methyl methacrylate)* (M_2) 而論，$r_1=0.52$，$r_2=0.46$；各自由根添加異類單體的速率約 2 倍於添加同類單體的速率。若干共聚合體系的單體反應性比列於表10-1。單體反應性比可藉實驗加以決定。

10-2 共聚合體的瞬間組成 (*Instantaneous Composition of Copolymer*)

由於單體反應性的不同，在某一瞬間形成的共聚合體其組成與未反應的共單體不同。令 F_1 與 F_2 分別代表形成於任一瞬間的共聚合體所含單體單位1與單體單位2的莫耳分率，f_1 與 f_2 分別代表任一瞬間單體1與單體2在全部未反應的單體中所佔的莫耳分率，則

$$F_1 = 1 - F_2 = \frac{d[M_1]}{d([M_1] + [M_2])} \qquad (10\text{-}9)$$

$$f_1 = 1 - f_2 = \frac{[M_1]}{[M_1] + [M_2]} \qquad (10\text{-}10)$$

併用 (10-8) 至 (10-10) 諸式可得

表10-1 若干代表性的單體反應性比

單體1	單體2	r_1	r_2	$T°C$
丙 烯 腈	丁 二 烯	0.02	0.3	40
	甲基丙烯酸甲酯	0.15	1.22	80
	苯 乙 烯	0.04	0.40	60
	醋 酸 乙 烯 酯	4.2	0.05	50
	氯 乙 烯	2.7	0.04	60
丁 二 烯	甲基丙烯酸甲酯	0.75	0.25	90
	苯 乙 烯	1.35	0.58	50
	氯 乙 烯	8.8	0.035	50
甲基丙烯酸甲酯	苯 乙 烯	0.46	0.52	60
	醋 酸 乙 烯 酯	20	0.015	60
	氯 乙 烯	10	0.1	68
苯 乙 烯	醋 酸 乙 烯 酯	55	0.01	60
	氯 乙 烯	17	0.02	60
醋 酸 乙 烯 酯	氯 乙 烯	0.23	1.68	60

$$F_1 = \frac{r_1 f_1{}^2 + f_1 f_2}{r_1 f_1{}^2 + 2f_1 f_2 + r_2 f_2{}^2}$$

$$= \frac{(r_1 - 1)f_1{}^2 + f_1}{(r_1 + r_2 - 2)f_1{}^2 + 2(1 - r_2)f_1 + r_2} \tag{10-11}$$

由於單體反應性的不同, 可能有下列數種特殊情形:

(1) $r_1 = r_2 = 0$

若兩反應性比均等於零, 根鏈只能添加異種單體; 因此產生完全的**交互式共聚合體** (*perfectly copolymer*)。F_1 總是等於 0.5。

(2) $r_1 = r_2 = \infty$

此一情形相當於 $k_{12} = k_{21} = 0$。根鏈 $M_1 \cdot$ 只能添加單體 M_1, 而根鏈 $M_2 \cdot$ 只能添加單體 M_2。 如此, 反應生成物為兩種單聚合體的混合物。

(3) $r_1 = r_2 = 1$

在此情況下, 任一根鏈對任一種單體均一視同仁而且無法區別兩種單體。因此根鏈完全不規則地添加單體, 而 $F_1 = f_1$。

(4) $r_1 r_2 = 1$

此即所謂**理想共聚合反應** (*ideal copolymerization*). 兩類根鏈對一種單體的偏愛程度相同。 $k_{11}/k_{12} = k_{21}/k_{22}$。 (10-11) 式變為

$$F_1 = \frac{r_1 f_1}{f_1(r_1 - 1) + 1} \tag{10-12}$$

根據 F 與 f 的定義, 可證明

$$\frac{F_1}{1 - F_1} = \frac{r_1 f_1}{1 - f_1} \tag{10-13}$$

熟悉蒸餾原理的讀者可發現上式類似具有一定相對揮發性 (*relative volatility*) 的理想溶液的汽—液平衡組成關係式:

$$\frac{y}{1 - y} = \frac{\alpha x}{1 - x}$$

式中 x 與 y 分別為某一成分在液相與汽相中所佔的莫耳分率, α 為相

對揮發性。圖 10-1 示一系列理想共聚合體的瞬間組成曲線。除 $r_1=r_2=1$ 的特殊情形之外，在絕大部份範圍內，單體組成與聚合體組成不同。

(5) $r_1<1$, $r_2<1$

在此場合，共聚合體組成曲線與對角線 ($F_1=f_1$ 線) 相交於一點。此交點對應於

$$F_1=f_1=\frac{1-r_2}{2-r_1-r_2} \tag{10-14}$$

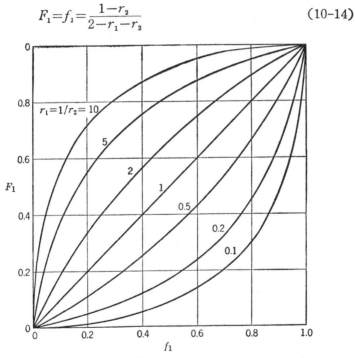

圖10-1 理想共聚合體的瞬間組成曲線。各曲線代表具有某特殊 r_1 值的理想共聚體。

當 $F_1=f_1$ 時，此聚合反應稱為**同組成共聚合反應** (*azeotropic copolymerization*)。此時所形成的共聚合體組成與單體組成相同。同組成點的組成 (*azeotropic composition*) 如 (10-14) 式所示。此種情形類似汽—液平衡中的共沸混合物 (*azeotrope*) (意謂液體與其蒸汽的

組成以及沸點相同)。

絕大多數的實例介於理想共聚合反應與交互共互聚反應之間；$0<$ $r_1r_2<1$。另有一種可能性，r_2 與 r_1 均大於 1 此反應系有形成段式聚合體 (*block copolymer*) 的趨勢。然而 r_1 與 r_2 均大於1的實例少之又少。

10-3 組成隨轉化率的變化 (*Variation of Composition with Conversion*)

一般而言，$F_1 \neq f_1$；換言之，在任一瞬間形成的聚合體的組成不同於單體混合物的組成。因此，隨反應的進行，未反應的單體混合物中反應性較大的單體的相對含量漸減，而且隨單體組成的改變，所形成的聚合體的組成依 (10-11) 而改變。

〔例 10-1〕試就下列各反應系繪瞬間共聚合體組成對單體組成曲線
(F_1-f_1曲線)，並指示組成隨反應的進行而變化的方向。

(a) 丁二烯 (1)，苯乙烯 (2)，$T=60°C$；$r_1=1.39$，$r_2=$ 0.78。

(b) 醋酸乙烯酯 (1)，苯乙烯 (2)，$T=60°C$；$r_1=0.01$，$r_2=55$。

(c) 順-丁烯二酸酐 (*maleic anhydride*) (1)，醋酸異丙烯酯 (*isopropenyl acetate*) (2)，$T=60°C$；$r_1=0.002$，$r_2=0.032$

〔解〕應用 (10-11) 式可繪得各反應系的 F_1-f_1 曲線，如圖10-2所示。由圖可見反應系 (a) 近似理想共聚合反應系。在反應系 (b) 中，無論根鏈的活性末端為何，苯乙烯的添加均佔優勢。最初形成的聚合體大部份由苯乙烯單位所構成。後來苯乙烯幾乎耗盡，所形成的聚合體中丁二烯的含量大增。在反應系 (c)

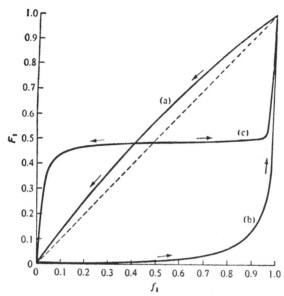

圖10-2 瞬間共聚合體組成 (F_1) 對單體組成 (f_1) 圖。(a) 丁二烯 (1)，苯乙烯 (2)；(b) 醋酸乙烯酯 (1)，苯乙烯(2)；(c) 順-丁烯二酸酐 (1)，醋酸異丙烯酯 (2)。在一分批式反應器中，組成變化的方向如箭號所示。

的場合，r_1 與 r_2 均甚小，因此在單體組成的大部份範圍內，所形成的聚合體接近交互式共聚合體 (F_1 約等於 0.5)。另一方面，因 r_1 與 r_2 均小於 1 (但不等於零)，故反應系 (c) 有一同組成點 (F_1-f_1 曲線橫過對角線之點)。此點位於 $F_1=f_1=0.493$。若 f_1 的最初值大於 0.493 則 F_1 與 f_1 隨轉化率的增加而增加；若 f_1 的最初值小於0.493，則 F_1 與 f_1 隨轉化率的增加而減少。

設有一分批式反應器，其內有 N_1 莫耳單體 1 及 N_2 莫耳單體 2 單體總莫耳數為 $N=N_1+N_2$。在時間 t，單體組成為 f_{10}。在一小段時間 dt 之內有 dN 莫耳單體聚合成共聚合體，此時形成的共聚合體的組成為 F_{10}。如此，在時間 $t+dt$ 剩下 ($N-dN$) 莫耳單體，而且單體的組成變為(f_1-df_1)。對單體 1 作一質量平衡得

$$f_1N = (N - dN)(f_1 - df_1) + F_1 dN$$

展開上式並忽略二次微分項得

$$\frac{dN}{N} = \frac{df_1}{(F_1 - f_1)} \tag{10-14}$$

反應開始時單體總莫耳數為 N_0，單體組成為 f_{10}。經過一段時間之後剩餘 N 莫耳單體，其組成為 f_1。積分上式得

$$\ln \frac{N}{N_0} = \int_{f_{10}}^{f_1} \frac{df_1}{(F_1 - f_1)} \tag{10-15}$$

此式與用來敍述分批蒸餾中液體組成的羅列方程式 (*Rayleigh equation*) 完全相似。選擇充分多個 f_1 值並藉(10-11)式計算 F_1 的對應值，然後即可求得單體組成與轉化率 $(1 - N/N_0)$ 間的關係。若 $r_1 \neq 1$，$r_2 \neq 1$，(10-11)式與(10-15) 式的分析解 (*analytic solution*) 〔2〕為

$$\frac{N}{N_0} = \left(\frac{f_1}{f_{10}}\right)^{\alpha} \left(\frac{f_2}{f_{20}}\right)^{\beta} \left(\frac{f_{10} - \delta}{f_1 - \delta}\right)^{\gamma} \tag{10-16}$$

此處 $\alpha = r_2 / (1 - r_2)$

$\beta = r_1 / (1 - r_1)$

$\gamma = (1 - r_1 r_2) / (1 - r_1)(1 - r_2)$

$\delta = (1 - r_2) / (2 - r_1 - r_2)$

若 $r_1 r_2 = 1$，其解為

$$\left(\frac{N}{N_0}\right)^{r_1 - 1} = \frac{f_1}{f_{10}} \left[\frac{1 - f_{10}}{1 - f_1}\right]^{r_1} \tag{10-17}$$

由 (10-16) 式及 (10-17) 式可求得單體組成與轉化率間的關係，再由 (10-11) 式可求得瞬間共聚合體組成與轉化率間的關係。應注意，因自反應之初至高轉化率達成之間所形成的共聚合體的組成變化可能相當大，共聚合體的性質亦可能有相當大的變化。

除瞬間共聚合體組成 F_1 之外，迄至某一轉化率為止形成於反應器

中的**共聚合體總平均組成** (*overall average composition*) $\bar{F}$ 亦極重要，這可由如下質量平衡求得：

進料中　M_1　的莫耳數＝聚合體中　M_1　的莫耳數＋剩餘單體中

M_1　的莫耳數

$$f_{10}N_0 = \bar{F}_1(N_0 - N) + f_1 N \tag{10-18}$$

整理之得

$$\bar{F}_1 = \frac{f_{10} - f_1\left(\dfrac{N}{N_0}\right)}{\left(1 - \dfrac{N}{N_0}\right)} \tag{10-19}$$

〔**例 10-2**〕今欲以一分批式反應器製造醋酸乙烯酯與十二酸乙烯酯 (*vinyl laurate*) 的共聚合體。最初加料含 50 莫耳%醋酸乙烯酯（單體 1 ）及50莫耳%十二酸乙烯酯。在所用反應溫度下，$r_1=1.4$, $r_2=0.7$。試繪製 F_1, $\bar{F}_1$ 及 f_1 對轉化率曲線。

〔**解**〕本題的計算可以 f_1 爲自變數 (*independent variable*)。醋酸乙烯酯爲較活潑的單體，隨反應的進行，單體混合物中及聚合體中十二酸乙烯酯的含量漸增（參閱圖10-2中曲線 b），因此 f_1 變化於 0.5 與 0 之間。對每一 f_1 值可由 (10-16) 式算出轉化率 $(1-N/N_0)$。應用 $r_1=1.4$, $r_2=0.7$ 可

得　$\alpha = r_2/(1-r_2) = 2.33$

　　$\beta = r_1/(1-r_1) = -3.50$

　　$\gamma = (1-r_1 r_2)/(1-r_1)(1-r_2) = -0.16$

　　$\delta = (1-r_2)/(2-r_1-r_2) = -3.0$

這些數值可用於(10-16) 式以計算 N/N_0 值。對應於每一 f_1 值的 F_1 及 $\bar{F}_1$ 值可分別由(10-11)式及(10-19)式算出。

計算結果示於圖 10-3。應注意，在本例中 $\bar{F}$ 在整個轉

化率範圍(0%－100%)內變化不大，但 f_1 與 F_1 的變化相當
大，尤其是在接近100%轉化率時 F_1 隨轉化率的變化甚大。

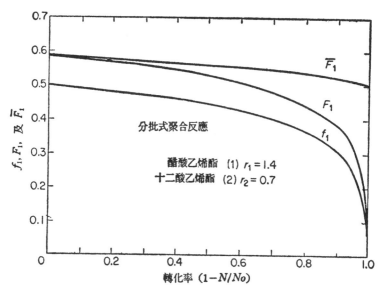

圖10-3 單體分率、瞬間共聚合體組成及總平均聚合體組成隨轉化率變化的情形

10-4 獲得均勻共聚合體組成的方法 (*Attainment of Homogeneity in Copolymers*) [3]

若不適當控制共聚合反應，所獲得的共聚合體的組成分布可能相
當廣。組成的不均勻可導致性質的不均勻。獲致均勻共聚合體組成的
方法有二 (1) 依所欲聚合體組成而加入適當組成的單體混合物，反應
開始之後繼續添加適量較活潑的單體以維持單體組成於一定值。(2)
在反應完全之前停止反應。例如在例10-2的反應中若在轉化率達到40
%之前停止反應，則所獲得的聚合體的組成的變化不大。

圖 10-4 示工業上用來製造均勻共聚合體的三種技藝。圖10-4(a)

爲一分批式反應器, 在反應過程性中不斷加入活性較大的單體。圖10-4 (b) 爲一連續式攪拌槽反應器, f_1 與 F_1 兩者均不隨時間而改變。圖 10-4(c) 爲一管式反應器。適當地限制轉化率 (減小反應物在反應管

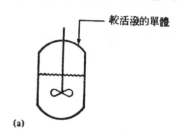

(a)

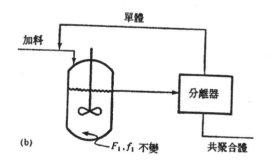

(b)

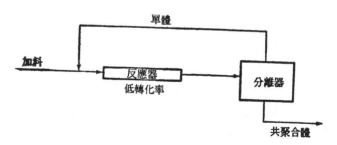

圖10-4 工業上用以製造均勻共聚合體的三種技藝。(a) 分批式反應器; (b) 繼續式攪拌槽反應器; (c) 管式反應器。

中的滯留時間) 可保持 F_1 的變化於一微小值。在以上三種場合均須分離未反應的單體與聚合體。在後二場合須循環復用 (recycle) 未反應的單體。

10-5　單體反應性比的決定與 Q-e 法 (Determination of Monomer Reactivity Ratio and Q-e Scheme)

　　決定 r_1 與 r_2 的方法是將各種不同組成的單體聚合至一低轉化率，然後分離共聚合體並決定其組成。應用實驗數據及 (10-8) 式或 (10-11) 式可決定 r_1 與 r_2 的值。

　　阿爾福雷與普萊斯 (Alfrey and Price) 〔4〕提出估計單體反應性比的半經驗式。他們認為每一單體在自由根共聚合反應中具有其特殊的 Q 值與 e 值，而 Q, e 與反應性比 r 之間有如下關係：

$$r_1 = \frac{Q_1}{Q_2} \exp[-e_1(e_1-e_2)] \tag{10-20}$$

$$r_2 = \frac{Q_2}{Q_1} \exp[-e_2(e_2-e_1)] \tag{10-21}$$

$$r_1 r_2 = \exp[-(e_1-e_2)^2] \tag{10-22}$$

其中 Q 的值決定於單體的反應性，e 值比例於取代基上永久電荷藉以極化雙重鍵的靜電作用力。苯乙烯的 Q 與 e 值被定為 $Q=1$, $e=-0.80$ 以作為參考值。藉共振而穩定化的單體 (resonance-stabilized monomers) 如丁二烯具有高的 Q 值，而無共軛雙重鍵的單體如乙烯 ($Q=0.015$, $e=-0.20$) 具有低 Q 值。e_1 反映單體 1, M_1, 及根鏈 $M_1 \cdot$ 的極性。負 e 值指示富於電子的單體 (或具有能施與電子的取代基的單體)，而正 e 值指示貧於電子的單體 (或具有能接受電子的取代基的單體)。若干 Q-e 值示於表 10-2。

　　因 Q-e 值的決定並不十分準確，而且常因單體對而異，Q-e 法

在實用上並不十分成功。只在缺少實驗數據的情況下才使用 *Q-e* 法估計單體反應性比。

表10-2 若干代表性的 **Q-e** 值

單體	Q	e
丙烯腈 (*Aorylonitrile*)	0.60	1.20
甲基丙烯酸正丁酯(*n-butyl methacrylate*)	0.50	1.06
丙烯酸甲酯(*Methyl acrylate*)	0.42	0.60
甲基丙烯腈(*Methacrylonitrile*)	1.12	0.81
氯乙烯(*Vinyl chloride*)	0.044	0.20
甲基丙烯酸甲酯(*Methyl methacrylate*)	0.74	0.40
醋酸乙烯酯(*Vinyl acetate*)	0.026	−0.22
苯乙烯(*Styrene*)	1.0	−0.80
丁二烯(*Butadiene*)	2.39	−1.05
異戊二烯(*Isoprene*)	3.33	−1.22

10-6 逐步共聚合反應 (*Step-Reaction Copolymerization*)

到此為止我們所討論的只限於加成共聚合反應。 依照本書的定義, 由逐步反應所造成的共聚合體至少涉及三種單體。例如 $HO(CH_2)_2OH, HOOC(CH_2)_7COOH,$ 及$HOOC(CH_2)_9COOH$三種單體可形成一共聚合體, 此共聚合體由 $\{O-(CH_2)_2-O-\overset{\overset{O}{\|}}{C}-$

$(CH_2)_7-\overset{\overset{O}{\|}}{C}\}$ 與 $\{O-(CH_2)-O-\overset{\overset{O}{\|}}{C}-(CH_2)_9-\overset{\overset{O}{\|}}{C}\}$ 兩種重復單位所構成。根據官能基的活性不受分子鏈長影響的假設,共單體單位將無規則地沿聚合體鏈分布, 且其量與其在加料中的濃度成正比。因此在逐步共聚合反應中所謂「反應性比」等於 1。但實際上有不少例外。例如丁二酸 (*succinic acid*)$HOOC(CH_2)_2COOH$ 與己二酸 (*adipic acid*) HOOC(CH₂)₄COOH 由於分子上兩羧基 (*carboxyl group*) 間距離的不同而有不同的酯化速率。同理，乙二醇與1, 4-丁二醇的酯化速率亦異。若有不同反應性的存在，則較活潑的物種有先進入聚合體的趨勢。

10-7 段式與接枝式共聚合體 (*Block and Graft Copolymers*)

上述討論只限於一般性無規則共聚合反應。工業上已有多種段式共聚合體與接枝式共聚合體被製成。

雖然藉自由根反應可製造段式共聚合體，但製造加成共聚合體的最重要方法為陰離子聚合法 (見9-2節)。將第二種單體加入「活聚合體」可製成段式共聚合體，而且此等段式聚合體的段長及分子量可準確地加以控制。此程序可反覆進行以製造含有多種單體單位段的段式聚合體。例如先以正丁基鋰為引發劑製造活的聚丁二烯，然後加入苯乙烯，然後再加入丁二烯可得如下段式聚合體:

$$B\{B_m\}B-\{S\}_nS-B\{B\}_k-B$$

$$B=丁二烯; \quad S=苯乙烯$$

藉逐步反應製造段式共聚合體相當簡單。其法為先製造兩種具有活性端基的單聚合體，然後令兩者在另一情況下聚合。例如兩種不同的聚酯可事先分別製成，然後混合此兩種聚酯並令其繼續聚合即得段式聚酯。

由開環反應製造段式共聚合體亦可利用活性端基。例如以含有羥端基的環氧乙烷(*ethylene oxide*)(*E*) 聚合體開始環氧丙烷(*propylene oxide*)(*P*) 的聚合反應可得段式聚合體。

$$\text{HO}-\text{E}\{\text{E}\}_x\text{E}-\text{H} \xrightarrow{P} \text{HO}-\text{P}\{\text{P}\}_y\text{P}-\text{E}\{\text{E}\}_x-\text{E}-\text{P}\{\text{P}\}_z\text{P}-\text{H}$$

$$\text{E} = \overset{\text{O}}{\overset{\diagup\ \diagdown}{\text{CH}_2-\text{CH}_2}} \quad \text{或} \ \{\text{CH}_2-\text{CH}_2-\text{O}\}$$

$$\text{P} = \overset{\text{O}}{\overset{\diagup\ \diagdown}{\text{CH}_2-\underset{\underset{\text{CH}_3}{|}}{\text{CH}}}} \quad \text{或} \ \{\text{CH}_2-\underset{\underset{\text{CH}_3}{|}}{\text{CH}}-\text{O}\}$$

因 E 段為親水的 (*hydrophilic*) 而 P 段為疎水的 (*hydrophobic*)，此一段式聚合體為極有用的**潤濕劑** (*wetting agent*)。

在一事先形成的聚合體主幹上長出另一種單體的聚合體可得**接枝式共聚合體**。大多數接枝式共聚合體係藉自由根反應而製成。其法是在一聚合體主幹上（不包括末端）造成活性點 (*active site*) 然後令其與另一種單體反應。例如，在空氣中以伽瑪射線照射聚乙烯可在其鏈上形成過氧化物或自由根，然後令其與丙烯腈($\text{CH}_2=\text{CHCN}$)接觸，聚合反應在自由根點被引發，而聚丙烯腈枝卽在聚乙烯主幹上長出。

$$\text{E-}\underset{\bullet}{\text{E}}\text{-E-}\underset{\bullet}{\text{E}}\text{-E-}\underset{\bullet}{\text{E}}\text{-E-E} \xrightarrow{A} \text{E}-\text{E}-\text{E}-\text{E}-\text{E}-\text{E}-\text{E}-\text{E}$$

E＝乙烯
A＝丙烯腈

文　獻

1. Mark, H. et. al. "Copolymerization Reactivity Ratios," Ch. II-**6** in *Polymer Handbook* (J. Brandrup and E. H. Immergut, eds). John Wiley & Sons, Inc., New York, 1966.

2. Meyer, V. E. and G. G. Lowry, "Integral and Differential Binary Copolymerization Equations." *J. Polymer Sci.*, A3, p.2843, 1965.

3. Hanna, R. J. "Synthesis of Chemically Uniform Copolymers." *Ind. and Eng, Chem*, 49, No. 208, 1957.

4. Alfrey, T., Jr. and C. C. Price. "Relative Reactivities in Vinyl Copolymerization". *J. Polymer Sci.*, 2, 101, 1947.

補充讀物

1. Billmeyer, F.W. Jr. *Textbook of Polymer Science.* 2nd ed., Ch. 11. John Wiley & Sons. Inc., New York, 1971.

2. Lenz, R. W. *Organic Chemistry of Synetic High Polymers.* Interscience Div., John Wiley and Sons, New York, 1967.

3. Aggarwal S.L. *Block Polymers.* Plenum Press, New York, 1970.

4. Battaerd, H. A. J. and G. W. Tregear. *Graft Copolymers.* John Wiley and Sons. Inc., New York, 1967.

習　題

10-1 理想共聚合反應與完全交互共聚合反應有何不同?

10-2 試就下列各場合計算最初形成的共聚合體的組成。假設加料中兩種單體的莫耳數相等。

 (1) $r_1=0.1$ $r_2=0.2$

 (2) $r_1=0.1$ $r_2=10$

 (3) $r_1=0.1$ $r_2=3$

 (4) $r_1=0$ $r_2=0.3$

 (5) $r_1=0$ $r_2=0$

 (6) $r_1=0.8$ $r_2=2$

 (7) $r_1=1$ $r_2=15$

10-3 丁二烯（單體1）與苯乙烯在一分批式反應器中進行共聚合反應。反應混合物保持於 $60°C$。$r_1=1.39$，$r_2=0.78$。加料含 30 莫耳%丁二烯及 70

莫耳%苯乙烯。試繪製 f_1, F_1 及 $\bar{F}_1$ 對轉化率曲線。

10-4 單體 1 與單體 2 在一恆溫分批式反應槽中進行共聚合反應。假設 $r_1=0.6$，

$r_2=0.3$; $f_{10}=\dfrac{1-r_2}{2-r_1-r_2}$。試繪製 f_1, F_1 及 $\bar{F}_1$ 對轉化率曲線。

10-5 今欲自 $CH_2=CHX$ (M_1) 及 $CH_2=CHY$ (M_2) 製造一共聚合體。此共聚合體中X基含量須為Y基含量的兩倍。假設此二種單體進行理想共聚合反應，且 $M_1\cdot$ 添加 M_1 的速率二倍於 $M_1\cdot$ 添加 M_2 的速率。試舉出一種可行的製造方法並定出加料的組成。

10-6 令 $X=f_1/(1-f_1)$, $Y=F_1/(1-F_1)$。試證明重新安排 (10-11) 式可得

$$\frac{Y-1}{X}=r_1-\left(\frac{Y}{X^2}\right)r_2$$

此式可用來決定 r_1 與 r_2。試由下列實驗試據求 r_1 與 r_2 值。

加料組成	聚合體組成
$f_1/(1-f_1)$	$F_1/(1-F_1)$
0.125	0.150
0.250	0.358
0.500	0.602
1.000	1.33
4.000	4.72
8.000	10.63

（提示：以$(Y-1)/X$對(Y/X^2)作圖可得一直線）

10-7 在單體 1 與單體 2 的恆溫共聚合反應中，$r_1=1.0$, $r_2=0.5$.
最初 $f_2=2f_{10}$。

(a) 在最初形成的聚合體中何種單體佔優勢？

(b) 當 10% 最初加入的單體轉化成共聚合體時，所形成的聚合體中單體 1 的含量是否大於其在最初形成的聚合體中的含量？

10-8 試應用表 10-2 所列 $Q-e$ 值計算下列單體對的單體反應性比。(a) 苯乙烯—丁二烯；(b) 苯乙烯—甲基丙烯酸甲酯。

第十一章　聚合體製造法

工業上製造聚合體的主要方法有四：總體聚合法, 溶液聚合法, 懸浮聚合法及乳化聚合法。我們在第七至第十章討論聚合反應動力學時假設聚合反應系爲單體與聚合體的均勻混合物或單體與聚合體溶解於一溶液而成的均勻溶液。此類反應即所謂**均相聚合反應** (*homogeneous polymerization*)。我們在討論配位聚合反應時提及**非均相聚合反應** (*heterogeneous polymerization*)。非均相聚合反應系由二相或更多相所組成, 是不均勻的混合物。上述四種聚合法之中, 大部份總體聚合反應及一部份溶液聚合反應屬於均相聚合反應, 懸浮聚合反應, 乳化聚合反應及一部份總體聚合反應與溶液聚合反應屬於非均相聚合反應。

11-1　總體聚合反應 (*Bulk or Mass Polymerization*)

將單體轉化成聚合體的最簡單、最直接方法爲總體聚合法。反應系只含單體與聚合體(及引發劑或觸媒)。此種聚合法似乎很簡單, 但卻可能有若干缺點。圖 11-1[1] 指示總體反應的困難之一。圖中諸曲線表示數種不同濃度的甲基丙烯酸甲酯(*methyl methacrylate*)在恆溫下的聚合情形, 所用溶劑爲苯。在低濃度之下, 轉化率對時間曲線與(8-14)式所描述者無異。但在較高濃度（例如高於60%）之下可觀察到聚合反應顯著加速的現象。此一現象與古典動力學所描述者不一致, 稱爲**自加速效應**(*autoacceleration*)或**凝膠效應**(*gel effect*)或**特龍斯多夫效應**(*Tromsdorff effect*)。

造成此一現象的原因是濃聚合溶液的極高黏度（約 10^6 泊）。傳

播反應的發生需要小單體分子接近生長鏈的末端，而終止反應的發生則需要兩生長鏈的末端互相接近。在高聚合體濃度(及高黏度)之下，鏈的移動受極大的限制。但單體分子的移動並不如此困難。因此終止反應受聚合體鏈擴散 (*diffusion*)(擴散而互相接近) 速率的限制，其結果使終止速率降低，因而使聚合速率增加。在極高濃度及低於 T_g (被單體塑化了的聚合體的 T_g) 的溫度下，聚合體鏈失去其活動性，此時傳播反應亦受擴散速率的控制，因此聚合反應無法達到完全的地步，如 100% 曲線 (卽總體反應曲線) 所示。

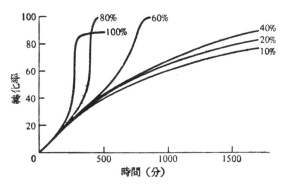

[圖11-1　甲基丙烯酸甲酸在 50°C 的聚合情形。各曲線對應於不同的單體濃度。所用溶劑爲苯，引發劑爲過氧化二苯甲醯。

　　反應熱的不易移去爲總體聚合法的另一困難。乙烯系單體的聚合放出相當大量的熱——介於 −10 與 −21 仟卡/莫耳之間。有機物的熱容量及導熱係數低 (約爲水的一半)。尤有甚者，高黏度有碍熱的傳送。因此，反應所放出的熱不易移去。這使溫度增加，溫度的增加更使反應速率及放熱量增加，……。當溫度增加到反應器所能承受的極限時，可能使反應器破裂或甚至發生爆炸。

　　避免此一困難的方法有數種：

　　(1) 限制反應器的大小或厚度，使反應熱易於導出。例如聚甲基

丙烯酸甲酯板（俗稱亞克力板）通常鑄造 (cast) 於兩玻璃板之間。兩玻璃之間的距離不得超過 3/4 吋。

(2) 使用低反應溫度及低引發劑濃度以保持低反應速率。上述製造亞克力板所需聚合時間約為30-100時。溫度隨單體濃度的降低而緩慢上升。此法費時而不經濟。

(3) 以聚合體稠液 (sirup) 為開始原料。預先在一鍋式反應器中將單體局部聚合或將聚合體溶解於單體中而製成聚合體稠液。以聚合體稠液為原料可減少反應放出的熱和最後聚合體中單體的含量。在 0 與 100% 轉化率之間反應混合物的密度可能有 20 至 30% 的變化。以聚合體漿為原料以鑄造聚合體可減輕收縮的程度。

(4) 使用連續式聚合反應器，提供大熱傳送面積。

總體反應法在加成聚合體的製造方面的應用不大。其主要應用為聚甲基丙烯酸甲酯的鑄造及苯乙烯的連續式聚合反應。圖11-2示苯乙烯的連續式聚合反應裝置〔2〕。首先苯乙烯在攪拌槽中進行聚合反應

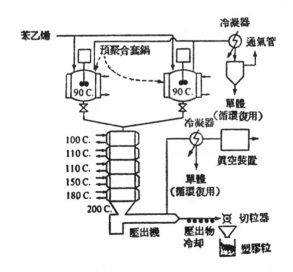

圖11-2　苯乙烯的連續式總體聚合反應。

至40％轉化率。然後反應混合物經一反應塔而下流。塔中設有螺旋片式攪拌器。攪拌器緩慢旋轉以提高熱傳送的效率並將反應混合物帶下。在反應塔的出口，轉化率可達95％以上。然後反應混合物進入一壓出機 (*extruder*)，未反應的單體在壓出機上方以眞空吸出。被壓出的條狀熔融聚合體經冷卻後切成約 1/8×1/8×1/8 吋的柱形塑膠粒。此塑膠粒可售與加工業者以塑造成各種器物。

雖然總體聚合法在加成聚合體生產方面的應用並不廣泛，它在縮合聚合體生產方面的應用卻極普遍。例如耐龍 66 及聚對-酞酸乙烯酯的製造卽應用總體聚合法，縮合聚合反應所放出的熱量並不太大，而且反應物的反應性較低，通常需要高溫 (260-275°C 爲典型的反應溫度)。又熔融聚合體的黏度亦不過份高，因此溫度的控制較不困難。

總體聚合法的優點爲：

(1) 加料只含單體，引發劑或觸媒或鏈鎖轉移劑，可獲得高純度聚合體。這在電器及光學方面的應用尤其重要。

(2) 可直接鑄造成一定形狀的聚合體。

(3) 以總體聚合法製造聚合體每單位反應器體積的產量最高。

總體聚合法的若干缺點爲：

(1) 反應常不易控制。

(2) 爲便於控制起見常須保持低反應速率，此點較不經濟。

(3) 不易同時獲得高反應速率及高平均分子量。

(4) 最後未反應的單體不易除去。

固態聚合反應 (*solid state polymerization*) 亦屬於總體反應的一種。若干烯類及環型單體可藉電子放射的引發而在固體中行聚合反應。固態聚合反應亦可應用於縮合聚合體的製造。例如紡織用的聚對-酞酸乙烯酯的極限濃度數約爲 0.62, 可直接由熔融聚合法 (*melt poly-merization*) 製得。但輪胎紗線 (*tire yarn*) 用的聚對-酞酸乙烯酯須具

0.9 以上的極限黏度數才有足夠的強度。單靠熔融聚合法無法獲得如此高極限黏度數。因此通常以熔融聚合法製成極限黏度數約等於 0.62 的聚酯。將此熔融的聚酯冷卻並切成細粒，再藉固態聚合法在介於 T_g 與 T_m 的溫度下(約 220°C) 令其繼續聚合至 0.9 以上的極限黏度數。因聚合體鏈能在高於 T_g 的溫度下運動，活性的聚合體末端可互相接近，故能在固體中進行反應。聚對-酞酸乙烯酯的固態聚合反應器常為抽成真空的轉動槽。真空有利於乙醇的移去，使此聚酯繼續聚合。

11-2 溶液聚合法 (*Solution Polymerization*)

在溶液中進行聚合反應可避免總體反應程序的若干缺點。如圖11-1所示，溶液聚合反應可避免自加速效應。溶劑的加入增加反應系的熱容量，而且可降低反應混合物的黏度。此外，聚合反應熱可簡便地藉溶劑的回流 (*reflux*) 而除去。溶劑沸騰而帶走反應熱，溶劑在冷凝器中冷凝之後又流回反應器。

溶液聚合反應法有下列優點:

(1) 反應熱易於移去，溫度易於控制。

(2) 因大部份溶液聚合反應遵循已知的反應動力學，反應器的設計較有依據。

(3) 在某些場合〔例如漆 (*lacquer*) 的製造〕，所要的聚合體溶液可直接得自反應器。

溶液聚合反應法的若干缺點如下:

(1) 因平均鏈長與 [M] 成正比 (就自由根加成反應而論)，溶劑的使用降低[M]及平均鏈長。又溶劑可能成為鏈鎖轉移劑而降低 x_n。

(2) 須使用大量昂貴、易燃性或可能有毒性的溶劑。

(3) 聚合體的分離及溶劑的回收 (*recovery*) 增加生產費用。

(4) 不易完全除去溶劑，聚合體成品可能含有少量溶劑。

(5) 溶劑的使用降低每單位反應器體積的產量。

大部份離子及立體規則性聚合反應為溶液聚合程序。異丁烯 (*iso-butylene*) 的陽離子聚合反應在 $-150°F$ 的溫度下進行，此反應以 **BF₃** 為引發劑，而以乙烯為溶劑。反應熱藉乙烯的回流 (*reflux*) 而移去。圖 11-3 示一使用齊格勒—那達觸媒的配位聚合反應程序〔3〕。熱的移去可應用溶劑的回流及冷卻套 (*cooling jacket*)。若聚合體為結晶性

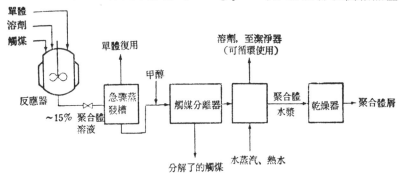

圖11-3　典型的齊格勒-那達聚合反應程序

者，反應可在高於或低於 T_m 的溫度下進行。若反應溫度低於 T_m，則聚合體產生之後可結晶析出，但反應器的產品為聚合體漿，而非均勻的溶液。通常以甲醇消去觸媒的活性，然後以沉澱法、離心法或過濾法除去觸媒。溶劑及未反應的單體可藉熱水驅出並加以收回。聚合體水漿可加以乾燥而形成聚合體屑。若聚合體的最後用途為橡膠，可將聚合體屑壓緊而加以捆包。若聚合體的最後用途為塑膠，可將聚合體屑熔化、壓出、冷卻並切成塑膠粒。

11-3　懸浮聚合法 (*Supension Polymerization*)

我們在討論總體聚合法時指出反應系的尺寸應小以利熱的移去。

懸浮聚合反應法卽充分應用此一原理。其法是將直徑爲0.01—1*mm*的單體物質懸浮於一不活潑的非溶劑（通常爲水）中。如此，每一小滴成爲一個總體反應器。因其尺寸甚小而且非溶劑介質(水)的黏度低，熱傳送不成問題。

因懸溷體 (*suspension*) 在熱力學上不穩定，故須藉攪拌及加入懸浮劑 (*suspending agent*) 加以維持。典型的加料如下：

單體（不溶於水）
引發劑（溶於單體） } 單體相
鏈鎖轉移劑（溶於單體）

水

懸浮劑 { 保護性膠體 (*protective colloid*)
不溶性無機鹽

有兩類懸浮劑可供使用。保護性膠體爲一種水溶性聚合體，聚乙烯醇爲一有效的保護性膠體，其功用在增加水相的黏度以阻碍單體滴的結合，但不影響聚合反應。粉狀不溶性無機鹽如 $MgCO_3$ 等亦可使用。此種無機鹽藉表面張力而吸附於單體滴與水之間的介面，這可阻止單體滴在碰撞時結合。

單體相與水相的體積比約爲1比2至1比4。反應在氮氣的籠罩下進行。最初加熱以開始聚合反應。反應開始之後，其所放出的熱可藉冷水套 (*cooling water jacket*) 或藉單體與水的回流而移去。在達到充分高的轉化率以後，小滴變成堅硬的小珠，因此懸浮聚合法又稱**爲小珠聚合法** (*bead or pearl polymerization*)。珠的大小視攪拌的程度而定。在 20 至 70% 轉化率之間，必須小心控制攪拌。在其間若攪拌停止或減緩，黏性的粒子將結合成塊。在達到 20% 轉化率之前有機相（單體＋聚合體）仍具有相當大的流動性，卽使結合，仍可分散。在達到 70% 轉化率以後，粒子已充夠堅硬，不致於結合。

因任何流系（*flow system*）必有較不流動的角落，懸浮聚合反應不宜採用連續式者。圖11-4 示一典型的懸浮聚合程序〔**4**〕。通常反應器有一外套以便冷卻或加熱。反應器內襯以玻璃，其容量可高達

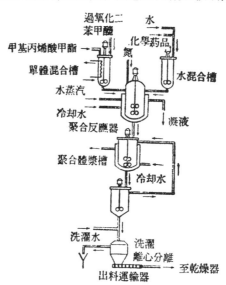

圖11-4 甲基丙烯酸甲酯的懸浮聚合反應

20,000 加侖。聚合體珠可藉過濾法或離心法及水洗法以除去保護性膠體，或以稀酸冲洗以分解 $MgCO_3$。聚合體珠可直接加以模製（*molding*）或經熔化、壓出再切成模製用粉（*molding powder*）。有時亦可直接作為離子交換樹脂（*ion-exchange resins*）。

懸浮聚合法的主要優點為:

(1) 熱的移去及控制簡單。

(2) 成品聚合體處理簡單。

其缺點為

(1) 單位反應器體積的產量少。

(2) 因聚合體珠上必附有殘餘的懸浮劑，其純度不如總體聚合成

品。

(3) 無法使用連續式程序。

11-4　乳化聚合法 (*Emulsion Polymerization*)

第二次世界大戰期間，日本切斷美國天然橡膠的供應，因而促使美國對合成橡膠的研究。苯乙烯-丁二烯共聚合體橡膠 (*Styrene-Butadiene Rubber*, 簡稱 *SBR*) 卽在戰時拓展成功，迄今仍爲最重要的合成橡膠。*SBR*及許多聚合體的製造係採用當時拓展成功的乳化聚合法。

史密斯與愛華特 (*Smith and Ewart*) 在戰後提出乳化聚合反應機構的解釋。爲便於了解反應情形起見，茲先介紹一典型乳化聚合法的加料，

　　　100 份（依重量計）單體（非水溶性）

　　　180 份水

　　　2—5 份脂肪酸肥皂 (*fatty acid soap*)

　　　0.1-0.5 份水溶性引發劑

　　　0-1 份鏈鎖轉移劑

所用肥皂爲一乳化劑 (*emulsifier*) 屬於一種表面活性劑，使用肥皂的目的在乳化單體。肥皂爲有機酸的鈉或鉀鹽：

$$\begin{array}{c} O \\ \parallel \\ (R-C-O)^-Na^+ \end{array}$$

若將少量肥皂加入水中，肥皂電離而浮游於水中。其陰離子由一高度極性的親水 (*hydrophilic*) 頭(—COO⁻)及一有機的疏水 (*hydrophobic*) 尾(—R)所構成。當肥皂濃度逐漸增加而達到一臨界值時，陰離子開始集結成團而不再單獨浮游。此種陰離子團的直徑約爲 50-60*A*

$(1cm=10^4\mu=10^8A)$, 小到不能以放大倍數低的顯微鏡加以觀察, 稱為微胞 (*micelle*)。在微胞中, 陰離子的疏水尾向內（盡量離開水）而親水頭向外。陽離子存在於陰離子頭附近。觀察肥皂溶液性質（如導電性及表面張力）隨濃度變化的情形（見圖11-5）可決定微胞開始形

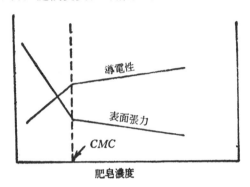

圖11-5 臨界微胞濃度的決定

成時的濃度。溶液性質隨濃度的變化率在某一特殊點突然改變。此點所對應的濃度稱爲**臨界微胞濃度** (*critical micelle concentration* 或簡稱 CMC)。

當一有機單體加入微胞水溶液時, 它較喜微胞內部的有機環境。一部份單體集結於微胞內部而使微胞膨脹, 直至此一趨勢與微胞表面張力的收縮力達成平衡爲止。然而大部份單體分布於爲肥皂所穩定而且遠大於微胞 $(1\mu$ 或 $10^4A)$ 的滴中。此一複雜混合物爲一乳化系。與懸濁體不同, 乳濁體 (*emulsion*) 在熱力學上爲穩定的, 即使停止攪拌乳濁體仍可保持。肥皂的清潔力即有賴於其乳化油脂的能力。

雖然大部份單體出現於單體滴中, 被單體膨脹了的微胞卻由於直徑小而擁有較大的表面積。

水溶性的引發劑在水相中分解而產生自由根。通常所用引發劑爲過硫酸鉀或過硫酸銨:

$$S_2O_8{}^= \rightarrow 2\ SO_4 \cdot{}^-$$

過硫酸根硫酸根離子　　　自由根

產生自由根的較新、較有效方法爲氧化還原法:

1. $S_2O_8{}^= + HSO_3{}^- \longrightarrow SO_4{}^= + SO_4 \cdot{}^- + HSO_3 \cdot$

　　過硫酸根　　　亞硫酸氫根

2. $S_2O_8{}^= + Fe^{++} \longrightarrow SO_4{}^= + Fe^{3+} + SO_4 \cdot{}^-$

3. $HSO_3{}^- + Fe^{3+} \longrightarrow HSO_3 \cdot + Fe^{++}$

$$S_2O_8{}^= + HSO_3{}^- \longrightarrow SO_4{}^= + SO_4 \cdot{}^- + HSO_3 \cdot$$

戰時原來所採用的 *SBR* 聚合反應在 $50°C$ 之下進行, 以過硫酸鉀爲引發劑, 其產品稱爲**熱橡膠** (*hot rubber*)。後來使用較有效的氧化還原引發劑, 聚合反應溫度可降低到 $5°C$, 其產品稱爲**冷橡膠** (*cold rubber*)。因低溫有利於丁二烯的順 1, 4- 加成 (*cis 1, 4-addition*), 冷橡膠的品質較優。圖 11-6 示一乳化聚合反應系。

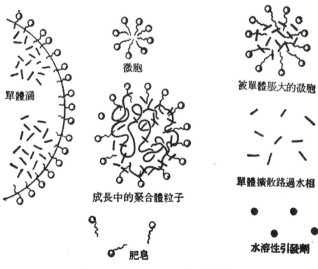

單體滴

微胞

被單體脹大的微胞

成長中的聚合體粒子

單體擴散路過水相

肥皂

水溶性引發劑

圖 11-6 乳化聚合反應系

產生於水相的自由根無規則地游動直至與單體遭遇爲止。因微胞的表面積遠大於單體滴，一自由根進入微胞的或然率遠大於進入單體滴的或然率。自由根一碰到微胞中的單體立卽引發聚合反應。單體轉變爲聚合體使微胞內單體的濃度降低，於是未引發反應的微胞中及滴中的單體開始擴散而進入含有聚合體而且斷續脹大的微胞。最初含有單體但不被自由根擊中的微胞因失去單體而終於消失。如此，反應系中的生長粒子數目趨於隱定。此時反應系含有一定數目的成長中的聚合體粒子（原來爲微胞）及單體滴。單體滴作爲供應單體的貯庫。

內有單體而被一自由根擊中的微胞含有一聚合體鏈。若每粒子只含一自由根，則聚合體鏈不可能被終止，因此它繼續生長直到第二自由根進入該粒子。實驗顯示此種聚合反應的終止速率遠大於傳播速率。因此第二自由根一進入，粒子內的聚合反應卽終止（兩自由根合併）。此後該粒子保持休止狀態直到第三自由根進入而引發第二聚合體鏈。此第二根鏈繼續成長直到它被第四個進入的自由根終止……。

如此，根據傳統的乳化聚合反應理論，在超過若干％轉化率之後，反應混合物含有一定數目的聚合體粒子。在任一時間，每一粒子非含有一生長鏈卽含有零生長鏈。根據統計學，若反應混合物每升含 N_p 個粒子，則每升反應混合物含 $N_p/2$ 生長鏈。

聚合反應速率爲

$$r_p = k_p [M][M \cdot] \tag{11-1}$$

此處 k_p 爲均匀傳播速率常數（升粒子/莫耳-秒），M 爲粒子內單體的平衡濃度（莫耳/升粒子）。因 $[M \cdot] = N_p/2$ 莫耳每升反應混合物（包括粒子及水），聚合反應速率爲

$$r_p = k_p \left(\frac{N_p}{2} \right) [M] \tag{11-2}$$

$$\left(\frac{莫耳}{升反應混合物-秒} \right) = \left(\frac{升粒子}{莫耳-秒} \right) \left(\frac{莫耳}{升反應混合物} \right) \left(\frac{莫耳}{升粒子} \right)$$

令人驚奇的是表面看來，聚合反應速率不受引發劑的影響。且因在反應開始不久之後〔M〕卽變成一常數，故可預期不變的反應速率。圖 11-7 所示數據證實此一理論〔5〕。圖中各曲線中間部份接近直線，顯示反應速率遵循 (11-2) 式。但在低轉化率及高轉化率的情況下反應速率不遵循 (11-2) 式。反應之初，N_p 繼續改變，但漸趨於隱定。在高轉化率的情況下，當單體滴耗盡之後無法供應單體以保持粒子內單體的濃度〔M〕於一定值。應注意反應速率隨肥皂（乳化劑）濃度的增加而增加。肥皂用得越多，最初產生的微胞越多，N_p 也越大。依 (11-2) 式，r_p 不受引發劑濃度〔I_0〕的影響只要 N_p 保持不變。但 N_p 隨〔I_0〕的增加而增加。實際上 r_p 間接受〔I_0〕的影響。

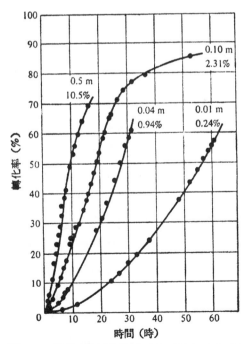

圖 11-7　異戊二烯在不同肥皂（十二酸鉀）濃度下的乳化
聚合反應的情形

〔I_0〕對平均鏈長有很大的影響，它對 r_p 的影響尚屬次要。自由根產生的速率越大，粒子生長與休止交換的次數越大，結果使平均鏈長減小。令 r_c 代表每升反應混合物中自由根被捕（擊中微胞）的速率（其中一半產生死鏈），因無鏈鎖轉移發生，故平均鏈長爲

$$\bar{x}_n = \frac{k_p \left(\dfrac{N_p}{2}\right)[M]}{r_c/2} = k_p \frac{N_p}{r_c}[M] \tag{11-3}$$

圖 11-8 示一典型乳化聚合程序。通常反應器爲內襯玻璃的鋼槽。因乳化體完全穩定，乳化聚合反應可在連續式反應器中進行。新式的乳化聚合裝置常含有一連串的連續攪拌槽式反應器。

乳化聚合反應的產品爲**乳液** (*latex*)，聚合體粒子的大小約爲 500-1500A (0.05-0.15μ)，此等粒子爲肥皂所穩定。在許多應用中，乳液本身卽是重要的商品。**白膠** (*white glue*) 及所謂**水溶性塗料** (*water-soluble paint*) 爲兩種熟悉的例子。後者含有**色料** (*pigment*) 及各種**添加劑** (*additive*)，實際上並非水溶性，只不過是能分散於水中而已。等到此種塗料中的水中蒸發而聚合體凝聚之後再也無法用水冲洗刷子。若聚合體須與其他物料混合，常採用**主批技術** (*master batching*)。先將過量物料與乳液在一槽中混合，再將此混合物加入適新鮮**乳液**中。如此可得分散較佳的產品。在橡膠（例如前述 *SBR* 橡膠）的製造過程中，**碳黑** (*carbon black*) 與油經乳化之後加入橡膠乳漿中，然後加以凝聚。如此，填加料可均匀地分散於橡膠中。

在許多應用場合，須自乳液收取固體聚合體。最簡單的方法爲噴霧乾燥法。但因肥皂不被除去，其產品爲極不純的聚合體。亦可加入半溶劑（如丙酮）使粒子變黏而部份凝聚，然後再加酸（如硫酸）或電解質塩以凝聚粒子。酸使肥皂變爲不溶而破壞其乳化力；電解質塩使粒子帶電而互相吸引。兩者均爲有效的凝聚劑。凝聚的聚合體屑經洗濯、乾燥後可加以捆包或更進一步加工。

乳化聚合反應有下列優點:

(1) 易於控制。反應混合物的黏度遠小於同濃度的眞正溶液。水增加其熱容量，而且反應混合物可回流 (*reflux*)。

(2) 使用高肥皂濃度及低引發劑濃度可獲得高聚合速率及高平均分子量。

(3) 浮液成品常可直接使用。應用主批技術，乳液有助於均勻配料 (*compound*) 的調製。

其缺點如下:

(1) 不易獲得純聚合體。

(2) 收取固態聚合體需要相當的技術。

(3) 反應混合物中的水份降低單位反應器體的產量。

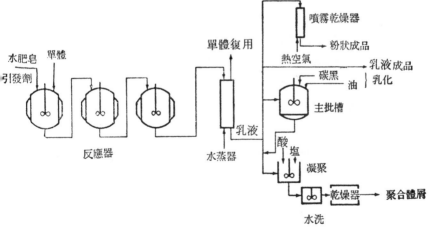

圖 11-8　乳化聚合反應程序

文　獻

1. Flory, P. J., *Principles of Polymer Chemistry*. Cornell University Press, Ithaca, New York, 1953.

2. Wohl, M.H., "Bulk polymerization," *Chem. Eng.*, Aug.1, p. 60, 1962.

3. Sittig, M., "Polyolefin Process Today," *Petrol. Refiner*, 39, no. 11, p. 162, 1960.

4. Guccione, E., "New Developments in Acrylic Processing", *Chem. Eng.*, June 6, p. 138, 1966.

5. Harkins, W. D., "A General Theory of The Mechanism of Emulsion Polymerization," *J. Amer Chem. Soc.*, 69, p. 1428, 1947.

補充讀物

1. Billmeyer, F. W., *Textbook of Polymer Science*, 2nd ed., Chap. 12. Interscience, New York, 1971.

2. Rodriguez, F., *Principles of Polymer Systems*, chap. 5. Mc Graw-Hill, New York, 1970.

習　題

11-1　假設無熱自反應系傳出, 則反應系的最大可能溫度上升稱爲絕熱溫度上升 (*adiabatictemperature rise*)。試估計苯乙烯總體聚合反應的絕熱溫度上升。已知苯乙烯的分子量爲 104, 反應熱爲 $\triangle H_p = -16.4\,kcal/mole$ 並假設反應混合物的熱容量爲 $0.5cal/gram.$

(答: 315°C)

11-2　試估計 20 重量%苯乙烯溶液聚合反應的絕熱溫度上升。假設反應混合物的熱容量爲 $0.5cal/gram.$

(答: 63°C)

11-3　所謂播種聚合反應 (*seeded polymerization*) 可用來製造粒子較大的乳液。「種籽乳液」爲聚合反應完全的乳液, 可加以稀釋以獲得適當的粒子濃度 N_p。再加入單體及引發劑可使粒子繼續增大。因不再加入肥皂, 故 N_p 保持不變。播種聚合反應速率確實遵循 (11-2) 式。圖 11-9 示 60°C 下苯乙烯聚合反應速率與粒子數目間的關係。已知 $k_p = 209$ 升粒子/莫耳-秒。試由上圖的數據計算粒子內單體的濃度 〔M〕。阿佛加得羅數 (*Avogadro's number*) $= 6 \times 10^{23}$ 分子 (或粒子) /莫耳。

11-4 某漆公司擁有 5 重量%聚甲基丙烯酸甲酯乳液。其所含粒子的平均直徑爲 0.4μ。爲獲得較大的粒子起見，將 8 克單體/克聚合體加入此種籽乳液使之繼續反應。直到反應器中單體與聚合體的重量比達到 1 比 8 爲止。然後

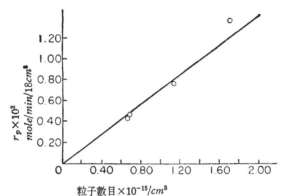

圖 11-9 苯乙烯的聚合反應速率與粒子數目間的關係

以水蒸汽提掉未反應的單體。試估計此一反應所需時間，最後粒子直徑以及維持恆溫反應所需除熱速率 (*Btu*/升原來乳液-時)。

數據: 70°C 下的恆溫反應

$\triangle H_p = -13.0 \ kcal/mole$

聚合體密度 $=1.2 \ g/cm^3$

單體密度 $=0.9 \ g/cm^3$

$k_p = 640 \ liter/mole \cdot sec$

成長粒子中單體的濃度 $=0.1g$ 單體/1g 聚合體。

11-5 在一乳化聚合反應中，所有成分均在時間 $t=0$ 時加入。

轉化率與時間之間的關係如下所示:

轉化率	時間 (*hr*)
0.05	2.2
0.12	4.0
0.155	4.9

試估計達成 30% 轉化率所需時間。

第十二章　聚合體技藝

前已提及，聚合體的五大應用為塑膠、纖維、橡膠、塗料及黏着劑。將聚合體（樹脂）塑造成某種器物或某種形狀的技藝稱為**聚合體加工**（*polymer processing*）。

12-1　塑膠（*Plastics*）

聚合體物料的最大用途為塑膠。許多種樹脂可藉加熱軟化而塑造成一定的形體，此為塑膠一詞的由來。塑膠為具有若干程度結構堅硬性的聚合體物料或聚合體配料（內含添加物）。塑膠可分為**熱塑性塑膠**（*thermoplastics*）及**熱硬化性塑膠**（*therosetting plastics* 或 *thermosets*）兩種。熱塑性塑膠可反覆地藉加熱而軟化或藉冷卻而固化。熱硬化性塑膠的最後成品不能藉加熱而熔化而且亦不溶解於溶劑。熱硬化性樹脂的聚合反應可分為三階段或二階段。反應的初期稱為 **A 階段**（*A-stage*），此時樹脂為稠黏液體或可熔化的固體，可溶解於某種溶劑。反應的中期稱為 **B 階段**（*B-stage*），此時聚合體已輕微交連，與某種溶劑接觸可能膨脹，可受熱而軟化，但不能完全溶解或熔化。反應的後期稱為 **C 階段**（*C-stage*），此時樹脂已完全交連，因此不溶解，亦不熔化，能在較高的溫度下保持尺寸的穩定性。討論熱硬化性樹脂時常使用**化治**（*cure*）一詞。藉化學反應而改變塑膠或樹脂性質的程序稱為化治。此等化學反應可能為縮合或加成聚合反應，通常須藉加熱、加壓或觸媒而進行。化治常使樹脂交連或硬化，因此有時以交連或硬化代替化治一詞，但化治所引起的硬化是藉化學方法而非物理方法

（如冷却或蒸發溶劑等）而達成的。化治樹脂所用化學藥品稱爲**化治劑** (curing agents)。化治劑可能爲硬化劑或交連劑。

12-2 塑膠配料 (Plastic Compounds)

聚合體甚少單獨使用。塑膠中除了含有聚合體之外又常含有一種或更多種**添加劑** (additives)。聚合體與添加劑之間有一定的重量比例，此種混合物稱爲**配料** (compound)。常用配料成分如下：

(1) 塑劑 (Plasticizers)

塑劑通常用以改良塑膠的流動性，使其易於加工塑造。此外，加入塑劑可減低塑膠成品的脆性。聚氯乙烯(PVC)常須塑化 (plasticized) 以利加工並改良其性質。常用的塑劑爲鈦酸二辛酯(dioctyl phthalate, DOP) 及磷酸酯〔例如磷酸三甲苯酯 (tricresyl phosphate, TCP) 等〕。

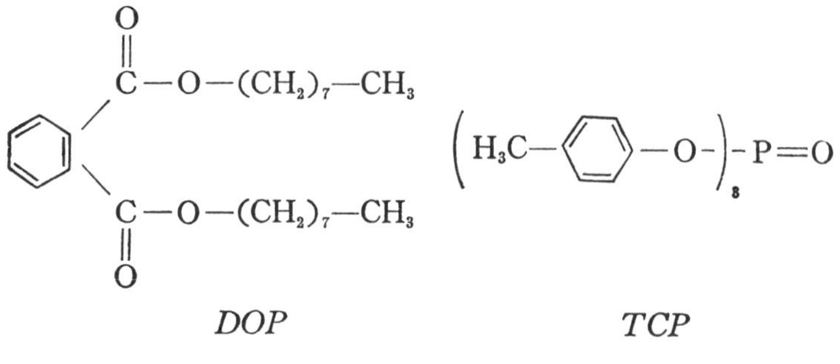

DOP   TCP

不塑化（或極輕度塑化）的 PVC 爲僵硬物料，常用以製造塑膠管及管件等。塑化 PVC 的性質隨塑劑含量的多寡而有極大的變化，可用來製造墊圈、膠皮、雨衣、家庭用具，浴室簾幕、電線及電纜的被覆料等。

所謂**塑溶膠** (plastisol) 爲塑化樹脂的重要應用之一。塑溶膠爲

樹脂與塑劑的一種混合物，藉加熱可加以模製，鑄造或製成膠膜。典型的 *PVC* 塑溶膠配料爲 100 份 *DOP* 每百份 *PVC* 再加上若干染料與穩定劑等。就熱力學而論，*PVC* 可在室溫下溶解於 *DOP* 中，但其溶解速率極低。因此，塑溶膠最初爲樹脂粉分散於塑劑中所形成的懸濁體。當此塑膠加熱至 350°*F* 時，溶解速率大增。若無染料或其他添加劑則可觀察到塑溶膠隨溶解程序的進行而變爲透明。當冷却至室溫後，因此種溶液的黏度極高，在實用上可視之爲柔曲性固體（參閱第二章的理論）。*PVC* 的塑溶膠可用以鑄造洋娃娃的面部及作爲鐵線的被覆料。在最初的懸濁體中加入揮發性有機稀釋劑或加水攪拌可降低其黏度。加入揮發性有機稀釋劑所形成的混合物稱爲**有機溶膠** (*organosol*)，而加入水份所形成的混合物稱爲**水溶膠** (*hydrosol*)。有機稀釋劑及水份均在加熱時除去。

(2) **加強劑** (*Reinforcing agent*)

加強劑的主要功用在增加塑膠的機械強度及尺寸穩定性。例如環氧樹脂(*epoxy resin*)及熱硬化性聚酯可用長玻璃纖加強其機械性質。最近短玻璃纖維（1/8 至1/2吋）已被用來加強普通熱塑性塑膠。

(3) **塡料** (*Filler*)

塡料的主要用途爲降低塑膠的成本。有時塡料亦能改良塑膠的性質。木屑常被用做酚樹酯(*phenolic resin*)及其他熱硬化性樹脂的塡料以降低成本。雲母與石棉可加入熱硬化性塑膠中以增加塑膠的耐熱性。它們亦能加強塑膠的機械性質，因此亦可視爲加強劑。

(4) **穩定劑** (*stabilizer*)

此等化合物用以防止或禁制聚合體的**劣化** (*degradation*)。例如 *PVC* 的熱分解產物 HCl 能催化 *PVC* 的更進一步分解。能與 HCl 反應而形成穩定產物的化合物如金屬氧化物等可作爲 *PVC* 的穩定劑。用以防止聚合體氧化分解的穩定劑特稱爲**抗氧化劑** (*antioxidant*)。

聚合體的氧化分解常藉自由根機構而進行。能消滅此等自由根的有機化合物如酚系化合物及有機胺等爲有效的抗氧化劑。

(5) **染料或色料** (*Pigment or colorant*)

染料或色料的主要用途爲增加美觀。加入粉狀固體可使塑膠配料變爲有色的不透明物料，例如氧化鈦(TiO_2)爲白色色料，碳黑(*carbon black*) 爲黑色色料。加入可溶性有機染料可獲得有色透明配料（假設聚合體本身爲透明者)。碳黑除作爲染料之外尚具有穩定劑的功能。紫外線能使塑膠劣化。碳黑能吸收紫外線，使其不致於深入塑膠內部而引起劣化。

(6) **潤滑劑** (*Lubricant*)

若干低分子量有機物質較不溶於聚合體，能在加工過程中滲出配料表面使其表面潤滑。潤滑劑能使模製物件表面光滑並使其易於脫離模子。硬脂酸(*stearic acid*)及其金屬鹽爲常用潤滑劑。

(7) **化治劑** (*Curing agent*)

此種化學藥品能使原來爲線型或分支的聚合體變爲交連的熱硬化性塑膠。例如乙烯系單體（如苯乙烯）可用來交連低分子量不飽和聚酯 (*unsaturated Polyester*)。苯乙烯可溶解於不飽和聚酯中。藉普通

$$HO-CH_2CH_2\{O-\overset{O}{\overset{\|}{C}}-CH=CH-\overset{O}{\overset{\|}{C}}-O-CH_2CH_2\}_nOH \qquad H_2C=CH$$

一種不飽和聚酯, $n=1$

苯乙烯

加成機構，苯乙烯可加至不飽和聚酯的雙重鍵上，使其交連。

(8) **發泡劑** (*Blowing agent*)

製造**泡膠**(*foamed plastic*) 須使用能產生氣體的物料。此等發泡劑受熱時可藉化學反應或汽化而產生氣體。聚烏拉坦 (*polyurethane*)

分子中所含過剩異氰酸基 (*isocyanate group*) 與水反應產生 CO_2，　如

$$R-N=C=O+H_2O \rightarrow RNH_2+CO_2$$

此可製成聚烏拉坦泡棉（即軟泡膠）。

　　用於座椅、沙發等的泡膠（包括膠皮）多為含泡聚烏拉坦、橡膠及聚氯乙烯。此等泡膠質軟，常稱為泡棉 (*soft foam*)。

　　聚苯乙烯泡膠的製法是將可揮發的不活潑烴液體如庚烷 (*heptane*) 溶於聚合體中。生產聚苯乙烯泡膠模製用小珠 (*molding beads*) 時，將發泡劑加入懸浮聚合反應系的單體內。如此所得小珠在模中受熱時烴汽化，使小珠膨脹而互相擠壓。此種聚苯乙烯泡膠常用以製造飲料杯、野餐冷箱及包裝用襯墊。

　　將樹脂或塑膠配料塑造成型所用方法包括壓出、模製、吹製、壓延、鑄造、被覆、膠片塑造及積層等。茲分述於次。

12-3　壓出 (*Extrusion*)

　　具有均勻截面的熱塑性塑膠物件可藉壓出 (*extrusion*) 成型。此等塑膠製品包括管、柱、板或膜、墊圈、電線或電纜的絕緣體或被覆

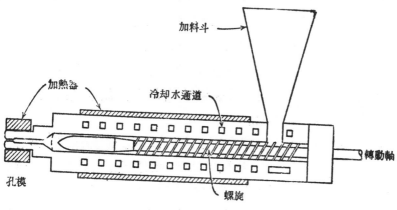

圖 12-1　塑膠壓出機

(*coating*) 等。拉麵卽爲一壓出操作。圖 12-1 示一壓出機，塑膠配料自一加料斗加入。一旋轉螺旋 (*rotating screw*) 將配料自壓出機後方送往前方。壓出機體設有電熱器或油熱器。配料在輸送過程中被壓緊，熔化，然後經一**孔膜** (*die*) 被壓出。此一孔膜賦與塑膠最後形狀。螺旋的用途爲輸送、混合及壓縮塑膠配料(或其熔化物)。通氣壓出機 (*vented extruder*) 附設一通氣口 (*vent port*)，藉此可對熔融物施一眞空以除去揮發物如未反應的單體、水份或在聚合程序中所用的溶劑。

壓出機及孔膜的設計須應用流變學。黏塑性聚合體熔融物自孔膜被壓出時發生膨脹現象 (藉以恢復儲藏的彈性能)，此種現象稱爲出**模膨脹** (*die swell*)，目前尚無法準確地預測膨脹程序，因此製造具有非圓截面的產品所用孔膜的設計常須採用試差法 (*trial-and-error method*)。

此外，若增加壓出速率至某一程度，壓出物 (*extrudate*) 開始呈現粗糙的表面，再增加壓出速率，則壓出物呈現不規則乃至嚴重扭曲的形狀。此種現象稱爲**熔融物破損** (*melt fracture*)。關於此種現象發生的原因，目前尚無定論，但增加孔膜長度、增加孔模溫度、及逐漸縮小通至孔模入口的通道等可減輕此一現象。

壓出機的大小通常以螺旋直徑及長度與直徑的比值(L/D)表示。直徑大小自一吋 (實驗室用或產量小的機器) 至一尺 (生產聚合體最後切粒步驟所用的機器) 不等。常用 L/D 比值有逐年增加的趨勢，目前約爲 24/1 至 30/1。

壓出機的加熱器主要用於剛發動時的加熱。在穩恆狀態的操作過程中，塑化聚合體所需之熱的大部份或全部供自螺旋馬達 (藉黏性能的消耗而生熱)。實際上有時尚須冷卻壓出機壁及螺旋中心。

膠膜 (*film*) 與**膠板**或**膠片** (*sheet*) 的差別在其厚度。前者的厚度

小於 0.01 吋，厚度較大者屬於膠板。製造膠膜或膠板所用的孔模開口爲一長細縫。圖 12-2 示一膠膜壓出裝置。厚度較小的膠膜的製造常使用吹製法（見 12-5 節）。

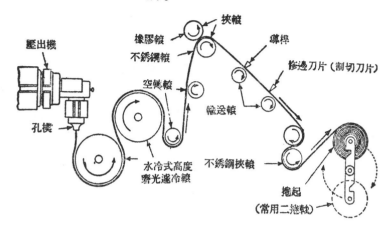

圖 12-2　膠膜壓出裝置

膠管孔模的開口爲環形。因管的厚度較大，常須在孔模（見圖 12-3）裝置上的心軸（*mandrel*）中心通冷却水。

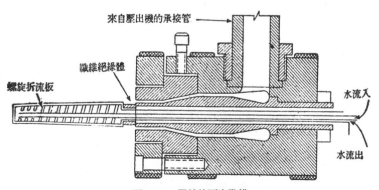

圖 12-3　膠管的壓出孔模

墊圈（*gasket*）的製造是先將橡膠壓出成管，然後再切成適當的厚度。電線絕緣的操作大體上類似膠管的壓出，　小膠管沿心軸周圍壓

出，同時將銅線（或其他金屬線）經心軸中心拉出，膠管離開心軸之後卽附於金屬線表面。

12-4 模製 (*Molding*)

模製爲一衆所週知的古老成型方法。模製操作是將塑膠配料（常稱爲模製用粉）加熱使其軟化或具有流動性並加壓使其流入並塡滿模 (*mold*) 的空洞 (*cavity*)。如此所得成品具有空洞的形狀。模製多應用於熱硬化性樹脂，在此場合，模的加熱時間須充分長才能使塑膠完全化治 (*cure*)。此種塑膠一經化治卽已硬化，未經冷却卽可放出。若應用於熱塑性樹脂，則製品須在冷却後才能放出，故費時較長。

(1) 加壓模製 (*Compression molding*)

最簡單的模製法爲加壓模製。圖 12-4 示一簡單加壓模製機。首先將預先量好的配料或預成型品置於模中，加熱並加壓使配料軟化（或熔融）而完全塡塞模的空洞。預成型品 (*preform*) 爲預先壓成的餅狀物。加壓模製所需溫度約爲 280—400° *F*，所需壓力約爲 1000—

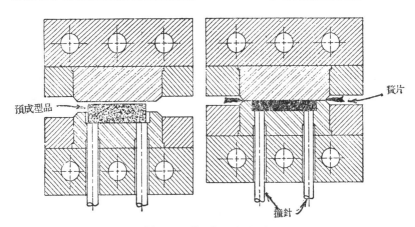

預成型品

賓片

撞針

圖 12-4　簡單的加壓模製機

3000 *psi*。每次加料須有少許剩餘以保證完全填滿空洞。剩餘的物料被壓出而在陰模與陽模的界面形成一層薄片，此薄片稱爲贅片 (*flash*)。贅片可簡易地割去。自加料至開模取出製品整個過程稱爲一循環 (*cycle*)，一循環所需時間稱爲**循環時間** (*cycle time*)。

(2) **傳輸模製** (*Transfer molding*)

傳輸模製應用加壓模製的原理。兩者的主要不同之點爲模的構造。圖 12-5 示典型的傳輸模操作程序。在傳輸模製的過程中，配料並不直接加至模的空洞，而先加入另一室 (稱爲傳輸室) 中。在此室中配料在一推柱 (*plunger*) 的壓力下加熱而熔化 (或軟化)。然後對推此柱施以較高的壓力 (6,000-12,000 *psi*) 使流動性的樹脂配料經注入管 (*spruce*)、通道 (*runner*)、空洞入口 (*gate*) 而進入空洞。俟圖品硬化後，模子開啓，撞針 (*ejector pin*) 隨卽自動地將成品推出。圖 12-6 示傳輸模的兩種通道系統。傳輸模製的主要優點爲成品無贅片，易於修整。又使用通道系統可同時模製許多件成品。它特別適用

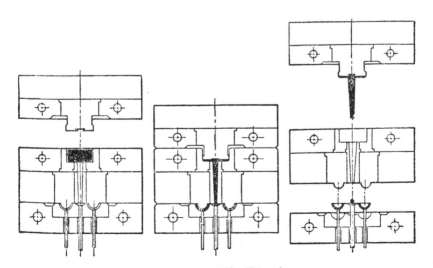

圖 12-5 典型的傳輸操作程序

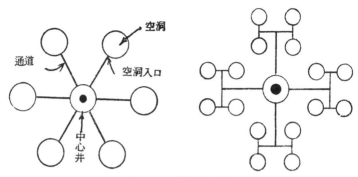

圖 12-6　兩種通道系統

於模製細小複雜的零件。

(3) **注入模製** (*Injection molding*)

大多數熱塑性樹脂應用注入模製成型。塑膠粒（⅛″ 立方體或直徑 ⅛″ 長圓柱體）或塑膠配料在一圓筒狀室中預熱至熔解（或軟化）溫度，然後注入一模中成型。所用模子的通道系統與傳輸模子無異。傳統上所用注入模製機爲**推柱式** (*plunger injection-molding machine*) 如，圖 12-7 所示。

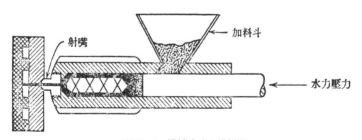

圖 12-7　推柱式注入模製機

塑膠粒自加料斗落入圓筒中，此等圓筒多爲電熱者。一水力推柱將配料向前推。推柱壓力可能高達 10,000 *psi* 以上。塑膠粒經過熱筒壁而熔解，繼而流經一**展開器** (*spreader*) 的周圍，然後經一射嘴 (*nozzle*) 注入一水冷式模中。展開器狀似水雷，其功用爲增加傳熱效

率並使配料均勻化, 俗稱**水雷** (*torpedo*)。所用模子的**通道**系統與傳輸模子無異。模空洞入口處的配料一固化, 推柱立即後退。俟成品充分冷卻後, 模子開啓, 撞針隨之將成品推出模外。推柱每次將物料推入模中的程序稱爲**一發** (*one shot*)

雖然推柱式機器的構造較簡單, 其熱傳送速率有限, 因此已漸失其重要性。較新式的注入模製機器爲**來復螺旋式注入模製機** (*reciprocating-screw injection molding machine*), 如圖12-8所示。螺旋的前端設有單向閥 (*check valve*), 它能不轉動地向前推, 猶如一推柱。當聚合體在模中冷卻或 (在熱硬化性塑膠如橡膠的場合) 化治時, 螺旋可停留在前方位置。然後螺旋轉動而後退至圓筒後方的位置。此時單向閥打開以容許聚合體物料向前流動。換言之, 螺旋轉動而將聚合體物料送往前方, 同時因模的開口封閉, 前進的物料迫使螺旋後退。螺旋的轉動增加熱傳送速率並使物料混合均勻。此種機器的產量較大, 而且模件的殘餘應力較小。

注射模製的操作可自動化, 其循環時間約介於半分鐘至二分鐘之

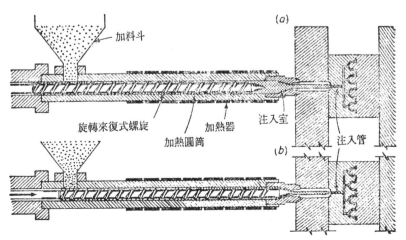

圖 12-8 來復螺旋式注入模製機。(a) 螺旋後退, (b) 螺旋前進。

間，視聚合體在圓筒內的熔化時間及在模內的冷卻時間而定。以前注射模製法專用於塑造熱塑性塑膠如聚氯乙烯（PVC）、聚乙烯（PE）及聚苯乙烯（PS）等。凝固於模注入管（spruce）及通道（runner）的熱塑性聚合體物料可輾碎復用。最近，注射模製法之應用於熱硬化性塑膠已日漸增加。在此場合，A 階或 B 階樹脂配料被注入熱模中，並在模中交連而硬化。此種操作較困難，熱及循環時間的控制須極準確以避免聚合體在圓筒中過份化治。當然固化於模注入口與通道的熱硬化性塑膠不能復用，因此模的設計應盡量減小注入管與通道以減小配料的浪費。

（4）旋轉模製（Rotational molding）

塑膠粉與塑溶膠可藉旋轉模製成型。所用模子為中空者。將預先量好的塑膠粉或塑溶膠加入熱模中，轉動模子使塑膠粒或塑溶膠與熱模壁接觸而熔化，然後冷卻模子並取出固化的成品。聚乙烯與聚氯乙烯為旋轉模製的主要原料，模子多為鋁製者。旋轉模製所需裝置較簡單但其循環時間較長。典型產品包括大的商用或工業用容器，運動器材如籃球、足球、頭盔及氷箱等。靜止模製（static molding）類似旋轉模製，但模子不轉動。以塑膠粉或配料充滿模子，將整個模子置於爐中加熱，模口覆以熱絕緣體。與模壁接觸的塑膠粉熔化，剩餘塑膠粉倒出復用。

（5）塡覆模製（Slush molding）

塡覆模製係應用塑溶膠與熱體接觸立即固化的原理，將塑溶膠倒入預熱的模（多為鋁製者）中，與模壁接觸的物料開始膠合固化。數分鐘後倒出 剩餘的塑溶膠。 將整個模子置於火爐中再加熱數分鐘（溫度約 350-400°F）以充分熔合塑溶膠內壁。以水冷卻之後打開模子取出成品。成品的厚度視模子溫度及塑溶膠停留於熱模中的時間而定。塡覆模製法可用來製造洋娃娃的面部及中空的軟玩具等。

12-5　吹製 (*Blowing*)

吹膜 (*film blowing*) 與吹瓶 (*bottle blowing*) 爲塑膠的兩種重要吹製法。

(1) 吹膜

吹膜法又稱吹膜壓出法(*blown-film extrusion process*)，常被列爲壓出法的一種。大部份包裝用膠膜如聚乙烯塑膠袋等的製造使用此法。圖 12-9 示一吹膜 (或吹袋) 程序。一薄壁空管被垂直向上壓出。以空氣吹入管的內部，將其展開成袋形 (厚度小於 0.001 吋)。上方設有二輥 (*roll*) 以壓平袋子並防止空氣逸出。被壓平的袋子可加以切割或捲起。當袋子剛被吹起時，來自冷却環 (*chill ring*) 的冷空氣將其急速冷却，在吹製聚乙烯膠膜時，應用此種急速冷却法可產生較

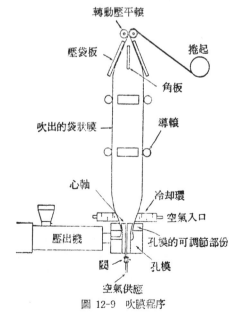

圖 12-9　吹膜程序

小的晶粒並增加膠膜的透明度。

(2) **吹瓶** (*Bottle blowing*)

吹瓶法又稱吹瓶模製 (*blow molding*)，因此常被列爲模製法的一種。塑膠瓶的製造多使用此法（見圖 12-10）。首先一圓筒被向下壓出，此圓筒狀塑膠稱爲坯 (*parison*)。冷模的兩半部靠攏而將坯的底部壓緊。然後吹入壓縮空氣使坯向模的內壁擴張，而造成瓶子的形狀。瓶子冷却後模子開啓而釋放瓶子。

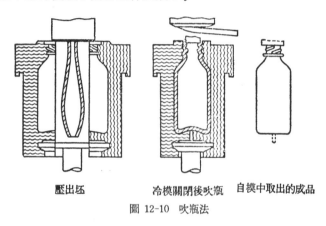

壓出坯　　　冷模關閉後吹瓶　自模中取出的成品

圖 12-10　吹瓶法

12-6　**壓延** (*Calendering*)

聚合體板或膜（厚度大於 0.001 吋者）的製造可應用壓出及壓延兩法。**壓延機** (*calender*) 由三個或三個以上能轉動的輥或滾筒 (*roll*) 所構成（見圖 12-11），其中至少有一對滾筒須加熱（多以高壓蒸汽加熱）。塑膠或橡膠配料加至一對熱滾筒之間。配料被擠壓成片狀或膜狀，其厚度決定於滾筒之間的距離。工業用壓延機甚大（輥直徑可能大於 2 呎，長度可能大於 5 呎），需要相當大的投資，但它們的產量大得驚人。最後一輥若加以雕刻可賦與產品花紋或圖案；令一對輥以

不同速率轉動可賦與產品高度光澤；壓延不同顏色的塑膠粒混合物可產生類似大理石的花紋（用於地磚）。壓延產品可為單層或多層，並且可以織物增加產品的強度。浴室簾幕、雨衣、座椅與沙發用膠皮及塑膠地磚（*floor tile*）等均以壓延法製造。

12-7　鑄造 (*Casting*)

塑膠鑄造包括兩種程序：(1) 將聚合體溶液倒在一光滑面上，揮發溶劑而獲得薄膜，此稱**膜鑄造** (*film casting*)；(2) 將單體—聚合體溶液倒入開口模中，此溶液在模中繼續聚合或交連而硬化。三類塑

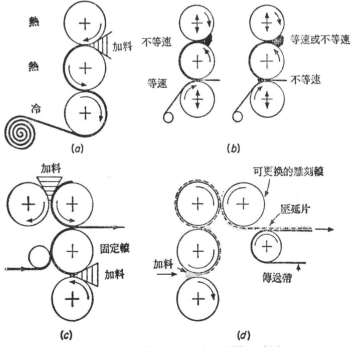

圖 12-11　塑膠與橡膠的壓延。(a) 單層膠皮的製造；
(b) 加織物；(c) 雙層膠皮的製造；(d) 加花紋。

膠鑄造如下所述。

(1) 膠片或膠膜鑄造 (*Film casting*)

將聚合體溶解於一適當溶劑中以製成一稠黏溶液，然後將其分布於一光滑面上，溶劑揮發之後卽獲得膠片或膠膜。在照相軟片基質的製造過程中，將溶液傾倒於緩慢轉動的輪子（寬約 2 呎，直徑約 20 呎）。輪子繼續轉動，空氣蒸發溶劑（可收回復用），乾膠片在輪子回到加料點之前剝下。賽路玢 (*cellophane*)（或稱玻璃紙）的製造亦利用此法。

(2) 乙烯系聚合體的鑄造 (*Casting of vinyl polymers*)

乙烯系聚合體（主要為亞克力樹脂，聚甲基丙烯酸甲酯為其一種）鑄造法是將其單體—聚合體稠液倒入一模中，令單體在模中聚合而固化。亞克力板、棒、管等可藉此法製造。

(3) 熱硬化性樹脂的鑄造 (*Casting thermosetting resins*)

液態 A 階樹脂可於常壓下在一模中化治成型。以聚酯或烏拉坦樹脂製造擬木刻家具面板為一實例。只有一塊原來的木板需加以雕刻（此為一昂貴步驟）。在室溫下將 橡膠樹脂 (*silicone rubber resin*) 倒在原來的雕板上，酚樹脂化治之後剝下卽得一橡膠模。將低分子量不飽和聚酯與一乙烯系單體（常用苯乙烯）倒入此一橡膠模中，令其交連，可得廉價的雕板複製品。烏拉坦樹脂亦常用來製造家具的面板。

12-8 被覆 (*Coating*)

被覆的功用為保護、絕緣及增加美觀等。所用被覆料可能為固體或液體。

(1) 粉末被覆法 (*Powder coating*)

粉末被覆法所用被覆料為塑膠粉或配料粉。此固體被覆法又可分

爲三種。

(a) **流動層被覆法** (*fluidized bed powder coating*) 將塑膠粉置於一槽中，槽中設有一多孔性底板〔見圖 12-12 (a)〕。自槽的下方通入壓縮空氣，使槽中塑膠粉流動化 (*fluidized*)，將待被覆的熱基質 (*substrate*) (多爲金屬製品) 吊入槽中，樹脂粒與熱基質接觸而熔化並在其外表形成一層被覆物 (卽包皮)。工具的把柄、電器蓋、鐵絲架、窗框及鋼管等均可應用此法加上一層塑膠被覆料。

(b) **靜電噴射被覆法** (*Electrostatic powder coating*) 此法使用噴射器 (*spread gun*)。噴洒器的噴嘴 (*nozzle*) 接至電源負端，樹脂粉經噴嘴射出後帶有負電荷。待被覆的預熱器物接地而帶正電荷〔見圖 12-12(b)〕。因此樹脂粉極易付着於器物表面並受熱而熔合成一層被覆物。此法的優點爲可加被覆料於基質的一面而無須遮掩。在流動層被覆程序中，若只希望加被覆料於器物的某一部份，則其他部份必須加以遮掩。

(c) **火焰噴射被覆法** (*flame spread coating*) 若待被覆的器物過大，如大鋼管，而無法置於爐中加熱，則可使用火焰噴射法。噴射器不僅噴射粉末，並且不斷噴出火焰以加熱於器物的表面。

(2) **塑溶膠被覆法** (*Plastisol coating*)

此法所用被覆料爲塑溶膠、有機溶膠或水溶膠。

(a) **浸沾被覆法** (*dip coating*) 此法類似流動層粉末被覆法。將預熱的器物浸入液態塑溶膠中，與器物接觸的溶膠受熱膠合並在器物表面形成一層被覆物。工具把柄、鋼絲製碗架等可藉此法加被覆物。此法亦常用於塑膠成型，在此場合特稱爲**浸沾模製** (*dip molding*)。其不同點是以陽模 (*male mold*) 取代器物，剝下的被覆物爲塑膠製品。浸沾模製的成品包括玩具、手套、靴等。

(b) **噴洒被覆法** (*spread coating*) 塑溶膠又可噴洒於器物表

面。通常使用熱空氣加以熔化。鐵路槽車的襯裏 (lining) 常為噴洒的聚氯乙烯塑溶膠，其目的在增加化學抵抗力。

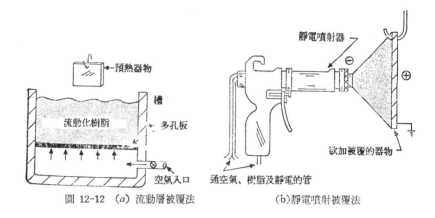

圖 12-12　(a) 流動層被覆法　　　　　(b)靜電噴射被覆法

12-9　膠板（或膠片）塑造 (Sheet Forming)

　　膠板塑型又稱**熱塑造** (thermal forming)。熱塑性膠板可加工使之變成具有某種形體的器物。膠板塑造的方法有多種，但各種方法均藉加熱使膠板軟化並令其採取某種預定的外形。膠板塑造可借助於真空、壓力及機械動作，或此三者的組合，如圖 (12-13) 所示。在真空塑造 (vacuum forming) 的場合，熱軟化板（直接來自壓出機，或在爐中預熱，或直接加熱）覆於一陰模的上方，然後自模的底部抽氣使膠板下陷而貼附於模的內壁。同理，亦可使用正壓力以迫使膠板貼附於模壁，此法稱為壓力塑造 (pressure forming)。若欲塑造深度大的器物，常須應力機械動作，此即機械塑造 (mechanic forming)。冷卻之後，膠板即具有模內壁的永久形狀。

　　膠板塑造的成品包括杯子、盤子、香煙盒、箱子、電冰箱門的襯裏、浴缸及飛機的罩蓋等。

　　膠板塑造亦可應用於預先製成的熱硬化性塑膠板（如積層板）的

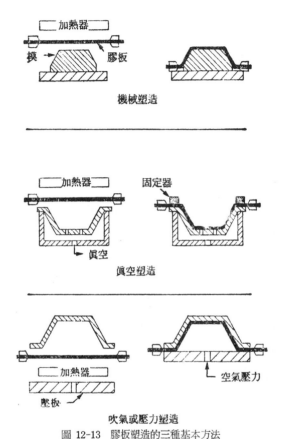

圖 12-13　膠板塑造的三種基本方法

成型，此一程序稱為**後塑造**（*postforming*）。熱硬化性膠板的塑造與金屬板的成型類似，所用模子須甚堅固，成型溫度較高。在成型過程中，聚合體繼續交連。

12-10　積層（*Laminating*）

所謂積層品或積層板（*laminate*）是由數層材料相同或不同的平板或片狀物所構成。最熟悉的例子是三夾板（*plywood*）的製作。薄木

片是依樹軸方向切成，此種木片平擺時沿樹軸方向的强度相當大，但沿垂直於樹軸方向的强度較弱。將此等木片互成直角疊合成三夾板之後，各方向的强度幾乎相等。酚─甲醛樹脂（*phenol-formaldehyde resin*）可用來黏合木片。因木片內滲入若干樹脂，其吸濕性降低，故在潮濕的大氣中較不易膨脹或變形。製作時先以酚─甲醛樹酯膠黏木片，然後在壓力機中加熱使樹脂交連硬化。

由紙片與各種樹脂製成的積層品可應用於電器材料及作爲飾面板如佛邁加（*formica*）板等。通常令牛皮紙經過三聚胺─甲醛樹脂（*melamine-formaldehyde resin*）溶液，驅除溶劑之後，將紙片疊起，爲增加美觀起見可使用裝飾用印刷布紙，印刷布紙上面再覆以一層半透明紙。將此積層品置於表面光滑的高壓壓力機中加熱以進行熱硬化反應。如此可將諸紙片膠合成抗熱、抗溶劑的强軔面板。此種面板可黏合於合板或粒片板（*particle board*）之上以作爲桌面或櫃枱面。積層品中的片狀物屬於**加强料**（*reinforcement*），而所用樹脂屬於**膠合劑**（*binder*）。

工業上積層品有多類。各類所用加强料和膠合劑略有不同。除紙之外，交織或針織布亦可作爲加强料，最常用的布料爲棉或玻璃絲，但亦可使用毛、石棉、耐龍或縲縈等。**酚、三聚胺、聚酯、環氧**（*epoxy*）樹脂或其他熱硬化性樹脂均可作爲膠合劑。積層品在工業上的重要應用之一爲印刷電路板。

12-11　纖維（*Fiber*）

所謂纖維係指長度爲直徑的 100 倍以上的物體。人造纖維可製成任何長度。天然纖維包括棉、毛、絲及亞麻等。棉與毛爲短纖維，絲則爲連續的長纖維。

纖維用合成聚合體，須滿足若干條件。它們須具有高軟化點（以容許熨燙）、適當的抗張強度、可熔化或熔解於某溶劑（以利抽絲）等。

人造纖維的主要形式有下列數種：

(1) 絲（*filament*）：連續的長纖維，例如聚酯絲。單條長纖維稱為**單絲**（*monofilament*）。

(2) 綿（*staple*）：由一束連續的長纖維切成的短纖維，長度為一至數吋。例如，由聚酯絲切成的短纖維稱為聚酯綿，可與原棉混紡。

(3) 舵（*tow*）或縷（*roving*）：亦卽未經搓合的長纖維束。

(4) 紗（*yarn*）：由二條以上的長纖維撚成的紗稱為**絲紗**（*filament yarn*）；由綿紡成的紗稱為**綿紗**（*staple yarn*）。絲紗較密緻；棉紗較粗鬆。

纖維的粗細以**單尼**（*denier*）表示，單尼卽 9,000 公尺纖維以克計的重量。例如一磅 15 單尼絲的總長度為 169 哩；一磅 840 單尼紗的總長度為 3 哩。常用於製造女人絲襪的絲為 15 單尼絲；常用於製造輪胎的紗為 840 單尼絲紗。

纖維的抗張強度常以**韌性**（*tenacity*）表示。韌性的定義為纖維每單尼的抗張強度，其單位為克每單尼。抗張強度與韌性之間的關係如下：

抗張強度（磅每平方吋）＝韌性（克每單尼）×密度（克每立方厘米）×12,791。

人造絲成型時並不定向。為增加纖維的抗張強度及彈性係數起見常須加以伸長使分子鏈沿纖維的軸向排列而增加結晶度，此一程序稱為**拉絲**（*drawing*），我們已於第四章討論過。

纖維的**褶皺性**（*crimp*）係指其波紋程度而言。天然棉與毛都有波紋。前已提及，棉紗較粗鬆。製造粗鬆絲紗的方法之一為加波紋

(*crimping*)。加波紋的方法之一是令纖維經過一對熱齒輪。在切成棉之前，纖維束（綹）常經加波紋處理。有波紋的綿較易於紡紗。

纖維的染色頗為複雜。**染料** (*dye*) 須能與聚合體分子形成強次要鍵 (*secondary bond*)，或鍵結至聚合體分子上的極性基，或與聚合體分子反應而與其官能基形成共價鍵。染料分子須自染料池 (*dye bath*) 中滲入纖維內部。染料分子不易穿透聚合體的結晶部份，因此聚合體被染色的主要部份為無定形區域。此點常與纖維須有高度結晶的要求互相牴觸。例如聚丙烯腈（亞克力或奧龍）的分子鏈具有多數極性基 -CN, 可作為**染色點** (*dye site*)，但因 -CN 為極強的極性基，它們使分子鏈密切地結合，染料分子不易進入纖維中。因此製造亞克力纖維所用聚合體含有少量供內部塑化用的共單體以增加染料分子的滲透性。

聚合體的極性亦直接影響聚合體的吸濕性。若其他條件均同, 極性較大的聚合體其吸濕性亦較大。強大的分子際力降低**含水量** (*moisture content*)。疏水性纖維織成的布料穿起來有濕黏的感覺，而且會聚集電荷。濕氣對極性聚合體的最大效應為其塑化效應。又因纖維用聚合體幾乎全部為線型聚合體，熱能使其軟化。此二點可解釋何以衣服在潮濕的熱天易皺以及衣服的皺紋易以蒸氣熨斗燙平。疏水性聚合體較不易皺，因為它們不被水塑化。聚對-酞酸乙烯酯吸水性甚小而不易起皺。免燙襯衫即使用聚酯棉與原棉的 65/35% 混織衣料。

纖維的編織法有二：**交織** (*weaving*) 與**針織** (*knitting*)。圖 12-14 示交織布與針織布的基本構造。交織是以兩組紗線依直角方向互相交錯的織布方法，所用機器為**交織機** (*loom*)。針織是以單一紗線或一組紗線依單一方向移動的織布方法。在交織的場合兩組紗線互相交錯, 但在針織的場合，單一紗線或一組紗線形成互相穿插的多列圈環 (*loop*)，每列圈環並排相連。因圈環依一方向形成，因此針織品的正面與反面的形態不同。

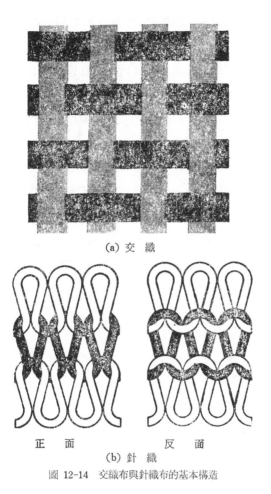

(a) 交 織

正 面　　　　　反 面
(b) 針 織

圖 12-14 交織布與針織布的基本構造

12-12 抽絲(*Spinning*)

聚合體物料通常爲塊狀固體。纖維用聚合體須加工以產生具有甚大長度/直徑比的物體 (卽纖維)，所用加工程序稱爲抽絲 (*spinning*)。將聚合體的熔化物或溶液經一多孔模板壓出以產生纖維的程序稱爲抽絲。應注意英文 *spinning* 一字有兩種意義。它可能意指紡紗，但在此

處意謂抽絲。日語將抽絲譯爲紡絲, 而許多我國著者亦沿用此一譯詞, 實在不合我國語文的意義。因紡一字意謂將絲或棉等撚成紗, 如此,「紡絲」含有把絲紡成紗的意義。抽絲所用多孔模板稱爲**絲孔模** (spinneret)。製造紡織用紗所用絲孔模的直徑約爲 15cm, 含有 10 至 120 孔。抽絲的主要方法有三: 熔法、乾法及濕法。最前者使用聚合體熔化物, 後二者使用聚合體熔液。

(1) **熔法抽絲** (Melt spinning) 熔法抽絲基本上爲一壓出程序。熔融的聚合體藉一螺旋式壓出機 (黏度大者如聚酯與聚丙烯) 或齒輪泵 (黏度較低者如耐龍) 經絲孔模壓出, 如圖 12-15(a) 所示。纖維通常藉橫流空氣冷卻。依此法所得纖維的截面均勻且決定於絲孔的形狀。

(2) **乾法抽絲** (Dry spinning) 聚合體溶液藉一齒輪泵 (gear pump) 經絲孔模壓出, 當纖維下降時, 逆流的熱空氣蒸發溶劑而使纖維凝固〔見圖 12-15(b)〕。因溶劑蒸發時纖維收縮, 依此法所製成的纖維截面無規則。二醋酸纖維素 (cellulose diacetate) 的丙酮溶液及聚丙烯腈的二甲基甲醯胺 (dimethyl formamide) 溶液可應用乾法抽絲

(3) **濕法抽絲** (Wet spinning) 此法亦使用聚合體溶液, 但溶液股壓出之後直接進入一液體槽中。所用液體可能爲聚合體的非溶劑 (nonsolvent), 聚合體溶液的溶劑擴散進入此一非溶劑中而使聚合體沉澱凝聚。或者, 槽中可能含有能與聚合體反應使之沉澱的化合物。依此法製成的纖維亦具有不規則的截面。溶解於二氯甲烷—醇混合物中的三醋酸纖維素 (cellulose triacetate) 可沉澱於甲苯槽中。再生纖維素 (regenerated cellulose) 的製法之一是令纖維素 (以 R-OH 表示) 與氫氧化鈉及二硫化碳反應以產生可溶性的黃原酸酯 (xanthate):

$$R-OH + CS_2 + NaOH \rightarrow R-O-\overset{\|}{\underset{S}{C}}-S-Na + H_2O$$

織維素　　　　　　　　　　　　　　黃原酸纖維素鈉

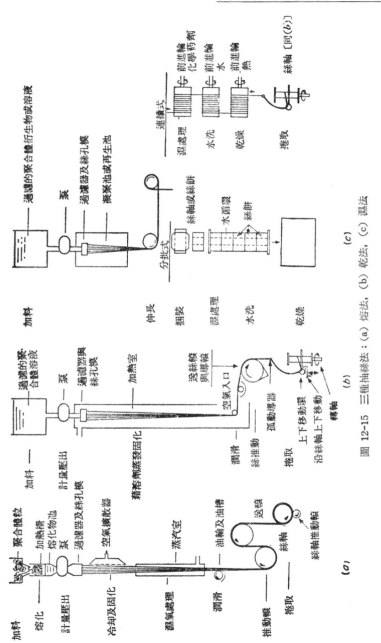

圖 12-15　三種抽絲法：(a) 熔法，(b) 乾法，(c) 濕法

此黃原酸酯溶液爲一稠黏液體，經絲孔模壓出後進入硫酸池卽得再生纖維素

$$R—O—C—S—Na+H^+ \rightarrow R—OH+CS_2+Na^+$$
$$\underset{\text{再生纖維素}}{\overset{\|}{S}}$$

藉此法所得纖維稱爲稠液縲縈 (*viscose rayor*)。若經一細縫壓出則其產品稱爲賽璐玢或玻璃紙 (*cellophane*)，常用於製造膠紙。若經一環孔模壓出可得管狀膜，常用做美國熱狗 (一種香腸) 的腸衣。

12-13 橡膠 (*Rubber*)

在張力作用下能伸長至原來長度的兩倍以上而且在張力移去後能迅速恢復到原來大小的物料稱爲橡膠。就彈性係數而論，**彈體** (*elastomer*) 爲橡膠似物料，但彈體受張力而伸長的程度有限，而且在張力移去後不能完全恢復原狀。雖然嚴格來講，橡膠與彈體有所不同，但它們常被混爲一談。高度塑化的聚氯乙烯可作爲一種彈體。

就分子構造而論，橡膠須具有下列條件： (a) 因橡膠的彈性係因長分子鏈的盤捲與伸張而造成，故橡膠須具有高分子量； (b) 爲使分子鏈自由捲曲與伸張起見，橡膠用聚合體的玻璃轉變點須高於其使用溫度； (c) 因結晶阻礙分子的活動，橡膠用聚合體在不伸張的狀態下須是無定形的； (d) 聚合體須是交連的，否則分子鏈在應力作用下將互相滑過 (發生黏性流動)，而無法恢復原狀。由於新型橡膠的發展，最後一條件已非必要。此等新橡膠爲段式聚合體，分子鏈的一段爲結晶性，另一段爲無定形。結晶部份使分子鏈不致於流動，其作用猶如交連。

目前所用重要橡膠包括 SBR、聚丁二烯、氯橡膠 (*neoprene*)、

丁烯橡膠 (buctyl rubber) 聚異戊二烯、及酚橡膠 (silicone rubber) 等。

氯橡膠卽聚 2-氯丁二烯 (polychloroprene)。聚異丁烯 (polyisobuty-lene) 爲飽和聚合體，無法交連，故常使用異丁稀與異戊二烯的共聚合體（後者含量約爲 1.5-4.5%），此種共聚合體稱爲丁烯橡膠。酚橡膠的構造如下：

$$-\overset{\overset{\displaystyle R}{|}}{\underset{\underset{\displaystyle R}{|}}{Si}}-O-\overset{\overset{\displaystyle R}{|}}{\underset{\underset{\displaystyle R}{|}}{Si}}-O-\overset{\overset{\displaystyle R}{|}}{\underset{\underset{\displaystyle R}{|}}{Si}}- \quad 或 \quad -\overset{\overset{\displaystyle R}{|}}{\underset{\underset{\displaystyle R}{|}}{Si}}-O-\overset{\overset{\displaystyle R}{|}}{\underset{\underset{\displaystyle R}{|}}{Si}}-O-\overset{\overset{\displaystyle R'}{|}}{\underset{\underset{\displaystyle R'}{|}}{Si}}-O-\overset{\overset{\displaystyle R}{|}}{\underset{\underset{\displaystyle R}{|}}{Si}}-$$

其中 R 爲 CH_3, R' 爲 C_6H_5，當然 R 與 R' 亦可能爲其他烷基。

天然橡膠及大多數合成橡膠爲不飽和聚合體：換言之，它們含有可供交連的雙重鍵。除橡膠聚合體之外，橡膠配料尚含加强劑、塡料、補充油料、硫化或交連系統、抗氧化劑或穩定劑及色料。

(1) 加强劑 (Reinforcing Agents) 橡膠配料須含有加强劑，所得製品才可能有充分高的抗張强度、耐磨損性及抗撕裂性。加强劑的含量可能高達 50 份每百份橡膠 (phr, parts per hundred parts rubber, 以重量計)。幾乎所有橡膠加强劑均爲碳黑 (carbon black)。碳黑在橡膠中的用途與其在塑膠中的用途不同，碳黑在塑膠中完全作爲色料，而且含量較低。碳黑並非簡單的碳。鹼性碳黑 (basic black) 的表面具有羥基 (hydroxyl group)，而酸性碳黑 (acid black) 則含有羧酸官能基 (carboxyllic acid functionality)。實驗顯示橡膠聚合體與碳黑形成共價鍵及强次要鍵，此等鍵的形成增加橡膠的强度。碳黑的種類甚多，不同聚合體需要不同類的碳黑以獲得最適加强作用。酚橡膠 (silicone) 有時以氧化矽 (silica, SiO_2) 粉爲加强劑。

天然橡膠 (順 -1, 4 聚異戊烯)、合成聚異戊烯及丁烯橡膠 (butyl rubber) 爲無須加强卽具有相當强機械性質的少數橡膠聚合體。其所

以如此是因爲它們在高度伸長時結晶,而晶粒的功用有如加强劑。由圖12-16 可見這幾種橡膠的應力-應變曲線在高伸長率之下突然上升。

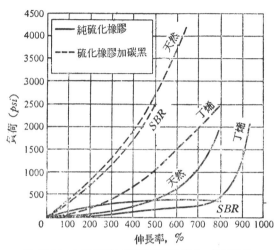

圖 12-16　加强與不加强硫化橡膠的應力—應變曲線

（2）填料（*Filler*）使用填料的主要目的在降低成本。常用橡膠填料爲粉狀無機化合物如 $CaCO_3$。當然加入此種高彈性係數填料可提高彈性係數（使配料變爲僵硬），加入過多會使配料失去橡膠性質。碳黑在橡膠配料中除作爲加强劑之外有時亦作爲填料。

（3）補充油料（*Extending oils*）烴類油常用於橡膠配料中。其功用有二。它們能塑化聚合體,使其變爲更軟而易於加工。此點對極高分子量聚合體尤其重要。再者,它們的價格遠較橡膠聚合體低,而能降低橡膠價格,此一功用與填料無異。

碳黑與補充油料對橡膠配料的彈性係數的影響恰好相反。由合成聚合體生產廉價配料的技巧之一是令其聚合至高於正常的分子量。加入補充油料使彈性係數降低,然後再加入大量的碳黑使彈性係數增加到適當的程度。在一般橡膠配料中,聚合體含量常低於 60%。

(4) 硫化或化治系統 (*Vulcanizing or Curing Systems*)

因天然橡膠與合成橡膠爲線型或分支聚合體，須加以交連才能獲得適當的橡膠性質。**固特異** (*Goodyear*) 於 1839 年將天然橡膠與硫共熱而獲得**硫化橡膠** (*vulcanized rubber*)，此後十年間，橡膠工業在美國與英國急速發展。

硫化 (*vulcanization*) 的主要功用在交連或化治橡膠聚合體。最常用的化治劑爲硫。雖然單獨使用硫藉加熱可化治不飽和橡膠，但其速率甚慢，故常使用少量的**加速劑** (*accelerator*) 以增加其效率。加速劑多爲含硫的複雜有機化合物。又加速劑須有**促進劑** (*prcmotor*) 或**活化劑** (*activator*) 的存在才能完全發揮其效率。活化劑多爲金屬氧化物如氧化鋅等。若有能溶解於橡膠中的金屬肥皂的出現，活化劑的效用最佳。此等金屬肥皂可由活化劑與脂肪酸（如硬脂酸）在化治過程中反應而產生。硫磺化治的機構迄今仍然不爲人所完全了解。實驗顯示硫進行若干反應。一部份硫在聚合體鏈之間形成**硫結** (*sulfide crosslink*) 或**二硫結** (*disulfide crosslink*)，例如

$$
\begin{array}{ccc}
& \text{CH}_3 & & \text{CH}_3 \\
& | & & | \\
-\text{CH}-\text{C}=\text{CH}-\text{CH}_2- & & -\text{CH}-\text{C}=\text{CH}-\text{CH}_2- \\
| & & | \\
\text{S} & \text{或} & \text{S} \\
| & & | \\
-\text{CH}-\text{C}=\text{CH}-\text{CH}_2- & & \text{S} \\
| & & | \\
\text{CH}_3 & & -\text{CH}-\text{C}=\text{CH}-\text{CH}_2- \\
& & | \\
& & \text{C}\,\text{H}_3
\end{array}
$$

大多數加速劑能形成自由根而使聚合體分子交連，又硫爲一質子受體 (*proton aceptor*)，它亦能自聚合體抽取氫原子而產生 H_2S 及 C-C 交連，

$$2 \quad -CH_2-\underset{\underset{CH_3}{|}}{C}=CH-CH_2- \;+\; S \;\rightarrow\; \begin{array}{c} CH_3 \\ | \\ -CH-C=CH-CH_2- \\ | \\ -CH-C=CH-CH_2- \\ | \\ CH_3 \end{array} \;+\; H_2S$$

如此所產生的硫化氫亦可加至聚合體的双重鍵而產生環硫化物 (*cyclic sulfide*)，如

$$-CH_2-\underset{\underset{}{|}}{\overset{CH_3}{\underset{|}{C}}}-CH_2-CH_2-CH-\overset{CH_3}{\underset{|}{C}}=CH-CH_2-$$
$$\underset{S}{\underline{\qquad\qquad}}$$

　　非硫化物亦可化治橡膠。此等化治劑可分爲二類：氧化劑（如硒、碲、有機過氧化物、硝化物）及能產生自由根的化合物（如有機過氧化物，偶氮化合物及許多種加速劑）。前已提及，自由根引發劑能導致交連。又氧化鋅能交連含氯聚合體。

　　硫化並不使橡膠聚合體完全交連。通常每百份橡膠與 0.5-5 份硫化合。若加入更多硫，並使硫化繼續進行至 30-50 份硫與 100 份橡膠化合的程度，則產生僵硬而無彈性的塑膠。此種塑膠稱爲**硬橡膠** (*hard rubber* 或 *ebonite*)。

　　硫化使原來機械性質弱而無多大實用價值的熱塑性物料變爲強靱而富彈性的橡膠。圖 12-17 示天然橡膠硫化前與硫化後的抗張強度及其滯後現象 (*hysteresis*)，滯後現象表示能量以熱的形式喪失。

　　(5) **抗氧化劑或穩定劑** (*Antioxidants or Stabilizers*) 抗氧化劑或穩定劑對天然橡膠或含高比例丁二烯的合成橡膠尤其重要。此等聚合體高度不飽和，其双重鍵極易受氧或臭氧的攻擊，結果使橡膠變脆、裂開或劣化。因劣化 (*degradation*) 反應藉自由基機構而發生，抗氧化劑爲能消滅自由根的化合物。

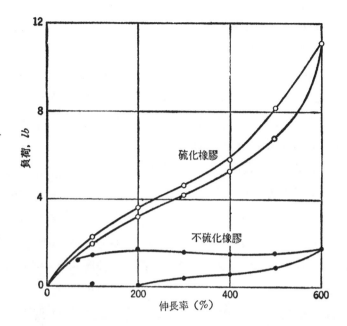

圖 12-17　不硫化與硫化天然橡膠的應力—應變曲線及恢復曲線

(6) 色料 (*Pigments*) 在若干應用中，橡膠不需要甚大的機械強度，故不須使用碳黑。如此可使用色料加以着色。

表 12-1 列出一種輪胎橡膠配料的成分。由此表可見聚合體在最後配料中的含量低於 60%。

表 12-1　一種輪胎橡膠配料

成　分	份數 (以重量計)
GR-S 1000（卽 SBR 75/25 丁二烯/苯乙烯乳化聚合體）	100
HAF 碳黑	50
氧化鋅 ⎫（促進劑）	5
硬脂酸 ⎭	3
硫	2
Santocure（一種加速劑）	0.75
Circosol 2XH（一種補充油料）	10

橡膠配料中諸成分必須摻合均勻以便模製或壓出等。一般橡膠聚合體得自乳液 (*latex*)。首先凝聚乳液中的聚合體並加以乾燥。然後加入其他配料成分,並在磨機中加以**捏煉** (*masticate*) 使其混合均勻。在 *SBR* 的配料程序中,補充油料與碳黑通常在凝聚乳液前加入(見11-4節)。碳黑的加入應用主批技術,如前所述。常用磨機為**二輥磨機** (*two-oroll mill*) 與 **密閉式磨機** (*Banbury mill*)。二輥磨機的主要部份為一對滾筒. 猶如壓延機的一部份。配料加至二滾筒之間。兩滾筒以相反方向依不同速度轉動,因而在兩輥空隙之間產生甚大的切力使配料混合均勻。密閉式磨機的主要部份為一密閉室,內有互相配合的一對轉子(*rotor*)。轉子的轉動使配料摻合均勻。輥的內部及密閉式磨機的密閉室可藉蒸汽、油或電加熱,亦可水冷。兩種磨機均以強大的電動馬達轉動,它們在單位時間和單位體積內對單位聚合體輸入大量的能量。此能量的輸入有二功用。分子量過高的聚合體其彈性響應 (*elastic response*) 過高而不易加工處理,此一「捏煉」(*mastication*) 步驟藉機械力分解聚合體,降低其分子量並增加其黏性響應 (*viscous response*)。其次,高能量輸入粉碎配料成分使其混合均勻。塑膠的**配料摻合** (*compounding*) 亦可應用類似的磨機。

12-14 **塗料** (*Surface Finishes or Paints*)

塗料又稱面飾料,其功用與前述被覆料 (*coatings*) 相同—保護基質與增加美觀。本節所討論的塗料均能形成一層聚合體薄膜。塗料有多種,其分類與命名尚未標準化。茲略述五種塗料於次。

(1) 漆 (*Lacquers*)

漆為含有色料的聚合體溶液。溶劑蒸發即留下一層含有色料的薄膜。因無化學反應發生,所形成的薄膜仍保有原來聚合體的溶解特

性。如此，漆的主要缺點爲易受有機溶劑的侵蝕。優良的漆聚合體須能形成強韌，高黏着性及高穩定性薄膜。漆常含有兩種或兩種以上的溶劑，藉以獲得最適黏度。溶劑系的揮發性極其重要，太高則溶劑在漆膜變平之前揮發而留下刷痕，太低則塗上之後易於下墜。

漆用聚合體有多種，其中之一爲氯乙烯與 10 至 20% 醋酸乙烯酯的共聚合體。較新的漆用聚合體爲亞克力聚合體 (*acrylic polymers*) 如聚丙烯酸乙酯〔*poly* (*ethyl acrylate*)〕等。氧化鈦 (TiO_2) 爲最佳的白色色料，其覆蓋力甚強。碳酸鈣與氧化鋅亦爲白色色料，其覆蓋力不如氧化鈦。

(2) 油漆 (*Oil paints*)

油漆爲使用廣泛的塗料。將色料懸浮於一乾性油 (*drying oil*) 中卽得油漆。乾性油爲不飽和低分子量油，如亞麻子油 (*linseed oil*) 與桐油 (*tung oil*) 等。油漆使用之後，空氣中的氧氣使乾性油聚合及交連而形成乾膜。有時加入一不活潑溶劑〔稱爲稀劑 (*thinner*)〕以調節黏度，及觸媒如瀝靑酸鈷、錳或鉛 (*cobalt, manganese or lead naphthenate*) 以加速交連反應。油漆一經硬化之後卽不溶解，但有若干種溶劑能使其軟化。此等溶劑可用來去掉油漆。

(3) 清漆 (*Varnish*)

清漆係以聚合體（天然或合成樹脂）溶解於一乾性油而製成。亦可加入不活潑溶劑以控制黏度及觸媒以加速交連反應。清漆化治之後產生一層清晰、強韌、能抵抗溶劑的薄膜。

(4) 亮漆 (*Enamel*)

加一色料於一清漆卽得亮漆。亮漆類似油漆，但以聚合體取代一部份乾性油，能形成較強韌及較光亮的膜。目前天然樹脂的使用已不廣泛。所用合成樹脂相當複雜。較簡單的實例之一爲酚里朔 (*Phenolic resole*)。令甲醛與具有對位取代基的酚在鹼性情況下反應卽得里朔。

$$CH_2O \ + \ \underset{\text{取 代 酚}}{\overset{\overset{\displaystyle OH}{|}}{\underset{\overset{|}{R}}{\bigcirc}}} \rightarrow$$

甲 醛

$$HO{-}CH_2{-}\underset{\overset{|}{R}}{\overset{\overset{\displaystyle OH}{|}}{\bigcirc}}{-}CH_2{-}\underset{\overset{|}{R}}{\overset{\overset{\displaystyle OH}{|}}{\bigcirc}}{-}CH_2OCH_2{-}\underset{\overset{|}{R}}{\overset{\overset{\displaystyle OH}{|}}{\bigcirc}}{-}CH_2OH$$

里 朔

里朔能與油（如桐油）反應而形成乾膜，反應溫度約介於 $200°C$ 與 $250°C$ 之間。另一種樹脂為複酯樹脂 (*alkyd resin*)，本節不予討論。以亮漆塗於鐵器表面烤乾之後即得搪瓷製品 (*enamel ware*)。

(5) 乳液漆 (*Latex paints*)

乳液漆為含有色料及流變控制劑 (*rheological-control agent*) 的聚合體乳液，此等聚合體乳液得自乳化聚合反應系。由於乳液漆具有快乾、低氣味及可用水沖洗等特性，此種塗料已取代油漆而成為使用最普遍的家庭用漆。

乳液中的水份蒸發之後，聚合體粒子凝聚而形成膜。聚合體本身並非水溶性，但只要乳液粒子未凝聚，它們可分散於水中。因此可在乳液漆乾前以水洗去刷子及漆跡。但乳液漆乾後，聚合體粒子已凝聚，再也無法以水沖洗（參閱 11-4 節）。

早期的乳液漆多使用丁二烯與苯乙烯的共聚合體或聚醋酸乙烯酯，目前幾乎完全使用亞克力系聚合體（丙烯酸乙酯或其他丙烯酸酯的聚合體或共聚合體）。亞克力漆具有較高的化學穩定性，因此不易劣化，不易褪色。

漆及乳液漆的膠合劑〔(*binder*) 即聚合體〕的 T_g 必須接近使用

溫度（室溫）。T_g 過高則漆膜較脆而易裂開；T_g 過低則漆膜太軟而易磨損。調節 T_g 的方法是使用共聚合體或塑劑。

　　加入流變控制劑（多爲粉狀無機物或水溶性聚合體）可增加黏度以防止色料的下沉及漆膜的下墜。

12-15　黏着劑 *(Adhesives)*

　　聚合體在黏着劑方面的應用極其重要，但有關黏着劑的研究則起步較晚。**黏着劑**又稱**膠黏劑**，或**接合劑**，是用於二表面之間，藉以接合此二表面的一層物料。被接合的物體稱爲**接合體** *(adherends)* 或**基質** *(substrates)*。

　　黏着力的來源有三：**機械力** *(mechanical force)*、**分子際力** *(intermolecular force)* 及**化學力** *(chemical force)*。黏着劑能塡滿接合面的孔隙或藉滲透而進入基質內部，如此可產機械附着力。若黏着劑與基質均具有極性基 *(polar group)*，則可產生分子際吸引力。黏着劑與基質之間亦可能形成共價鍵，但此一現象不易加以展示。

　　黏着劑的特點之一是，就重量而論，小量的黏着劑能黏合大量的基質。大體來講，接頭的強弱決定於黏着劑聚合體的性質。脆弱的聚合體導致脆弱的接頭；抗切強度高的聚合體造成抗切強度高的接頭。

　　要想接合成功，所用接合劑須能密切接觸兩接合面；換言之，接合劑須能流入兩接合面的孔隙，而且能濡濕 *(wet)* 接合面。因此黏着劑在使用時爲液體。此外，黏着劑與接合面密切接觸之後必須硬化 *(harden)* 才能造成必要的機械強度。能滿足此二條件的黏着劑可分爲五類，如下所述。

(1) 溶液黏着劑 *(Solution adhesives)*

此類黏着劑爲聚合體溶液，它們常可作爲塗料，在此場合則稱爲

漆 (*lacquer*)。溶劑的蒸發使此類黏着劑硬化。所用聚合體爲線型或分支聚合體才能溶解。應用此類黏着劑所獲得的接頭不能抵抗所用的溶劑。若所用溶劑亦能溶解接合體則接合效率更大。實際上，溶劑常可單獨使用以接合聚合體，它溶解一部份接合體以形成一黏着劑。此種接合法稱爲**溶劑銲接** (*solvent welding*)。溶液黏着劑的另一缺點爲它在溶劑蒸發後縮收。這可產生應力而降低接合處的強度。模型飛機黏合劑爲溶液黏着劑的一種，所用聚合體常爲硝酸纖維素 (*cellulose nitrate*)，所用溶劑爲酮與芳香族溶劑的混合物。天然膠 (*gum*) 與合成膠的水溶液常用作文具糊。

(2) 乳液黏着劑 (*Latex Adhesives*)

此類物料爲乳化聚合所得聚合體乳液。在連續性水相的存在下，它們可自由流動。水蒸發後留下一層聚合體。使用溫度必須高於聚合體的 T_g，聚合體粒子才能凝聚而形成連續的連合線，並能流動以與接合面密切接觸。最著名的乳液黏着劑爲白膠 (*while glue*)（見 11-4 節），它是聚醋酸乙烯酯〔*poly* (*vinyl acetate*)〕的乳液，內含少量塑劑。白膠廣用爲紙與木料的黏着劑。

(3) 感壓性黏着劑 (*Pressure-sensitive adhesives*)

此類黏着劑爲室溫下的高黏度聚合體熔融物。因此所用聚合體的玻璃轉變點必須低於其使用溫度。加壓可使此類黏着劑流動並與接合體密切接觸。因此等聚合體的黏度甚高，壓力移去後仍能支持接合體所產生的應力。許多種感壓性膠紙如玻璃膠紙的表面卽塗有此類黏着劑。

(4) 熱熔融黏着劑 (*Hot-melt adhesives*)

熱塑性聚合體常可作爲優良的黏着劑。此等聚合體加熱熔融後卽可流動，若施以適度壓力此熔融物可與接合體密切接觸，冷卻後此聚合體卽固化。耐龍爲常用的熱熔融黏着劑。最近市面所售**電膠槍** (*electric glue gun*) 的操作卽應用此一原理。

(5) 反應性黏着劑 (*Reactive adhesives*)

反應性黏着劑配料的主要成分爲單體或低分子量聚合體，它們在使用後，藉聚合或交連反應而固化。假若它們能與接合體發生化學反應，則其黏着效果更佳。較重要的反應性黏着劑包括酚樹脂 (*phenolic resin*)、環氧樹脂 (*epoxy resin*) 及酚橡膠 (*silicone rubber*) 等。它們具有高黏合强度，能抵抗溶劑的侵蝕並耐高溫。我們在 12-10 節所提到的三夾板黏着劑爲 B 階段酚樹脂。環氧預聚合體 (*epoxy prepolymer*) 與二胺硬化劑 (*diamine hardener*) （兩者均爲液體）混合 15 至 30 分鐘後發生交連反應而固化。下式右端分子中附於氮上的 H 可繼續與環氧樹脂反應而生成交連聚合體。室溫化治性酚 (*room temperature vulcanizing silicone*) 爲一糊狀物，只要不與空氣接觸可保存數月。此聚合體具有醋酸根端基, 與濕空氣接觸時, 此端基水解而形成羥基。—OH 基與—COOCH₃ 基在觸媒的存在下縮合而形成 Si—O—Si 交連。

$$R-CH-CH_2 + H\diagdown N-R'-N\diagup H \rightarrow$$
$$\qquad\qquad\qquad\qquad R-CH(OH)-CH_2$$
$$\qquad\qquad\qquad\qquad\qquad NH$$
$$\qquad\qquad\qquad\qquad\qquad R'$$
$$\qquad\qquad\qquad\qquad\qquad NH$$
$$\qquad\qquad\qquad\qquad R-CH(OH)-CH_2$$

環氧預聚合體　　二胺硬化劑　　網狀聚合體

$$CH_3COO \quad CH_3 \quad CH_3 \quad OCOCH_3$$
$$CH_3-Si-O-Si-O\backsim Si-O-Si-CH_3 \xrightarrow{H_2O}$$
$$CH_3COO \quad CH_3 \quad CH_3 \quad OCOCH_3$$

$$\qquad OH \quad CH_3 \quad CH_3 \quad OH$$
$$CH_3-Si-O-Si-O\backsim Si-O-Si-CH_3$$
$$CH_3COO \quad CH_3 \quad CH_3 \quad OCOCH_3$$

$$\xrightarrow{-CH_3COOH} \quad CH_3-\underset{\underset{O}{\overset{\overset{O}{|}}{|}}}{Si}-O-\underset{\underset{CH_3}{\overset{\overset{CH_3}{|}}{|}}}{Si}-O\underset{}{\underset{\underset{CH_3}{\overset{\overset{CH_3}{|}}{|}}}{Si}}-O-\underset{\underset{O}{\overset{\overset{O}{|}}{|}}}{Si}-CH_3$$

補充讀物

1. Rodriguez, F., *Principles of Polymer Systems*, Chapt. **12**, McGraw-Hill Book Co., New York, 1970.

2. Billmeyer, F., *Textbook of Polymer Science*, 2nd Ed., Chapt. **17**, **18,19**, John Wiley & Sons, Inc., New York, 1971.

習 題

12-1 今欲以二乙烯苯 (*divinylbenzene*) $H_2C=\overset{\overset{\displaystyle H}{|}}{C}-\underset{}{\bigcirc}-\overset{\overset{\displaystyle H}{|}}{C}=CH_2$ 的聚合物製造旋轉流量計 (*rotameter*) 的轉子 (1″長×1/2″直徑的圓柱體)。問應使用何種加工技術?

12-2 試就下列各項物品的製造推荐適當的加工技術,並說明其理由。

    1. 100,000 呎塑化 PVC 小水管。

    2. 50,000 聚苯乙烯製梳子。

    3. 100,000 聚乙烯製清潔劑瓶子。

    4. 5,000 酚 (酚-甲醛) 製電視機音量調節鈕。

    5. 6 聚甲基丙烯酸甲酯製文鎮紀念品,其內含有一鎳幣。

    6. 1,000,000 聚苯乙烯製超級市場用盛肉盤, 0.005 吋厚。

    7. 由玻璃絲織物及一不飽和聚酯的苯乙烯溶液製造 2 小船殼, 各 15 呎長。

12-3 製造橡膠線的方法之一是壓出 (同時硫化) 橡膠片,然後將橡膠片切成具有長方形截面的線。設有一橡膠片其厚度為 0.03 吋。此橡膠片被切成 0.06 吋寬的橡膠線, 已知此橡膠的密度為 0.85 克/立方厘米, 抗張強度為 3500 磅/平方吋。求此橡膠線的單尼 (*denier*) 與韌性 (*tenacity*)。

12-4　下列各混合物屬於漆、清漆、亮漆、油漆或乳液漆？試指出各成分的功用。

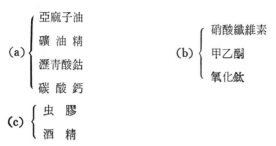

(a) ⎰ 亞麻子油
　　⎱ 礦 油 精
　　　 瀝青酸鈷
　　　 碳 酸 鈣

(b) ⎰ 硝酸纖維素
　　⎱ 甲乙酮
　　　 氧化鈦

(c) ⎰ 虫　膠
　　⎱ 酒　精

12-5　一般認爲聚乙烯不易以黏着劑牢固接合，試以其化學構造加以解釋。聚乙烯塑膠袋通常由吹膜法所得圓筒形膠膜袋製成。試推荐一黏合袋底的方法。

英漢對照索引

A

B

E

F

S

智慧新世界 圖靈所沒有預料到的人工智慧

成田聰子／著　黃詩婷／譯　黃璧祈／審訂

辨識一張圖片居然比訓練出 AlphaGo 還要難？！
AI 不止可以下棋，還能做法律諮詢？！
AI 也能當個稱職的批踢踢鄉民？！

這本書收錄臺大科學教育發展中心「探索基礎科學講座」的演説內容，主題圍繞「人工智慧」，將從機器實習、資料探勘、自然語言處理及電腦視覺重點切入，並重磅推出「AI 嘉年華」，深入淺出人工智慧的基礎理論、方法、技術與應用，且看人工智慧將如何翻轉我們的社會，帶領我們前往智慧新世界。

這些寄生生物超下流！

成田聰子／著　黃詩婷／譯　黃璧祈／審訂

蠱惑螳螂跳水自殺的惡魔是誰？→可怕的心理控制術
等等！身為老鼠怎麼可以挑戰貓！→情緒控制的魔力

淺顯活潑的文字＋生動的情境漫畫＝最有趣的寄生生物科普書

為何這些造成其他生物死亡的事件，卻被稱為父母對孩子極致的愛呢？自然界中，雖然不是每種動物的父母親都會細心、耐心的照顧孩子，陪伴牠們成長，但天底下沒有不愛孩子的父母！為了孩子而精心挑選宿主對象，難道不是愛嗎？為了讓孩子順利成長，不惜與體型比自己大上許多的生物搏鬥，難道不算最極致的愛嗎？
日本暢銷的生物科普書！帶您走進這個下流、狡詐，但又充滿親情光輝的世界。

打正著的科學意外

選、高涌泉／主編　臺大科學教育發展中心／編著

家收錄！作者特別寫給臺灣讀者的章節——野柳地質公園的女王頭！

重大的科學發現是「歪打正著的意外」？！

，獨具慧眼的人才能從「意外」窺見新發現的契機。

發展並非都是循規蹈矩的過程，事實上很多突破性的發現，都來「歪打正著的意外發現」。關於這些「意外」，當然可以歸因於女神心血來潮的青睞，但也不能忘記一點：這樣的青睞也必須仰緣人事前的充足準備，才能從中發現隱藏的驚喜。

收錄臺大科學教育發展中心「探索基礎科學講座」的演講內容，梳「意外發現」在科學中的角色，接著介紹科學史上的「意外」。透過介紹這些經典的幸運發現，我們可以認知到，科學史上層窮的「未知意外」，不僅為科學研究帶來革命與創新，也帶給社足進步與變化。

點廢但是很有趣！日常中的科學二三事

眞／著　徐小為／譯

家收錄！作者特別寫給臺灣讀者的章節——野柳地質公園的女王頭！

不只是科學家腦中的沉悶知識，也是日常生活中各種現象背後的！

以敏銳的觀察、滿滿的好奇心，從細微的生活經驗中，發現背後的科學原理。透過「文科的腦袋」，來觀看、發現這個充滿「科理」的世界；將「艱澀的理論」以「文學作者」的筆法轉化為最的文章。

沒有艱澀的專有名詞、嚇人的繁雜公式，只有以淺顯文字編寫而嚴謹科學。就像閱讀作者日常的筆記一般，帶您輕鬆無負擔地潛常中的科學海洋！

破解動物忍術 如何水上行走與飛簷走壁？動物運動與未來的機器人

胡立德（David L. Hu）／著　羅亞琪／譯　紀凱容／審訂

水黽如何在水上行走？蚊子為什麼不會被雨滴砸死？
哺乳動物的排尿時間都是 21 秒？死魚竟然還能夠游泳？

讓搞笑諾貝爾獎得主胡立德告訴你，這些看似怪異荒誕的研究主題也是嚴謹的科學！

★《富比士》雜誌 2018 年 12 本最好的生物類圖書選書
★「2021 台積電盃青年尬科學」科普書籍閱讀寫作競賽指定閱讀書目

從亞特蘭大動物園到新加坡的雨林，隨著科學家們上天下地與動物們打交道，探究動物運動背後的原理，從發現問題、設計實驗，直到謎底解開，喊出「啊哈！」的驚喜時刻。想要探討動物排尿的時間得先練習接住狗尿、想要研究飛蛇的滑翔還要先攀登高塔？！意想不到的探索過程有如推理小說般層層推進、精采刺激。還會進一步介紹科學家受到動物運動啟發設計出的各種仿生機器人。

蔚為奇談！宇宙人的天文百科

高文芳、張祥光／主編

宇宙人召集令！
24 名來自海島的天文學家齊聚一堂，接力暢談宇宙大小事！

最「澎湃」的天文 buffet
這是一本在臺灣從事天文研究、教育工作的專家們共同創作的天文科普書，就像「一家一菜」的宇宙人派對，每位專家都端出自己的拿手好菜，帶給你一場豐盛的知識饗宴。這本書一共有 40 個篇章，每篇各自獨立，彼此呼應，可以隨興挑選感興趣的篇目，再找到彼此相關的主題接續閱讀。

越 4.7 億公里的拜訪：
尋跟著水走的火星生命

信／著

A 退休科學家—李傑信深耕 40 年所淬煉出的火星之書！
追尋火星生命，就必須跟著水走！

古今中外，最完整、最淺顯的火星科普書！

為最鄰近地球的行星，自古以來，在人類文明中都扮演著舉足輕重
位。這顆火紅的星球乘載著無數人類的幻想、人類的刀光劍影、人
夢想、人類的逐夢踏實路程。前 NASA 科學家李傑信博士，針對火
前世今生、人類的火星探測歷史，將最新、最完整的火星資訊精粹
顯易懂的話語，講述這一趟跨越漫長時間、空間的拜訪之旅。您是
做好準備，一起來趟穿越 4.7 億公里的拜訪了呢？

📘 科學技術叢書

聚合體學（高分子化學）

作　　　者	杜逸虹
發 行 人	劉振強
出 版 者	三民書局股份有限公司
地　　　址	臺北市復興北路 386 號 (復北門市)
	臺北市重慶南路一段 61 號 (重南門市)
電　　　話	(02)25006600
網　　　址	三民網路書店 https://www.sanmin.com.tw
出版日期	初版一刷 1978 年 9 月
	初版二十四刷 2022 年 1 月
書籍編號	S340280
I S B N	978-957-14-0887-3

🔖 三民書局